编委会

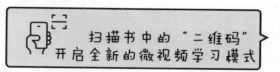

扫描书中的"二维码"
开启全新的微视频学习模式

电子元器件识别、检测、选用与代换

数码维修工程师鉴定指导中心　　　组织编写

韩雪涛　主编　　　吴　瑛　韩广兴　副主编

精彩微视频
配合讲解

扫码观看
方便快捷

電子工業出版社·

Publishing House of Electronics Industry

北京·BEIJING

内 容 简 介

本书在充分调研电子领域各岗位实际需求的基础上，以国家职业资格标准为指导，对电子元器件的各项知识技能进行汇总，系统、全面地介绍电子元器件的识别、检测、选用与代换的综合技能。

本书引入微视频互动学习的全新学习模式，将图解与微视频教学紧密结合，力求达到最佳的学习体验和学习效果。

本书适合相关领域的初学者、专业技术人员、爱好者及相关专业的师生阅读，除可作为提升个人技能的辅导图书外，还可作为相关职业院校及培训机构的技能培训教材。

使用手机扫描书中的"二维码"，开启全新的微视频学习模式……

图书在版编目（CIP）数据

电子元器件识别、检测、选用与代换 / 韩雪涛主编. -- 北京：电子工业出版社，2019.8
ISBN 978-7-121-37013-7

Ⅰ．①电… Ⅱ．①韩… Ⅲ．①电子元器件－ 基本知识 Ⅳ．① TN6

中国版本图书馆 CIP 数据核字（2019）第 132183 号

责任编辑：富 军
印　　刷：三河市君旺印务有限公司
装　　订：三河市君旺印务有限公司
出版发行：电子工业出版社
　　　　　北京市海淀区万寿路 173 信箱　邮编 100036
开　　本：787×1092　1/16　印张：24　字数：615 千字
版　　次：2019 年 8 月第 1 版
印　　次：2024 年 6 月第 11 次印刷
定　　价：128.00 元

凡所购买电子工业出版社的图书，如有缺损问题，请向购买书店调换。若书店售缺，请与本社发行部联系，联系及邮购电话：（010）88258888，88254888。

质量投诉请发邮件至 zlts@phei.com.cn，盗版侵权举报请发邮件至 dbqq@phei.com.cn。

本书咨询联系方式：（010）88254456。

前 言

　　本书是专门介绍电子元器件综合技能的图书，全面介绍电子元器件的种类、识别等专业知识，通过大量典型案例，系统讲解电子元器件的检测方法和选用、代换技巧。

　　在电工电子领域，电子元器件的识别、检测、选用与代换是非常基础和重要的技能。为了更好地满足读者的学习需求和就业需求，我们特别编写了《电子元器件识别、检测、选用与代换》。

　　本书依托数码维修工程师鉴定指导中心进行了大量的市场调研和资料汇总，从社会岗位需求出发，以国家相关职业资格标准为指导，将电子元器件的识别、检测、选用与代换技能有机整合，结合岗位的培训特点，重组技能培训架构，制订符合现代行业培训特色的学习模式，是一次综合技能培训模式的全新体验。

在图书编排上

　　本书强调知识技能的融合性，即将电子元器件的识别作为专项技能的根本，首先筛选出常用的电子元器件，并根据功能特性归类；然后从识别常用的电子元器件入手，详细讲解常用电子元器件的检测方法；最终依托典型案例讲解常用电子元器件的选用、代换技能，使读者的学习更加系统，更加完善，更加具有针对性。

在图书内容上

　　本书引入大量的典型案例。读者通过学习，不仅可以学会实用的检测方法及相关技能，还可以掌握更多的实践经验。本书讲解的典型案例都会成为读者在以后工作中的宝贵资料。

在学习方法上

　　本书打破传统教材的文字讲述方式，采用图解＋微视频讲解互动的全新教学模式，在重要知识技能点的相关图文旁边有二维码。读者只要使用手机扫描二维码，即可在手机上浏览相应的教学微视频。微视频与图书内容匹配对应，晦涩难懂的图文知识通过图解和微视频的讲解方式，可最高效率地帮助读者领会、掌握，增加趣味性，提高学习效率。

在配套服务上

　　读者除了可以体验微视频互动学习模式，还可以通过以下方式与我们交流学习心得。如果读者在学习工作过程中遇到问题，可以与我们联系。

　　为方便读者学习，本书电路图中所用电路图形符号与厂家实物标注（各厂家的标注不完全一致）一致，不进行统一处理。

　　本书由数码维修工程师鉴定指导中心组织编写，由全国电子行业资深专家韩广兴教授亲自指导。编写人员有行业资深工程师、高级技师和一线教师。本书无处不渗透着专业团队的经验和智慧，使读者在学习过程中如同有一群专家在身边指导，将学习和实践中需要注意的重点、难点一一化解，大大提升学习效果。

数码维修工程师鉴定指导中心
联系电话：022-83718162/83715667/13114807267
地址：天津市南开区榕苑路 4 号天发科技园 8-1-401

网址：http://www.chinadse.org
E-mail:chinadse@163.com
邮编：300384

编 者

第16章 变压器的识别、检测、选用与代换······299

第17章 电动机的识别、检测、选用与代换······314

第1章
万用表的特点与使用

🎡 1.1 指针万用表的特点与使用

◈ 1.1.1 指针万用表的特点

　　指针万用表的发展历史比较悠久，是电子测量及调试维修中的必备仪表。指针万用表的最大特点是由表头指针指示测量的数值，能够直观地显示电流、电压等参数的变化过程和变化方向。操作者通过表头指针的指示位置，再结合量程即可得到测量结果。

　　图1-1为指针万用表的实物外形。

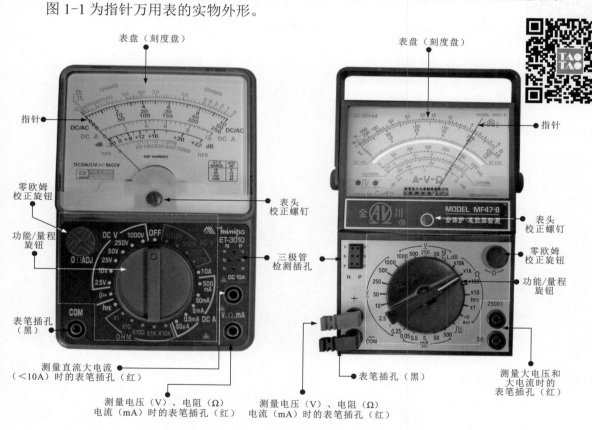

图1-1　指针万用表的实物外形

资料与提示

　　指针万用表从外观上大致可以分为表盘（刻度盘）、功能／量程旋钮、零欧姆校正旋钮及表笔插孔等几部分。其中，表盘（刻度盘）用来显示刻度；功能／量程旋钮用来调整挡位量程；零欧姆校正旋钮用来进行欧姆调零；表笔插孔用来连接表笔。

❋ 1. 表盘（刻度盘）

图 1-2 为指针万用表的表盘（刻度盘）。在指针万用表的表盘上有 6 条同心弧线，每条弧线都标识有刻度。

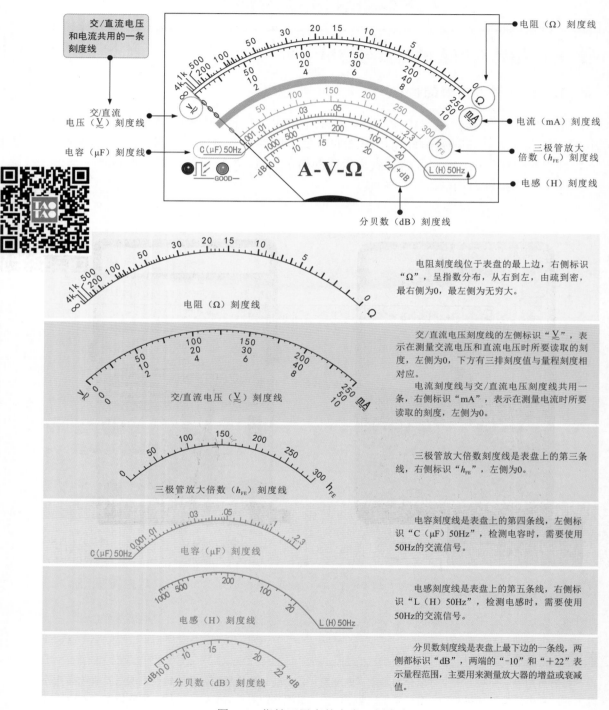

图 1-2　指针万用表的表盘（刻度盘）

❋ 2. 功能 / 量程旋钮

图 1-3 为指针万用表的功能 / 量程旋钮。通常，指针万用表都具备测量电阻、交流电压、直流电压、直流电流、电容、电感等功能。功能 / 量程旋钮用来调整设置不同的测量功能及相应的量程。

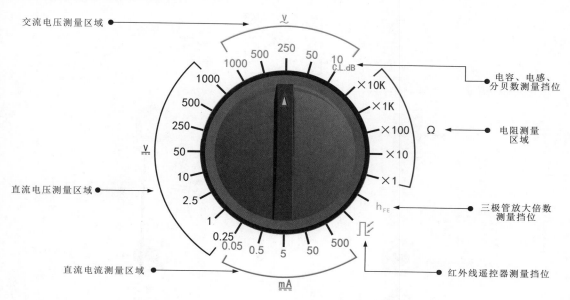

交流电压测量区域		
测量交流电压时选择该区域，根据被测量的电压值，可选择的量程为10V、50V、250V、500V、1000V。		

电容、电感、分贝数测量挡位		
测量电容器的电容量、电感器的电感量及分贝数时选择该挡位。		

电阻测量区域		
测量电阻值时选择该区域，根据被测量的电阻值，可选择的量程为×1Ω、×10Ω、×100Ω、×1kΩ、×10kΩ。		

三极管放大倍数测量挡位		
测量三极管的放大倍数时选择该挡位。		

红外线遥控器测量挡位		
测量红外线遥控器时选择该挡位。		

直流电流测量区域		
测量直流电流时选择该区域，根据被测量的电流值，可选择的量程为0.05mA、0.5mA、5mA、50mA、500mA。		

直流电压测量区域		
测量直流电压时选择该区域，根据被测量的电压值，可选择的量程为0.25V、1V、2.5V、10V、50V、250V、500V、1000V。		

图 1-3 指针万用表的功能 / 量程旋钮

※ 3. 测量插孔和表笔插孔

图 1-4 为指针万用表的测量插孔和表笔插孔。通常，在指针万用表的操控面板上设有三极管测量插孔和表笔插孔。其中，三极管测量插孔专门用来测量三极管的放大倍数；表笔插孔一般有 2 ～ 4 个，测量时，会根据测量项目选择不同的表笔插孔。

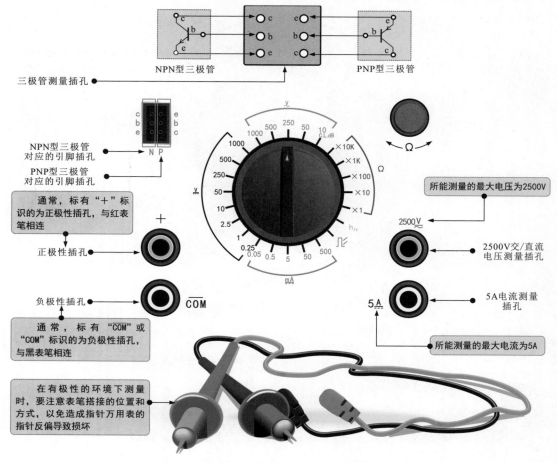

图 1-4　指针万用表的测量插孔和表笔插孔

资料与提示

在使用指针万用表测量不同的项目时，两表笔连接的表笔插孔如图 1-5 所示。

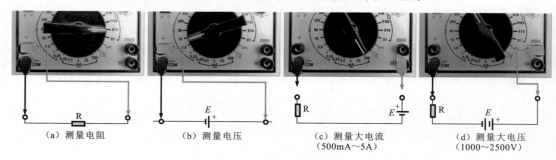

图 1-5　指针万用表表笔插孔的不同连接

图 1-6 为指针万用表的内部结构，主要由表头部分、功能/量程调整旋钮及内部电路板等构成。

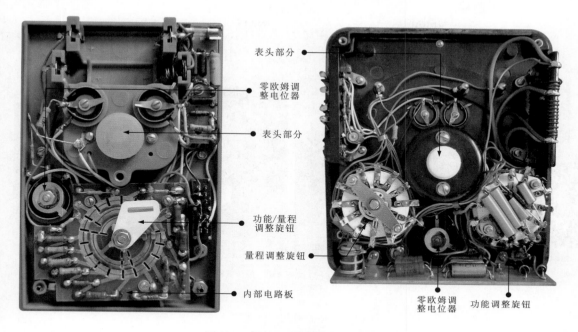

图 1-6　指针万用表的内部结构

图 1-7 为指针万用表表头部分的结构示意图。

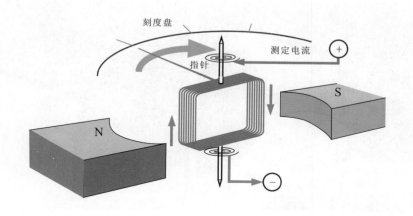

图 1-7　指针万用表表头部分的结构示意图

资料与提示

表头部分采用动圈式结构，指针与线圈相连，线圈受弹簧的支撑并置于由永磁体形成的磁场中，当线圈中有电流时，由磁场作用产生的磁场力使线圈转动（电磁感应左手定则），带动指针摆动，电流越大，指针摆动的角度越大。

❖ 1.1.2 指针万用表的表笔连接与表头校正

☀ 1. 表笔连接

指针万用表有两支表笔：红表笔和黑表笔。在使用指针万用表测量前，应先将两支表笔对应插入相应的表笔插孔中。图1-8为指针万用表的表笔连接。

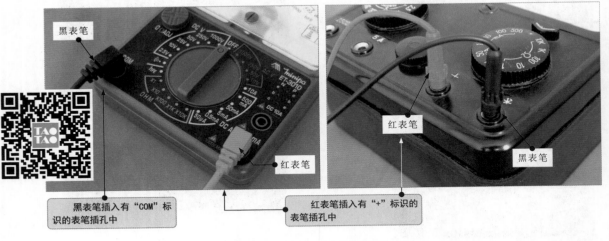

图1-8　指针万用表的表笔连接

资料与提示

在测量高电压或大电流时，需将红表笔插入高电压或大电流的测量插孔内，如图1-9所示。

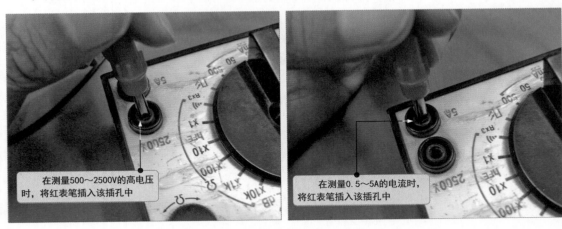

图1-9　指针万用表的高电压或大电流测量插孔

☀ 2. 表头校正

指针万用表靠指针的摆动角度来指示所测量的数值。例如，在测量直流电流时，电流流过表头的线圈会产生磁场力使指针摆动，流过的电流越大，指针摆动的角度越大。若电流为0，则指针在初始0位。若不在0位，在测量时就会出现误差。这就需要对指针万用表进行表头校正。图1-10为指针万用表的表头校正，指针应指在0位。

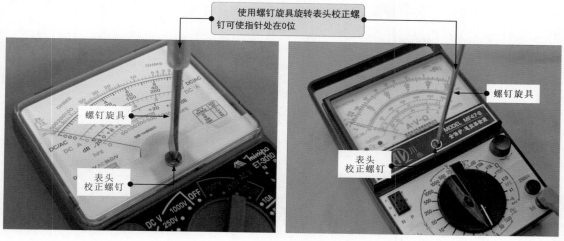

图 1-10 指针万用表的表头校正

资料与提示

将指针万用表置于水平位置，表笔开路，观察指针是否处于 0 位，如指针偏正或偏负，都应微调表头校正螺钉，使指针准确地对准 0 位，校正后能保持很长时间不用校正，只有在指针万用表受到较大冲击、振动后才需要重新校正。指针万用表在使用过程中超过量程时可出现"打表"的情况，可能引起表针错位，需要注意。

❖ 1.1.3 指针万用表的量程选择

在使用指针万用表进行测量时，应根据被测数值选择合适的量程才能获得精确的测量结果，如果量程选择得不合适，会引起较大的误差。

以使用指针万用表测量 5 号电池的电压为例。5 号电池的电压标称值为 1.5V，新 5 号电池的电压应大于 1.6V，指针万用表的直流电压量程一共有 8 个，即 0.25V、1V、2.5V、10V、50V、250V、500V、1000V。

如果选择 500V 量程测量 5 号电池的电压，如图 1-11 所示，满刻度为 500V，则每一小格相当于 10V，指针微微摆动，很难准确读出数值。

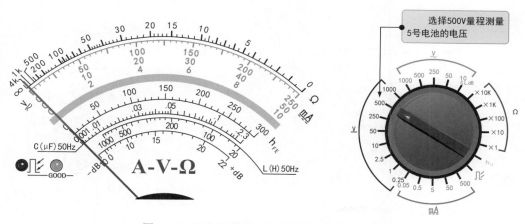

图 1-11 选择 500V 量程测量 5 号电池的电压

如果选择 250V 量程测量 5 号电池的电压，如图 1-12 所示，则每一小格相当于 5V，指针摆动不到半格，仍然读不出准确的数值。

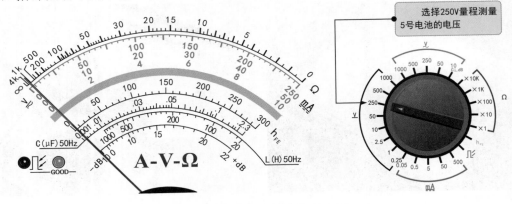

图 1-12　选择 250V 量程测量 5 号电池的电压

如果选择 50V 量程测量 5 号电池的电压，如图 1-13 所示，则每一小格相当于 1V，指针摆动接近 2V，测量数值可判断在 1 ～ 2V 之间，不准确。

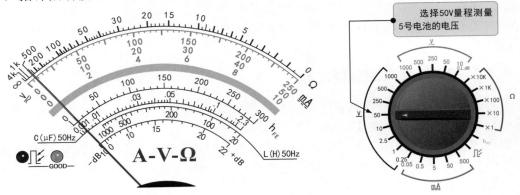

图 1-13　选择 50V 量程测量 5 号电池的电压

如果选择 10V 量程测量 5 号电池的电压，如图 1-14 所示，则每一小格相当于 0.2V，指针在 1.6 ～ 1.8V 之间，已接近 5 号电池的电压。

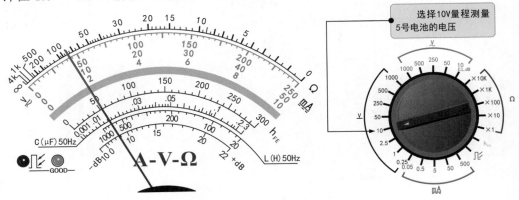

图 1-14　选择 10V 量程测量 5 号电池的电压

如果选择 2.5V 量程测量 5 号电池的电压，如图 1-15 所示，则每一小格相当于 0.05V，指针在 1.65～1.7V 的中间位置，最精确，因此量程应选择 2.5V。

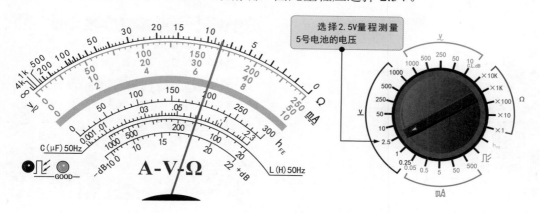

图 1-15 选择 2.5V 量程测量 5 号电池的电压

如果选择 0.25V 量程测量 5 号电池的电压，如图 1-16 所示，已超过测量范围，会出现打表现象。

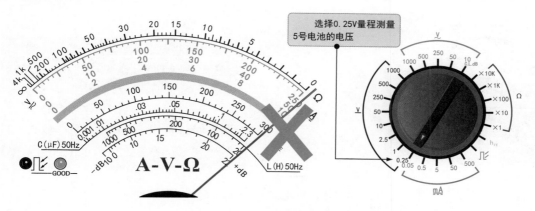

图 1-16 选择 0.25V 量程测量 5 号电池的电压

图 1-17 为用指针万用表测量电阻时的量程选择。

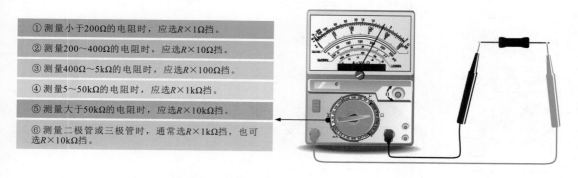

① 测量小于 200Ω 的电阻时，应选 R×1Ω 挡。

② 测量 200～400Ω 的电阻时，应选 R×10Ω 挡。

③ 测量 400Ω～5kΩ 的电阻时，应选 R×100Ω 挡。

④ 测量 5～50kΩ 的电阻时，应选 R×1kΩ 挡。

⑤ 测量大于 50kΩ 的电阻时，应选 R×10kΩ 挡。

⑥ 测量二极管或三极管时，通常选 R×1kΩ 挡，也可选 R×10kΩ 挡。

图 1-17 用指针万用表测量电阻时的量程选择

图1-18为用指针万用表测量直流电压时的量程选择。在测量电压之前，往往很难预测所测直流电压的范围，应先选择较大的量程试测。

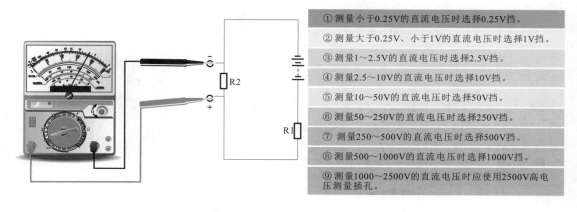

① 测量小于0.25V的直流电压时选择0.25V挡。

② 测量大于0.25V、小于1V的直流电压时选择1V挡。

③ 测量1～2.5V的直流电压时选择2.5V挡。

④ 测量2.5～10V的直流电压时选择10V挡。

⑤ 测量10～50V的直流电压时选择50V挡。

⑥ 测量50～250V的直流电压时选择250V挡。

⑦ 测量250～500V的直流电压时选择500V挡。

⑧ 测量500～1000V的直流电压时选择1000V挡。

⑨ 测量1000～2500V的直流电压时应使用2500V高电压测量插孔。

图 1-18　用指针万用表测量直流电压时的量程选择

图1-19为用指针万用表测量直流电流时的量程选择。在测量直流电流前，可先预测直流电流的数值，如不能预测，则先选择较大的量程进行测量，以免损坏指针万用表。

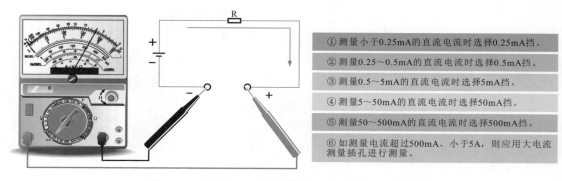

① 测量小于0.25mA的直流电流时选择0.25mA挡。

② 测量0.25～0.5mA的直流电流时选择0.5mA挡。

③ 测量0.5～5mA的直流电流时选择5mA挡。

④ 测量5～50mA的直流电流时选择50mA挡。

⑤ 测量50～500mA的直流电流时选择500mA挡。

⑥ 如测量电流超过500mA、小于5A，则应用大电流测量插孔进行测量。

图 1-19　用指针万用表测量直流电流时的量程选择

图1-20为用指针万用表测量交流电压时的量程选择。与测量直流电压类似，应从大量程开始逐挡试测。

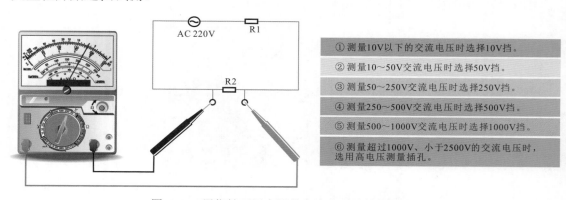

① 测量10V以下的交流电压时选择10V挡。

② 测量10～50V交流电压时选择50V挡。

③ 测量50～250V交流电压时选择250V挡。

④ 测量250～500V交流电压时选择500V挡。

⑤ 测量500～1000V交流电压时选择1000V挡。

⑥ 测量超过1000V、小于2500V的交流电压时，选用高电压测量插孔。

图 1-20　用指针万用表测量交流电压时的量程选择

❖ 1.1.4 指针万用表的欧姆调零

指针万用表的欧姆调零也叫零欧姆校正。图 1-21 为指针万用表的欧姆调零操作。

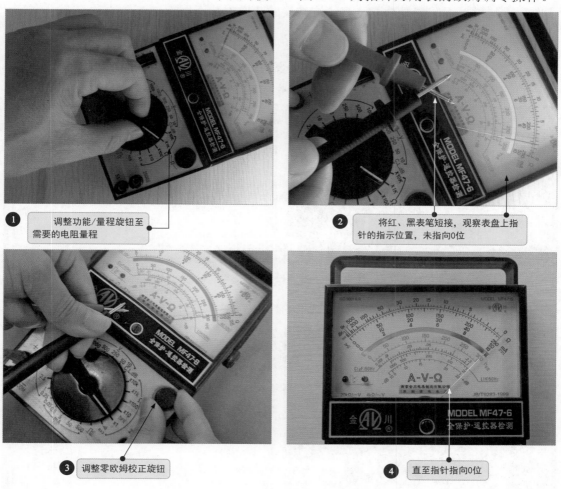

① 调整功能/量程旋钮至需要的电阻量程

② 将红、黑表笔短接，观察表盘上指针的指示位置，未指向0位

③ 调整零欧姆校正旋钮

④ 直至指针指向0位

图 1-21　指针万用表的欧姆调零操作

使用指针万用表测量电阻值时利用表内的电池为被测电阻供电，通过流过电阻的电流换算出电阻值。电阻值越大，流过的电流越小，当被测电阻值为 0Ω 时，流过的电流应为最大值（满刻度），指针在最右侧，电阻值越大，指针的偏摆角度越大。

由于指针万用表内的电池容量会随使用时间逐渐减少，电池电压随之降低，0Ω 时的电流也会发生变化，因此在测量电阻值前都要进行零欧姆校正，即当两表笔短接时，指针应指向 0Ω。如果指针不指向 0Ω，则需要通过零欧姆校正旋钮进行调整，使指针准确地指向 0Ω。

> **资料与提示**
>
> 在测量电阻值时，每变换一次量程，均需要重新通过零欧姆校正旋钮进行零欧姆校正。测量电阻值以外的其他量时不需要进行零欧姆校正。

❖ 1.1.5 指针万用表测量结果的读取

用指针万用表测量时，要根据选择的量程，结合指针在相应刻度线上的指示刻度读取测量结果。不同测量功能，其所测结果的读取方法不同。

✳ 1. 电阻测量结果的读取

电阻测量结果的读取比较特殊，需要将指针指示的刻度数值与量程相乘才能得到最后的结果。图 1-22 为 $R\times10\Omega$ 量程时测量结果的读取方法。

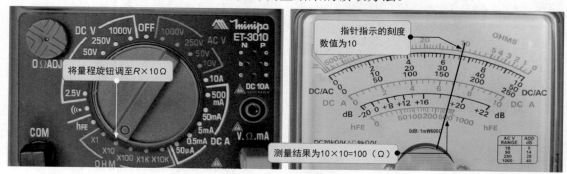

图 1-22 $R\times10\Omega$ 量程时测量结果的读取方法

图 1-23 为 $R\times100\Omega$ 量程时测量结果的读取方法。

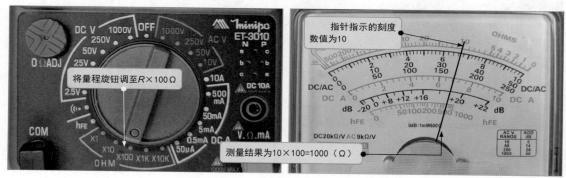

图 1-23 $R\times100\Omega$ 量程时测量结果的读取方法

图 1-24 为 $R\times1\text{k}\Omega$ 量程时测量结果的读取方法。

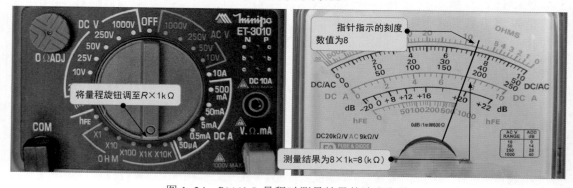

图 1-24 $R\times1\text{k}\Omega$ 量程时测量结果的读取方法

✳ 2. 电压测量结果的读取

电压测量结果的读取比较简单，根据选择的量程，找到对应的刻度线后，直接读取指针指示的刻度数值（或换算）即为测量结果。

图 1-25 为直流 2.5V 量程时测量结果的读取方法。

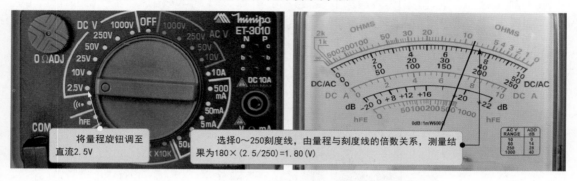

图 1-25 直流 2.5V 量程时测量结果的读取方法

图 1-26 为直流 10V 量程时测量结果的读取方法。

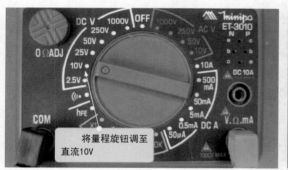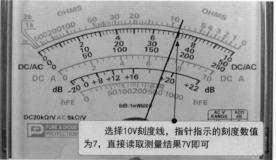

图 1-26 直流 10V 量程时测量结果的读取方法

图 1-27 为直流 25V 量程时测量结果的读取方法。

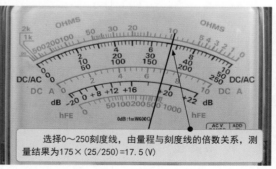

图 1-27 直流 25V 量程时测量结果的读取方法

资料与提示

用指针万用表测量直流电压、交流电压、直流电流、交流电流的结果读取方法相同。

1.2 数字万用表的特点与使用

数字万用表是最常见的仪表之一，采用数字处理技术直接显示所测得的数值。测量时，将功能旋钮设置为不同测量项目的量程，即可通过液晶显示屏直接将电压、电流、电阻等测量结果显示出来。其最大特点是显示清晰、直观，读取准确，既保证了读数的客观性，又符合人们的读数习惯。

1.2.1 数字万用表的特点

图 1-28 为数字万用表的外形结构。

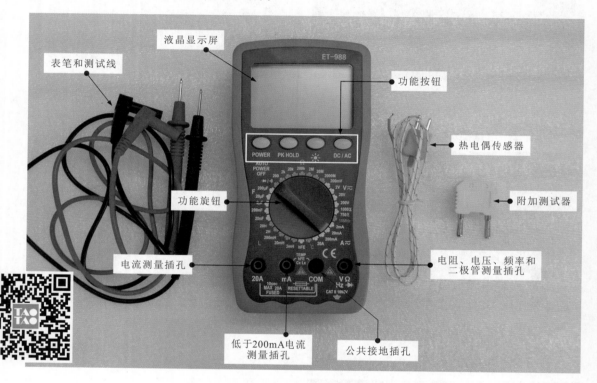

图 1-28　数字万用表的外形结构

由图 1-28 可知，数字万用表主要是由液晶显示屏、功能旋钮、功能按钮（电源按钮、峰值保持按钮、背光灯按钮、交/直流切换按钮）、表笔插孔（电流测量插孔、低于 200mA 电流测量插孔、公共接地插孔及电阻、电压、频率和二极管测量插孔）、表笔、附加测试器、热电偶传感器等构成的。

1. 液晶显示屏

数字万用表的液晶显示屏是用来显示当前的测量状态和测量结果的。由于数字万用表的功能很多，因此在液晶显示屏上会有许多标识，根据不同的测量功能可显示不同的测量状态。

图 1-29 为数字万用表的液晶显示屏。

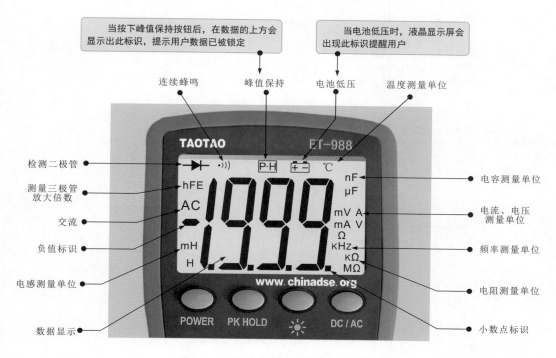

当按下峰值保持按钮后，在数据的上方会显示出此标识，提示用户数据已被锁定

当电池低压时，液晶显示屏会出现此标识提醒用户

连续蜂鸣　峰值保持　电池低压　温度测量单位

检测二极管

测量三极管放大倍数

交流

负值标识

电感测量单位

数据显示

电容测量单位

电流、电压测量单位

频率测量单位

电阻测量单位

小数点标识

图 1-29　数字万用表的液晶显示屏

※ 2. 功能旋钮

　　功能旋钮位于数字万用表的主体位置，通过旋转功能旋钮可选择不同测量项目的测量量程。图 1-30 为数字万用表的功能旋钮。

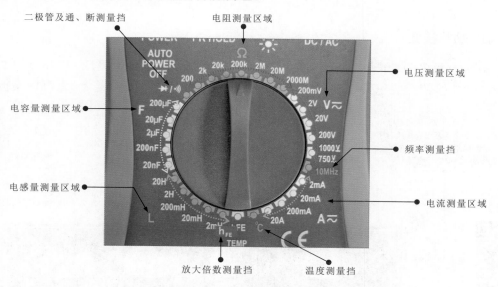

二极管及通、断测量挡　　电阻测量区域

电容量测量区域

电感量测量区域

放大倍数测量挡　　温度测量挡

电压测量区域

频率测量挡

电流测量区域

图 1-30　数字万用表的功能旋钮

资料与提示

数字万用表主要分为手动量程选择式数字万用表和自动量程变换式数字万用表。

图 1-31 为数字万用表功能旋钮的功能。

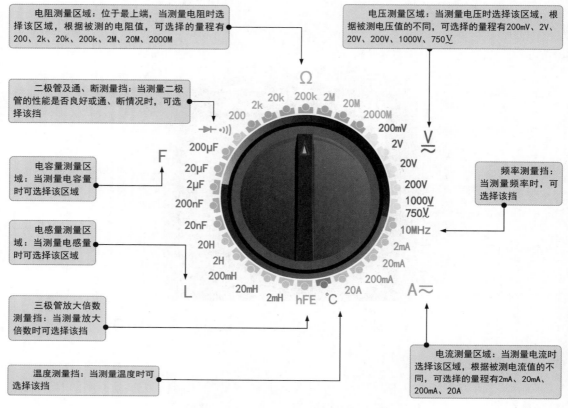

电阻测量区域：位于最上端，当测量电阻时选择该区域，根据被测的电阻值，可选择的量程有 200、2k、20k、200k、2M、20M、2000M

电压测量区域：当测量电压时选择该区域，根据被测电压值的不同，可选择的量程有 200mV、2V、20V、200V、1000V、750V

二极管及通、断测量挡：当测量二极管的性能是否良好或通、断情况时，可选择该挡

电容量测量区域：当测量电容量时可选择该区域

频率测量挡：当测量频率时，可选择该挡

电感量测量区域：当测量电感量时可选择该区域

三极管放大倍数测量挡：当测量放大倍数时可选择该挡

温度测量挡：当测量温度时可选择该挡

电流测量区域：当测量电流时选择该区域，根据被测电流值的不同，可选择的量程有 2mA、20mA、200mA、20A

图 1-31 数字万用表功能旋钮的功能

✳ 3. 功能按钮

数字万用表的功能按钮位于液晶显示屏与功能旋钮之间，如图 1-32 所示。数字万用表的功能按钮主要包括电源按钮、峰值保持按钮、背光灯按钮及交 / 直流切换按钮。

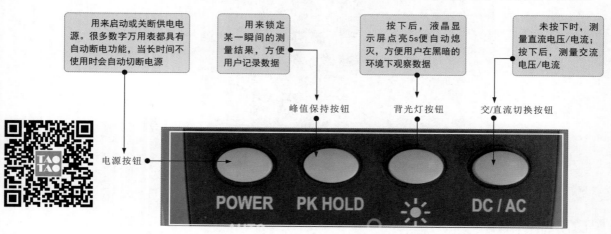

用来启动或关断供电电源。很多数字万用表都具有自动断电功能，当长时间不使用时会自动切断电源

用来锁定某一瞬间的测量结果，方便用户记录数据

按下后，液晶显示屏点亮5s便自动熄灭，方便用户在黑暗的环境下观察数据

未按下时，测量直流电压/电流；按下后，测量交流电压/电流

峰值保持按钮

背光灯按钮

交/直流切换按钮

电源按钮

POWER   PK HOLD   ☀   DC / AC

图 1-32 数字万用表的功能按钮

4. 表笔插孔

表笔插孔位于数字万用表的下方，如图 1-33 所示，用来连接表笔。

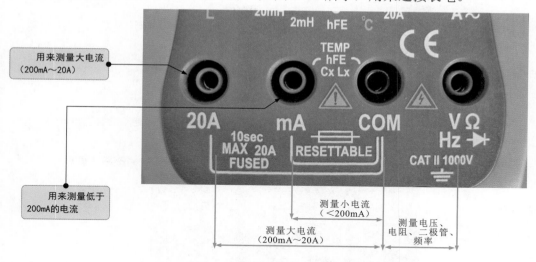

图 1-33　数字万用表的表笔插孔

5. 附加测试器

附加测试器是数字万用表的附加配件，主要用来测量电容的电容量、电感的电感量、三极管的放大倍数等。图 1-34 为数字万用表的附加测试器。

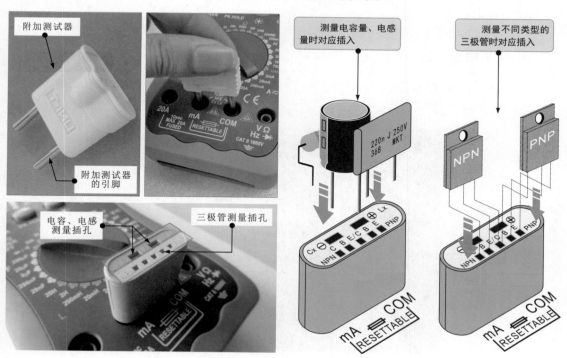

图 1-34　数字万用表的附加测试器

1.2.2 数字万用表的表笔连接和模式设定

1. 表笔连接

数字万用表与指针万用表相同，也有两支表笔，即红表笔和黑表笔。在使用数字万用表测量前，应先将两支表笔对应插入相应的表笔插孔中。其中，黑表笔作为公共端插到"COM"插孔中，红表笔可根据功能不同，插入其余的三个红色插孔中。

图 1-35 为数字万用表的表笔连接示意图。

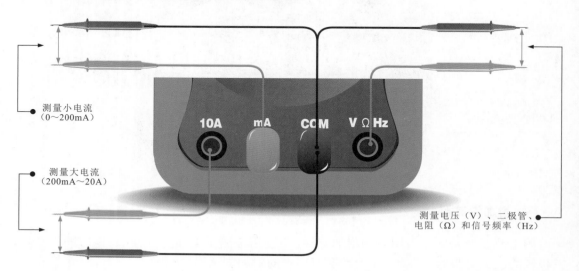

测量小电流
（0～200mA）

测量大电流
（200mA～20A）

10A   mA   COM   V Ω Hz

测量电压（V）、二极管、
电阻（Ω）和信号频率（Hz）

图 1-35　数字万用表的表笔连接示意图

2. 按下电源按钮

数字万用表设有电源按钮，使用时，需要先按下电源按钮，开启数字万用表。电源按钮通常位于液晶显示屏的下方，带有 POWER 标识，如图 1-36 所示。

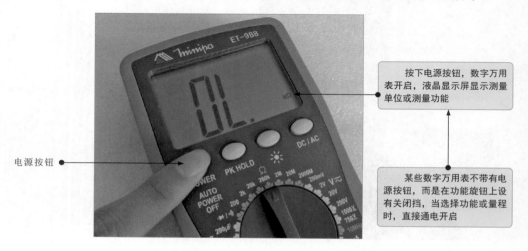

按下电源按钮，数字万用表开启，液晶显示屏显示测量单位或测量功能

某些数字万用表不带有电源按钮，而是在功能旋钮上设有关闭挡，当选择功能或量程时，直接通电开启

电源按钮

图 1-36　按下电源按钮

※ 3. 模式设定

数字万用表的电压测量区域具有交流和直流两种测量状态。若需要测量交流电压，则需要进行模式设定，如图 1-37 所示。

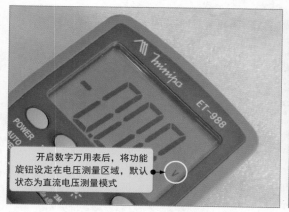
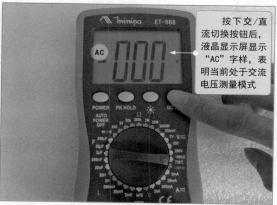

开启数字万用表后，将功能旋钮设定在电压测量区域，默认状态为直流电压测量模式

按下交/直流切换按钮后，液晶显示屏显示"AC"字样，表明当前处于交流电压测量模式

图 1-37　数字万用表的模式设定

资料与提示

不同类型数字万用表的模式设定方式不同。自动量程数字万用表的模式设定方式比较简单，如图 1-38 所示。

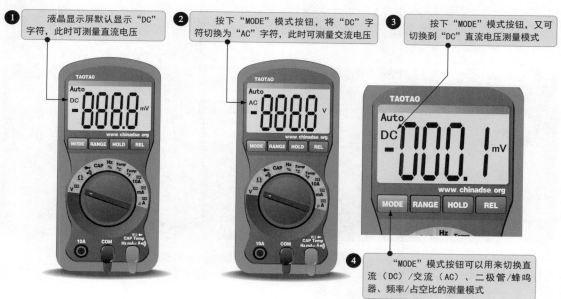

❶ 液晶显示屏默认显示"DC"字符，此时可测量直流电压

❷ 按下"MODE"模式按钮，将"DC"字符切换为"AC"字符，此时可测量交流电压

❸ 按下"MODE"模式按钮，又可切换到"DC"直流电压测量模式

❹ "MODE"模式按钮可以用来切换直流（DC）/交流（AC）、二极管/蜂鸣器、频率/占空比的测量模式

图 1-38　自动量程数字万用表的模式设定

❖ 1.2.3 数字万用表附加测试器的使用

数字万用表的附加测试器可用来测量电容量、电感量、温度及三极管的放大倍数。附加测试器与数字万用表的连接如图 1-39 所示。

附加测试器

将附加测试器
按照极性插入数字
万用表相应的表笔
插孔中

表笔插孔

图 1-39 附加测试器与数字万用表的连接

资料与提示

使用附加测试器进行测量时的连接操作如图 1-40 所示。

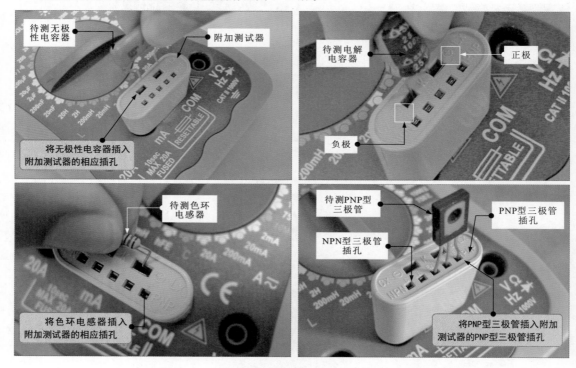

待测无极
性电容器

附加测试器

将无极性电容器插入
附加测试器的相应插孔

待测电解
电容器

正极

负极

待测色环
电感器

将色环电感器插入
附加测试器的相应插孔

待测PNP型
三极管

NPN型三极管
插孔

PNP型三极管
插孔

将PNP型三极管插入附加
测试器的PNP型三极管插孔

图 1-40 使用附加测试器进行测量时的连接操作

1.2.4 数字万用表的量程选择

在使用数字万用表测量时，应根据测量数值选择合适的量程（越接近测量数值越准确），若选择不当，会影响测量数值的精度。量程不同，测量数值的分辨率（精度）也不同。下面以 4 位数显示的数字万用表为例介绍量程与分辨率的关系。

量程选择直流 200mV，分辨率为 0.1mV，液晶显示屏显示 000.0mV，测量范围为 000.1 ～ 199.9mV，如图 1-41 所示。

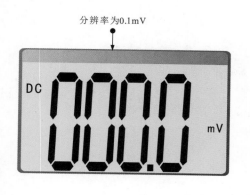
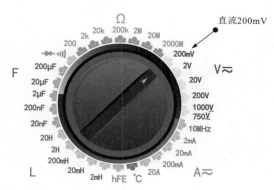

图 1-41 数字万用表直流 200mV 量程及其分辨率

量程选择直流 2V，分辨率为 0.001V，液晶显示屏显示 0.000V，测量范围为 0.001 ~ 1.999V，如图 1-42 所示。

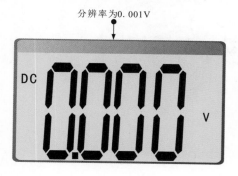
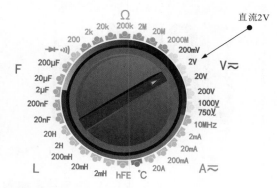

图 1-42 数字万用表直流 2V 量程及其分辨率

量程选择直流 20V，分辨率为 0.01V，液晶显示屏显示 00.00V，测量范围为 0.01 ~ 19.99V，如图 1-43 所示。

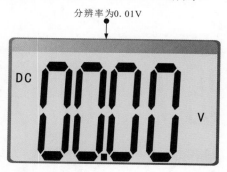
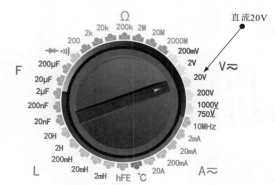

图 1-43 数字万用表直流 20V 量程及其分辨率

量程选择直流 200V，分辨率为 0.1V，液晶显示屏显示 000.0V，测量范围为 0.1 ~ 199.9V，如图 1-44 所示。

量程选择直流 1000V，分辨率为 1V，液晶显示屏显示 0000V，测量范围为 1 ~ 999V，如图 1-45 所示。

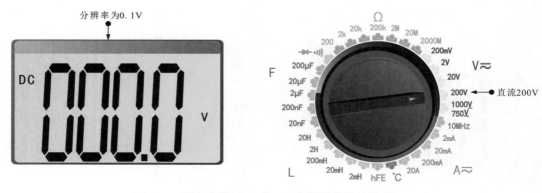

图 1-44　数字万用表直流 200V 量程及其分辨率

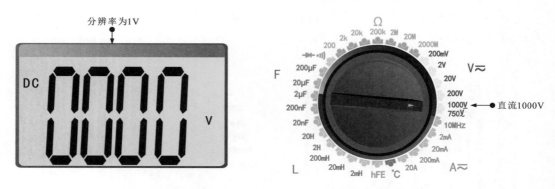

图 1-45　数字万用表直流 1000V 量程及其分辨率

以测量电压标称值为 1.5V 的 5 号电池为例。新 5 号电池电压应大于 1.6V。所使用数字万用表的直流电压量程一共有 5 个，即 200mV/2V/20V/200V/1000V。量程越接近且大于待测数值，测量结果越准确，如图 1-46 所示。

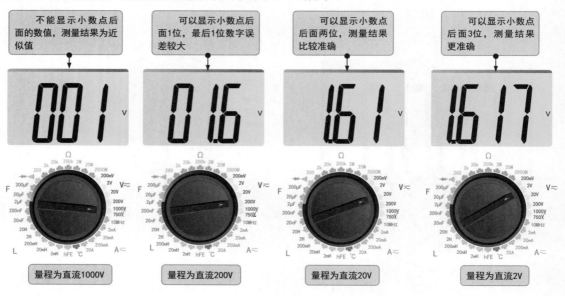

图 1-46　数字万用表的量程选择及结果显示

资料与提示

选择直流 200mV 量程测量 5 号电池的电压如图 1-47 所示，显示"OL"符号（过载），表明测量数值已超出测量范围，不能使用该量程进行测量。

图 1-47　选择直流 200mV 量程测量 5 号电池的电压

◈ 1.2.5　数字万用表测量结果的读取

数字万用表测量结果的读取比较简单，测量时，测量结果会直接显示在液晶显示屏上，直接读取数值和单位即可，当小数点在数值的第一位之前时，表示"0."。用数字万用表测量电阻时测量结果的读取如图 1-48 所示。

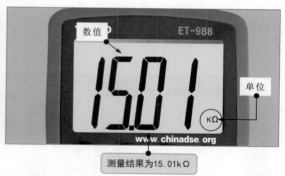

图 1-48　用数字万用表测量电阻时测量结果的读取

用数字万用表测量电压时测量结果的读取如图 1-49 所示。

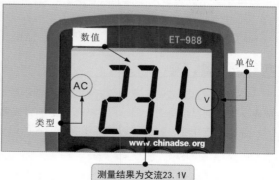

图 1-49　用数字万用表测量电压时测量结果的读取

第2章
示波器的特点与使用

🎯 2.1 模拟示波器的特点与使用

示波器是一种用来展示信号波形及测量信号波形的幅度和周期等相关参数的电子仪器。一切可以转化为电信号的电学参量或物理量都可转换成等效的波形进行观测，如电流、电功率、阻抗、温度、位移、压力、磁场等参量的波形及其随时间变化的过程都可用示波器进行观测。

示波器根据测量功能可分为模拟示波器和数字示波器。

◆ 2.1.1 模拟示波器的特点

模拟示波器是一种采用模拟电路作为基础的示波器，显示波形的部件为 CRT 显像管（示波管），是比较常用的能够进行实时观测波形的示波器。

图 2-1 为模拟示波器的外形结构。由图可知，模拟示波器主要由显示部分、键控区域、测试线及探头、外壳等构成。

图 2-1 模拟示波器的外形结构

资料与提示

模拟示波器示波管的显像原理与 CRT 电视机基本相同，由内部的电子枪向显示屏发射电子，经聚焦形成电子束打到显示屏上，显示屏的内表面涂有荧光物质，被电子束打中就会发光。

在实际应用中，模拟示波器能观测周期性的信号，如正弦波、方波、三角波及电视机的视频信号等一些复杂的周期性信号。

❈ 1. 显示部分

示波器的显示部分主要由显示屏、CRT 护罩和刻度盘组成，如图 2-2 所示。

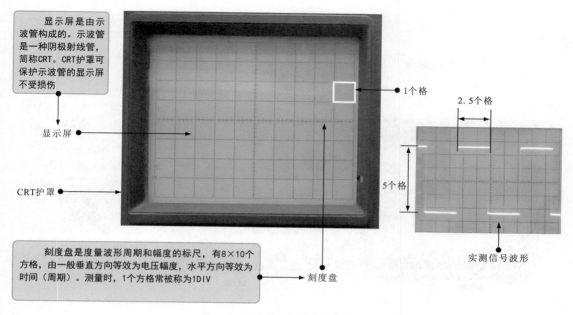

显示屏是由示波管构成的。示波管是一种阴极射线管，简称CRT。CRT护罩可保护示波管的显示屏不受损伤

显示屏

CRT护罩

1个格

2.5个格

5个格

实测信号波形

刻度盘是度量波形周期和幅度的标尺，有8×10个方格，由一般垂直方向等效为电压幅度，水平方向等效为时间（周期）。测量时，1个方格常被称为1DIV

刻度盘

图 2-2　模拟示波器的显示部分

2. 键控区域

键控区域的每个旋钮、按钮、开关、连接端等都有相应的标识符号来表示功能，如图 2-3 所示。

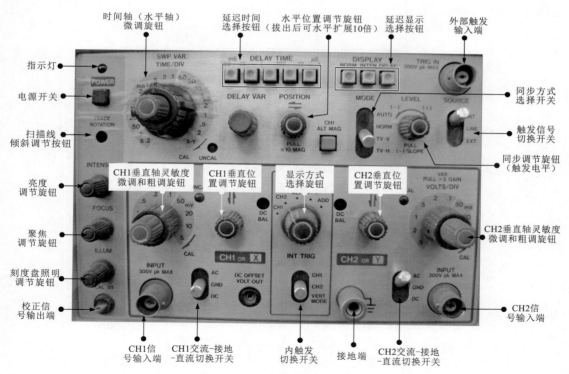

时间轴（水平轴）微调旋钮

延迟时间选择按钮

水平位置调节旋钮（拔出后可水平扩展10倍）

延迟显示选择按钮

外部触发输入端

指示灯

电源开关

扫描线倾斜调节按钮

同步方式选择开关

触发信号切换开关

同步调节旋钮（触发电平）

亮度调节旋钮

聚焦调节旋钮

刻度盘照明调节旋钮

校正信号输出端

CH1垂直轴灵敏度微调和粗调旋钮

CH1垂直位置调节旋钮

显示方式选择旋钮

CH2垂直位置调节旋钮

CH2垂直轴灵敏度微调和粗调旋钮

CH1信号输入端

CH1交流-接地-直流切换开关

内触发切换开关

接地端

CH2交流-接地-直流切换开关

CH2信号输入端

图 2-3　模拟示波器的键控区域

① 电源开关：用来接通和断开电源。当接通电源时，位于电源开关上方的指示灯亮。

② 指示灯：指示模拟示波器的工作状态。模拟示波器的电源开关和指示灯如图 2-4 所示。

图 2-4　模拟示波器的电源开关和指示灯

③ CH1 信号输入端：用来连接 CH1 测试线。

④ CH2 信号输入端：用来连接 CH2 测试线。

两个输入端既可以单独使用，也可以同时使用。图 2-5 为由 CH1 信号输入端和 CH2 信号输入端同时输入信号波形。

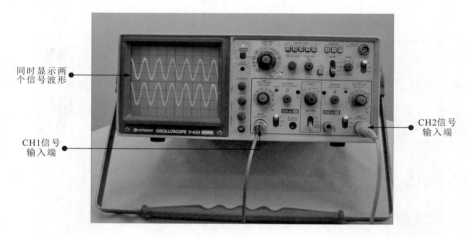

图 2-5　由 CH1 信号输入端和 CH2 信号输入端同时输入信号波形

⑤ 时间轴（水平轴）微调旋钮：用来调节波形的时间轴（水平轴），如图 2-6 所示。

⑥ 水平位置调节旋钮：用来调节扫描线的水平位置，如图 2-7 所示。

⑦ 亮度调节旋钮：用来调节扫描线的亮度，如图 2-8 所示。

⑧ 聚焦调节旋钮：用来调节波形的聚焦状态，使其更加清晰，如图 2-9 所示。

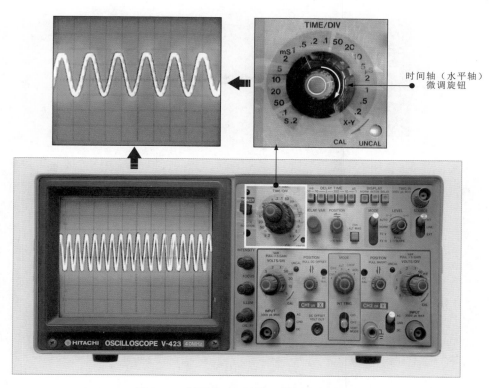

图 2-6 时间轴（水平轴）微调旋钮

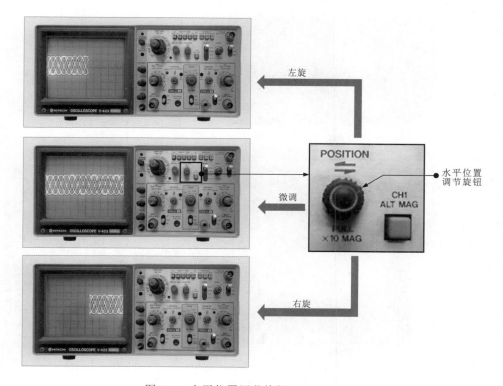

图 2-7 水平位置调节旋钮

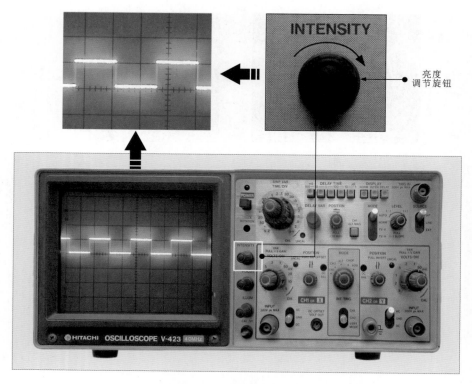

图 2-8　亮度调节旋钮

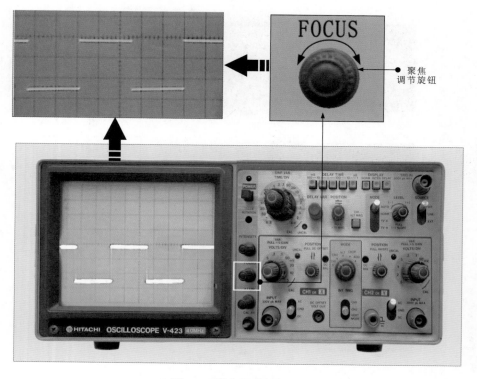

图 2-9　聚焦调节旋钮

⑨ CH1 交流-接地-直流切换开关：根据 CH1 信号输入端输入的信号选择不同的挡位，AC 为观测交流信号，DC 为观测直流信号，GND 为观测接地，如图 2-10 所示。

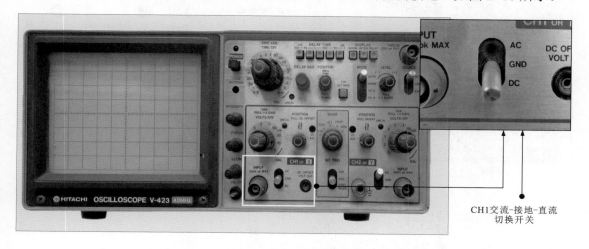

CH1交流-接地-直流
切换开关

图 2-10　CH1 交流-接地-直流切换开关

⑩ CH2 交流-接地-直流切换开关：根据 CH2 信号输入端输入的信号选择不同的挡位，AC 为观测交流信号，DC 为观测直流信号，GND 为观测接地，如图 2-11 所示。

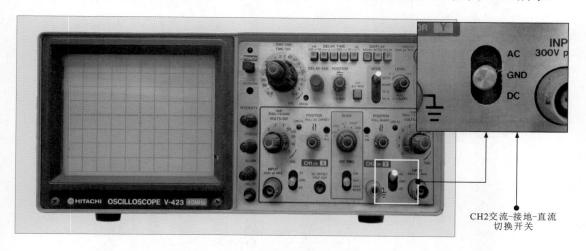

CH2交流-接地-直流
切换开关

图 2-11　CH2 的交流-接地-直流切换开关

⑪ 显示方式选择旋钮：有 CH1、CH2、CHOP、ALT 和 ADD 5 个挡位，如图 2-12 所示。

◆ CH1：只显示由 CH1 信号输入端输入的信号波形。

◆ CH2：只显示由 CH2 信号输入端输入的信号波形。

◆ CHOP：快速切换显示方式。

◆ ALT：两个输入信号波形交替显示。

◆ ADD：CH1 和 CH2 两个输入信号进行加法或减法处理后并显示。

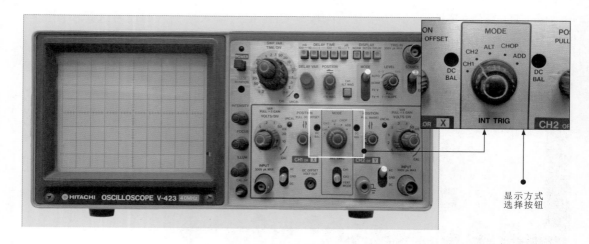

图 2-12 显示方式选择按钮

⑫CH1 垂直位置调节旋钮：用来移动波形位置以便于观察。

⑬CH2 垂直位置调节旋钮：用来移动波形位置以便于观察，如图 2-13 所示。

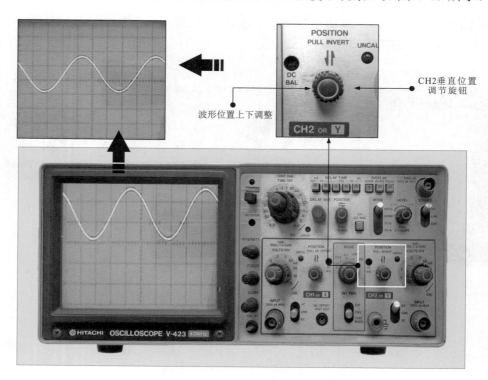

图 2-13 CH2 垂直位置调节旋钮

⑭CH1 垂直轴灵敏度微调和粗调旋钮：同心调节旋钮，外圆环形旋钮是灵敏度粗调旋钮，内圆旋钮是灵敏度微调旋钮，用来调节 CH1 信号波形的垂直灵敏度，如图 2-14 所示。

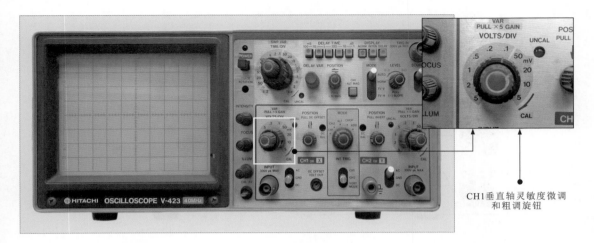

CH1垂直轴灵敏度微调
和粗调旋钮

图 2-14   CH1 垂直轴灵敏度微调和粗调旋钮

⑮CH2 垂直轴灵敏度微调和粗调旋钮：同心调节旋钮，用来调节 CH2 信号波形的垂直灵敏度，如图 2-15 所示。

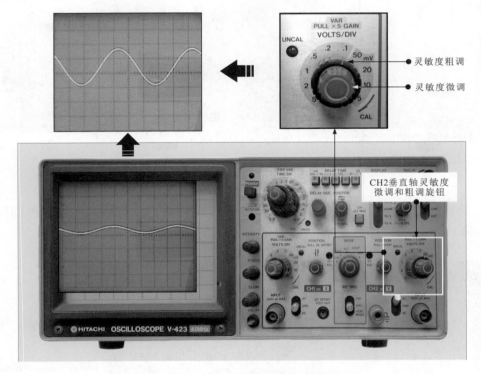

灵敏度粗调
灵敏度微调
CH2垂直轴灵敏度
微调和粗调旋钮

图 2-15   CH2 垂直轴灵敏度微调和粗调旋钮

⑯ 同步调节旋钮：用来微调同步信号的频率或相位，使其与被测信号的频率或相位一致，如图 2-16 所示。

⑰同步方式选择开关：用来显示电视信号中的行信号波形或场信号波形，如图 2-17 所示。

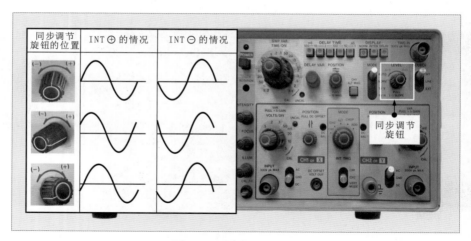

图 2-16 同步调节旋钮

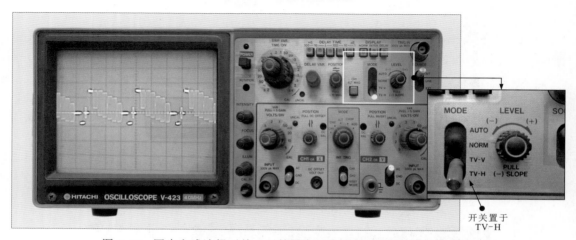

图 2-17 同步方式选择开关（开关置在 TV-H 时显示的行信号波形）

⑱ 外部触发输入端：内部扫描信号与外部信号同步时从该输入端输入外部同步信号，如图 2-18 所示。

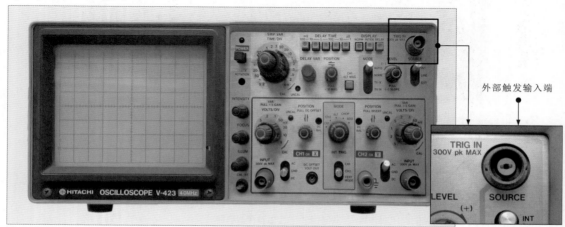

图 2-18 外部触发输入端

⑲触发信号切换开关：用来使被测信号波形静止在显示屏上，INT 为内同步源，LINE 为线路输入信号，EXT 为由外部输入信号作为同步基准，如图 2-19 所示。

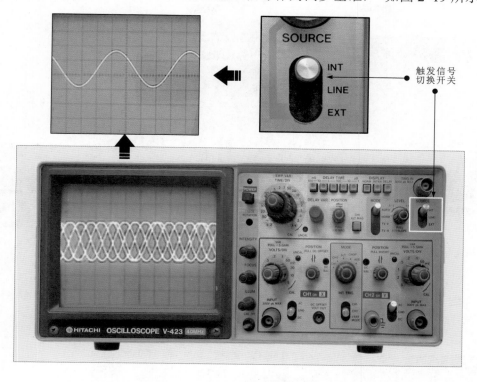

图 2-19 触发信号切换开关

⑳校正信号输出端：用来输出内部产生的标准信号，如图 2-20 所示。

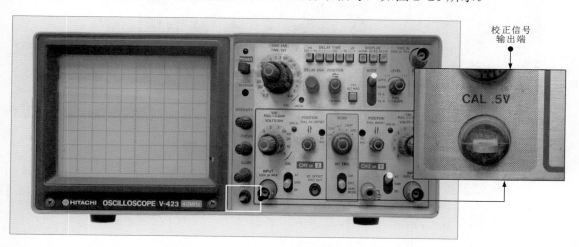

图 2-20 校正信号输出端

㉑接地端：观测信号波形时要将地线与被测设备的地线连接在一起。
㉒扫描线倾斜调节按钮：用来调节扫描线的水平方向。

㉓内触发切换开关：用来设定内部触发方式。

㉔延迟时间选择按钮：用来设置 5 个延迟时间挡位，如图 2-21 所示。

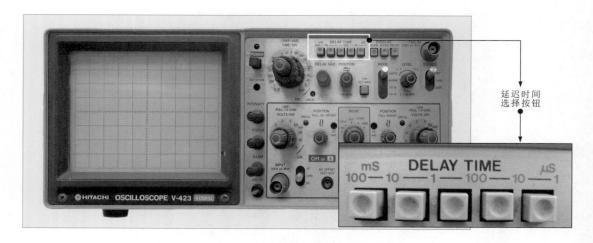

图 2-21　延迟时间选择按钮

㉕延迟显示选择按钮：设置 NORM、INTEN、DELAY 挡位可供选择，如图 2-22 所示。

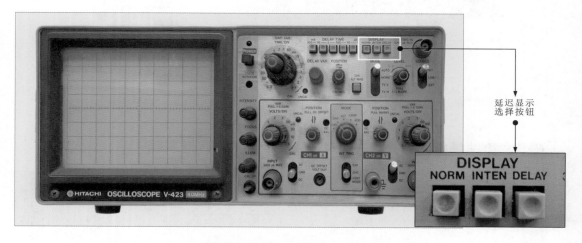

图 2-22　延迟显示选择按钮

3. 测试线及探头

图 2-23 为模拟示波器的测试线及探头。由图可知，探头主要是由探头头部（探针、探头护套及挂钩）、手柄、接地夹等组成的。探头护套主要起保护作用，在探头护套的前端是挂钩，拧下探头护套即可看到探针，检测时，使用挂钩或探针与被测引脚连接即可实现对信号波形的检测。

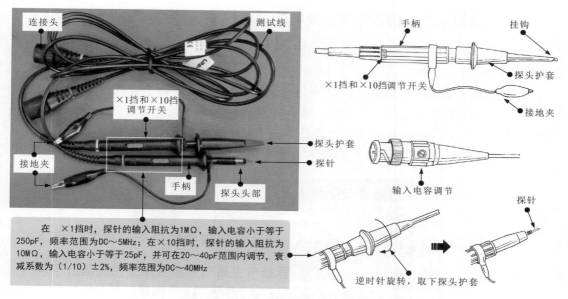

图 2-23　模拟示波器的测试线及探头

2.1.2　模拟示波器电源线和测试线的连接

　　模拟示波器的连接线主要有电源线和测试线。电源线用来为模拟示波器供电，测试线用来检测信号。图 2-24 为模拟示波器电源线和测试线的连接方法。

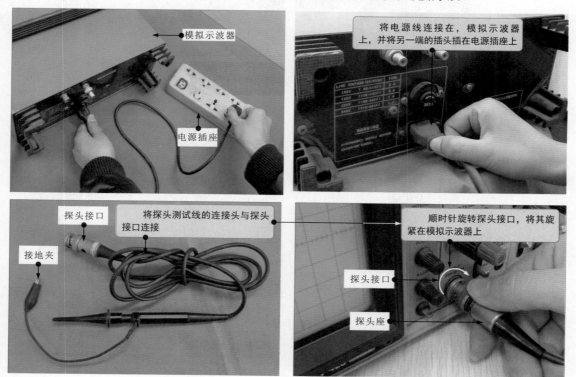

图 2-24　模拟示波器电源线和测试线的连接方法

2.1.3 模拟示波器的开机和测量前的调整

若是第一次使用或较长时间没有使用模拟示波器时，在开机后，需要对模拟示波器进行自校正调整：按下电源开关，开启模拟示波器，指示灯点亮，约 10 秒后，显示屏显示一条水平亮线，即扫描线；模拟示波器正常开启后，为了使其处于最佳的测试状态，需要对探头进行校正，校正时，将探针搭在基准信号输出端（1000 Hz、0.5 V 的方波信号），在正常情况下，显示屏会显示出 1000 Hz 的方波信号波形。

图 2-25 为模拟示波器的开机和测量前的调整。

一条水平亮线

按下电源开关后，指示灯点亮

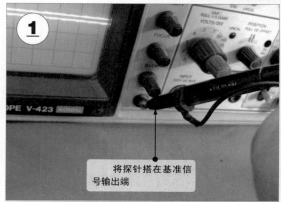

将探针搭在基准信号输出端

此时的波形补偿过度

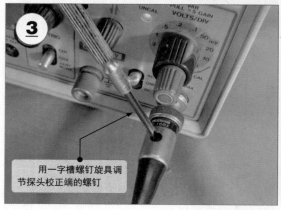

用一字槽螺钉旋具调节探头校正端的螺钉

将波形调节到正常状态

图 2-25 模拟示波器的开机和测量前的调整

2.2 数字示波器的特点与使用

2.2.1 数字示波器的特点

数字示波器一般都具有存储记忆功能，能存储记忆在测量过程中任意时间的瞬时信号波形。

图 2-26 为数字示波器的实物外形，主要由显示屏、键控区域、探头连接区域构成。

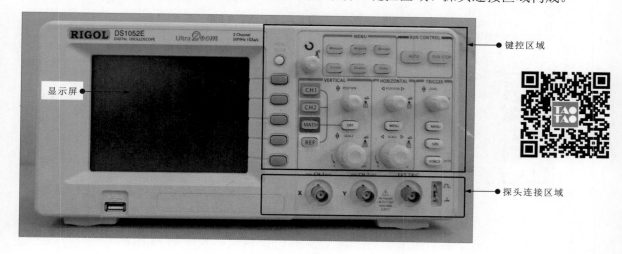

图 2-26 数字示波器的实物外形

※ 1. 显示屏

数字示波器的显示屏用来显示测量结果、当前的工作状态及在测量前或测量过程中的参数设置、模式选择等。

图 2-27 为数字示波器的显示屏，能够直接显示波形的类型及其幅度、周期等。

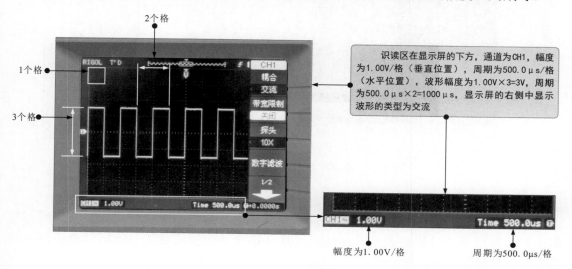

图 2-27 数字示波器的显示屏

※ 2. 键控区域

数字示波器的键控区域设有多种按键和旋钮，如图 2-28 所示。由图可知，键控区域设有菜单键、菜单功能区、触发控制区、水平控制区及垂直控制区。

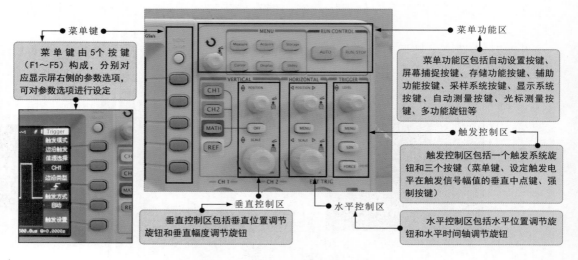

图 2-28　数字示波器的键控区域

① 菜单键。菜单键由 5 个按键（F1 ～ F5）构成，如图 2-29 所示。

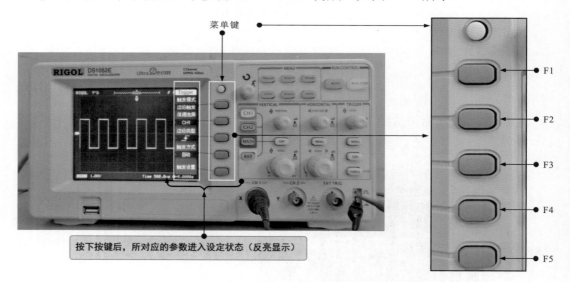

图 2-29　数字示波器的菜单键及其控制区域

为方便介绍，将按键由上自下编号为 F1 ～ F5。

F1：用来选择输入信号的耦合方式，有三种耦合方式，即交流耦合（将直流信号阻隔）、接地耦合（将输入信号接地）及直流耦合（交流信号和直流信号都通过，被测交流信号包含直流信号）。

F2：控制带宽抑制，可进行带宽抑制开与关的选择，关断带宽抑制时，通道带宽为全带宽；开通带宽抑制时，高于 20MHz 的噪声和高频信号将被衰减。

F3：控制垂直偏转系数，可对幅度（伏 / 格）进行粗调和细调。

F4：控制探头倍率，有 1×、10×、100×、1000× 四种选择。

F5：控制波形反相设置，可对波形进行 180° 反转。

② 垂直控制区。垂直控制区包括垂直位置调节旋钮和垂直幅度调节旋钮，如图 2-30 所示。

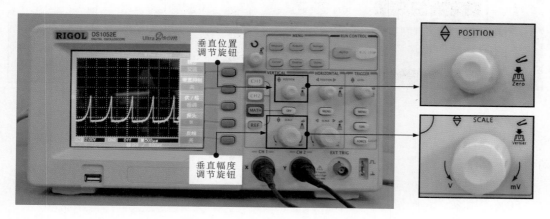

图 2-30　数字示波器的垂直控制区

垂直位置调节旋钮（POSITION）：可对被测波形进行垂直方向的位置调节。

垂直幅度调节旋钮（SCALE）：可对被测波形进行垂直方向的幅度调节，即调节输入信号通道的放大量或衰减量。

③ 水平控制区。水平控制区包括水平位置调节旋钮和水平时间轴调节旋钮，如图 2-31 所示。

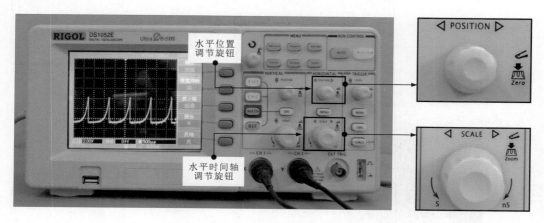

图 2-31　数字示波器的水平控制区

水平位置调节旋钮（＜缩放 POSITION ＞）：可对被测波形进行水平位置调节。

水平时间轴调节旋钮（＜ SCALE ＞）：可对被测波形进行水平方向时间轴的调节。

④ 触发控制区。触发控制区包括一个触发系统旋钮和三个按键，如图 2-32 所示。

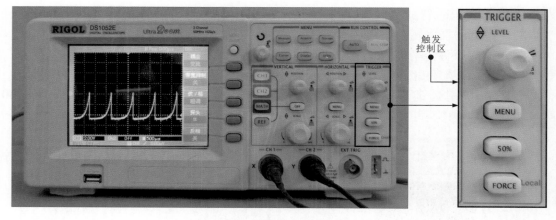

图 2-32　数字示波器的触发控制区

　　触发系统旋钮（LEVEL）：用来改变触发电平，触发电平线随触发系统旋钮的转动而上下移动。

　　MENU（菜单）：用来改变触发设置。

　　50%：用来设定触发电平在触发信号幅值的垂直中点。

　　FORCE（强制）：强制产生触发信号，主要应用在触发方式中的正常模式和单次模式。

　　⑤ 菜单功能区。菜单功能区包括自动设置按键、屏幕捕捉按键、存储功能按键、辅助功能按键、采样系统按键、显示系统按键、自动测量按键、光标测量按键、多功能旋钮等，如图 2-33 所示。

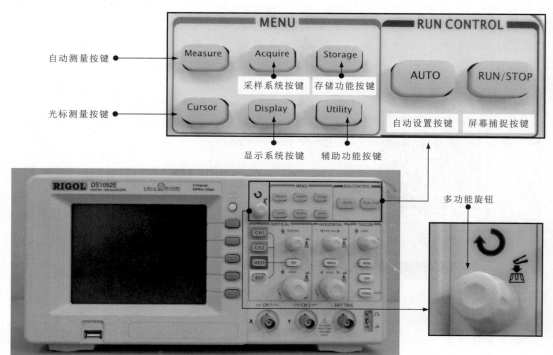

图 2-33　数字示波器的菜单功能区

自动设置按键（AUTO）：可自动设置垂直偏转系数、扫描时基及触发方式。

屏幕捕捉按键（RUN/STOP）：绿灯亮表示运行，红灯亮表示暂停。

存储功能按键（Storage）：可将波形或设置状态保存到内部存储区或 U 盘中，并能通过 RefA（或 RefB）调出所保存的信息或设置的状态。

辅助功能按键（Utility）：用来对自校正、波形录制、语言、出厂设置、界面风格、网格亮度、系统信息等选项进行相应的设置。

采样系统按键（Acquire）：可弹出采样设置菜单，通过菜单键调节获取方式（普通采样方式、峰值检测方式、平均采样方式）、平均次数（设置平均次数）、采样方式（实时采样、等效采样）等选项。

显示系统按键（Display）：用来弹出设置菜单，通过菜单键调节显示方式，如显示类型、格式（YT、XY）、持续（关闭、无限）、对比度、波形亮度等信息。

自动测量按键（Measure）：可进入参数测量显示菜单，该菜单有 5 个可同时显示测量值的区域，分别对应菜单键的 F1 ~ F5。

光标测量按键（Cursor）：用来显示测量光标或光标菜单，可配合多功能旋钮一起使用。

多功能旋钮：用来调节设置参数。

⑥ 其他键钮。其他键钮主要包括菜单按键、关闭按键、REF 按键、USB 接口、电源开关等，如图 2-34 所示。

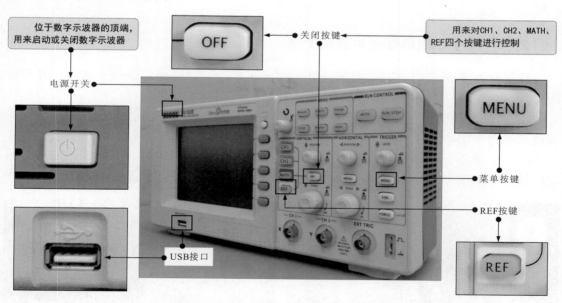

图 2-34　数字示波器的其他键钮

菜单按键（MENU）：用来显示变焦菜单，可配合 F1 ~ F5 使用。

关闭按键（OFF）：可对 CH1、CH2、MATH、REF 四个按键进行控制。

REF 按键：可调出存储波形或关闭基准波形。

USB 接口：用来连接 U 盘或移动硬盘，并读取其中的波形。

电源开关：位于数字示波器的顶端，用来启动或关闭数字示波器。

❋ 3. 探头连接区域

探头连接区域包括 CH1 按键和 CH1（X）信号输入端、CH2 按键和 CH2（Y）信号输入端，如图 2-35 所示。

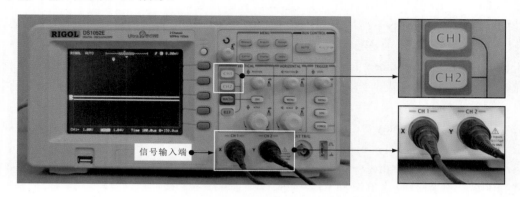

图 2-35　数字示波器的探头连接区域

CH1 按键和 CH1（X）信号输入端：当探头连接在 CH1（X）信号输入端时，CH1 按键被点亮。

CH2 按键和 CH2（Y）信号输入端：当探头连接在 CH2（Y）信号输入端时，CH2 按键被点亮。

❖ 2.2.2 数字示波器在使用前的准备

数字示波器在使用前的准备主要分为两个步骤，即连接测试线和电源线、开机前的检查。

① 连接测试线和电源线。测试线和电源线的连接是数字示波器在使用前的最基础和最重要的操作。

数字示波器测试线的探头接口采用旋紧锁扣式设计，插接时，将测试线的接头座对应插入探头接口后，顺时针旋动接头座，即可将其旋紧在探头接口上，如图 2-36 所示。

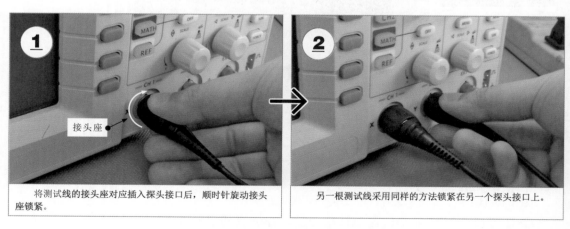

图 2-36　数字示波器测试线的连接

数字示波器在正常工作时需要市电电源供电，因此在连接测试线后，还需要将数字示波器的电源线与市电电源连接，如图 2-37 所示。

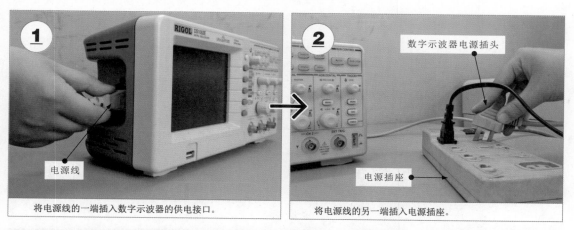

将电源线的一端插入数字示波器的供电接口。

将电源线的另一端插入电源插座。

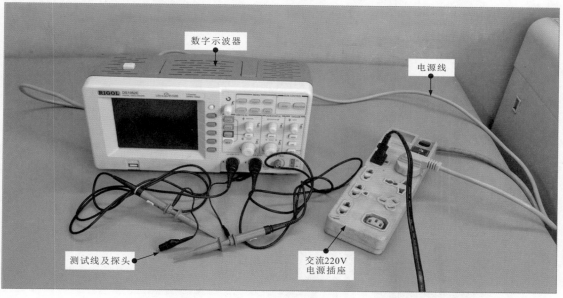

图 2-37　数字示波器电源线的连接

② 开机前的检查。为了保证数字示波器的使用寿命并能够正确观测信号波形，在使用数字示波器之前应注意以下几点。

● 必须阅读技术说明书，对所选用数字示波器的硬件、软件功能及特性参数进行全面、准确的了解。

● 供电电压要符合数字示波器的要求，使用专用的电源线供电，接地要可靠。

● 非专业维修人员不要打开数字示波器的外壳或面板，电源接通后，请勿接触外露的接头。

● 不要在潮湿、易燃易爆的环境下操作数字示波器，要保持数字示波器表面的清洁与干燥。

◆ 2.2.3 数字示波器的开机与测量前的调整

做好开机前的准备工作后，按下电源开关，数字示波器开机，此时可以观察到数字示波器的开机界面，如图 2-38 所示。

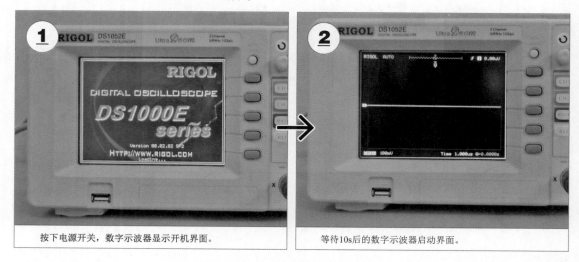

图 2-38　数字示波器的开机操作

※ 1. 数字示波器的自校正

若数字示波器为第一次使用或长时间没有使用，则开机启动后应进行自校正。数字示波器进入自校正的操作如图 2-39 所示。

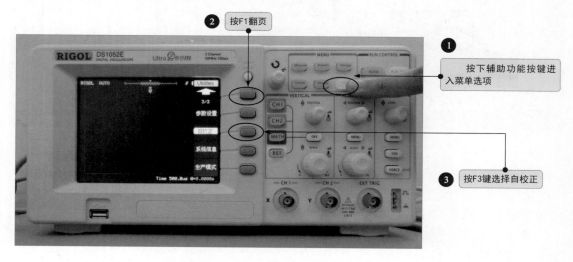

图 2-39　数字示波器进入自校正的操作

※ 2. 数字示波器测量前的调整

数字示波器完成自校正后，开始进行测量前的相应调整，如通道的设置方法如图 2-40 所示。

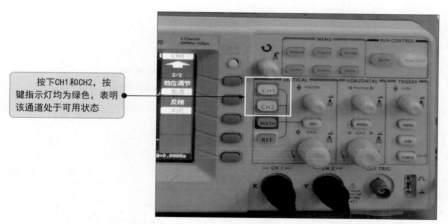

按下CH1和CH2，按键指示灯均为绿色，表明该通道处于可用状态

图 2-40　数字示波器通道的设置方法

若要关闭 CH1 或 CH2 通道中的一个或全部，则需要使用 OFF 关闭按键。按下 OFF 关闭按键后，CH1 通道的按键指示灯熄灭，此时 CH1 通道的探头检测不到信号波形，显示屏上没有 CH1 通道的信号波形显示；再按下 OFF 关闭按键后，CH2 通道的按键指示灯熄灭，此时 CH2 通道的探头检测不到信号波形，显示屏上没有 CH2 通道的信号波形显示。

数字示波器在自校正完成后不能直接进行测量，还需要校正探头，使整机处于最佳测量状态。

数字示波器本身有基准信号输出端，可将探头连接在基准信号输出端进行校正，如图 2-41 所示。

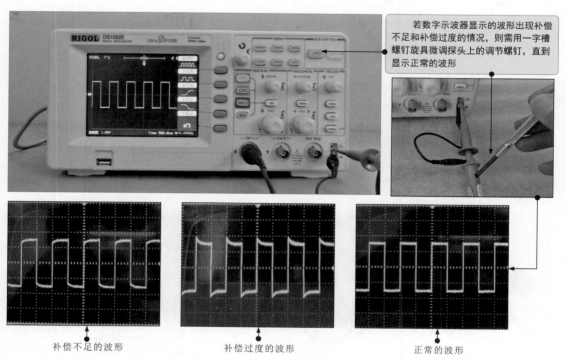

若数字示波器显示的波形出现补偿不足和补偿过度的情况，则需用一字槽螺钉旋具微调探头上的调节螺钉，直到显示正常的波形

补偿不足的波形　　　　　　　补偿过度的波形　　　　　　　正常的波形

图 2-41　数字示波器测试线探头连接基准信号输出端

第3章
电子元器件的焊接工具

3.1 电烙铁的特点与使用

电烙铁是一种应用十分广泛的焊接工具，具有方便小巧、易于操作、价格便宜等特点，很受维修人员喜欢。

3.1.1 电烙铁的特点

电烙铁是手工焊接、补焊、代换元器件时的常用工具之一，根据不同的加热方式可分为内热式电烙铁和外热式电烙铁。图3-1为常用电烙铁的实物外形。

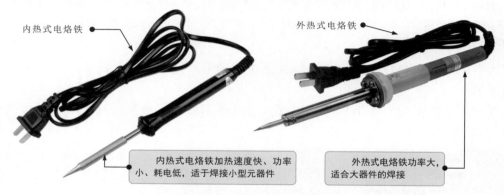

内热式电烙铁

外热式电烙铁

内热式电烙铁加热速度快、功率小、耗电低，适于焊接小型元器件

外热式电烙铁功率大，适合大器件的焊接

图 3-1 常用电烙铁的实物外形

资料与提示

常见的电烙铁还有恒温式（电控式和磁控式）电烙铁和吸锡式电烙铁等。其实物外形如图3-2所示。恒温式电烙铁可以通过电控或磁控方式准确控制焊接温度，常应用在对焊接质量要求较高的场合；吸锡式电烙铁将吸锡器与电烙铁的功能合二为一，非常便于拆焊、焊接。此外，根据焊接产品的要求，电烙铁还有防静电式电烙铁和自动送锡式电烙铁等。

电控式恒温电烙铁

磁控式恒温电烙铁

吸锡式电烙铁

图 3-2 恒温式电烙铁和吸锡式电烙铁的实物外形

电烙铁主要是通过热熔的方式修复电路板、焊接功能部件及拆焊电子元器件等，如图 3-3 所示。

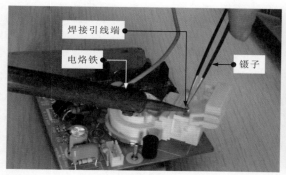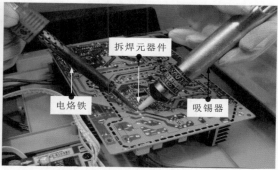

图 3-3 电烙铁在家电维修中的应用

3.1.2 电烙铁的使用

在使用电烙铁之前，应先学会电烙铁的正确握法，通常可采用握笔法、反握法和正握法三种形式，如图 3-4 所示。其中，握笔法是最常见的姿势；反握法动作稳定，适于操作大功率电烙铁；正握法适于操作中等功率的电烙铁。

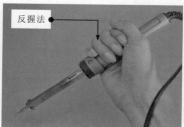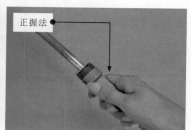

图 3-4 电烙铁的正确握法

接下来就是对电烙铁进行预加热。当电烙铁达到工作温度后，要用右手握住电烙铁，用左手握住吸锡器，对需要拆焊的元器件进行拆焊。图 3-5 为拆焊元器件的操作方法。

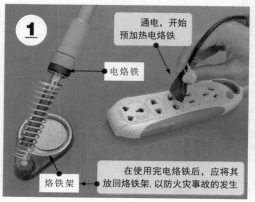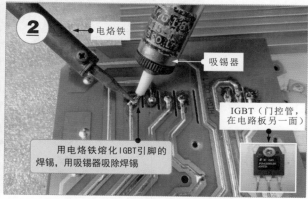

图 3-5 拆焊元器件的操作方法

3.2 热风焊机的特点与使用

热风焊机是专门用来拆焊、焊接贴片元器件的焊接工具，在家电产品的维修过程中应用较为广泛。

3.2.1 热风焊机的特点

图 3-6 为热风焊机的实物外形。由图可知，热风焊机主要由主机和热风焊枪等部分构成，在使用时，应根据焊接部位的大小选择合适的喷嘴。

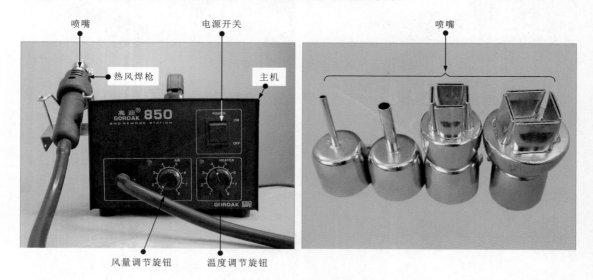

图 3-6　热风焊机的实物外形

图 3-7 为热风焊机在拆焊元器件操作中的应用。

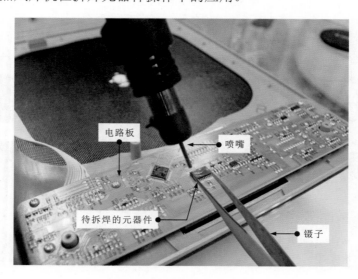

图 3-7　热风焊机在拆焊元器件操作中的应用

3.2.2 热风焊机的使用

热风焊机的使用一般分为三个步骤：一是通电开机；二是调节温度和风量；三是进行拆焊操作。

图 3-8 为热风焊机的通电开机操作。

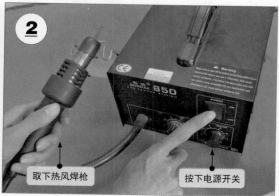

图 3-8 热风焊机的通电开机操作

图 3-9 为热风焊机风量和温度的调节。调整热风焊机面板上的温度调节旋钮和风量调节旋钮，两个旋钮都有 8 个可调挡位，通常将温度旋钮调至 5～6 挡，风量调节旋钮调至 1～2 挡或 4～5 挡即可。

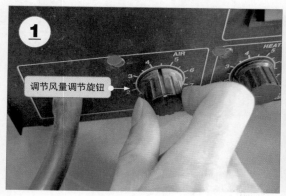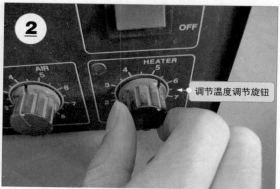

图 3-9 热风焊机风量和温度的调节

资料与提示

待拆焊贴片元器件的类型不同，热风焊机的风量和温度调节范围不同。表 3-1 为热风焊机风量和温度调节旋钮的调节位置。

表 3-1 热风焊机风量和温度调节旋钮的调节位置

待拆焊贴片元器件	风量调节旋钮	温度调节旋钮
贴片式分立元器件	1～2	5～6
双列贴片式集成电路芯片	4～5	5～6
四面贴片式集成电路芯片	3～4	5～6

图 3-10 为使用热风焊机拆焊贴片元器件。将温度和风量调节好，等待几秒，待热风焊枪预热完成后，将热风焊枪垂直悬空放置在贴片元器件的引脚上方，来回移动实现均匀加热，直到引脚焊锡熔化。

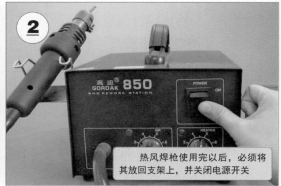

图 3-10 使用热风焊机拆焊贴片元器件

资料与提示

热风焊机在实际使用过程中应根据待拆焊贴片元器件的引脚大小和形状选择合适的喷嘴，如图 3-11 所示，更换喷嘴时，可先用十字槽螺钉旋具拧松喷嘴上的螺钉，插入选好的喷嘴，拧紧螺钉即可。

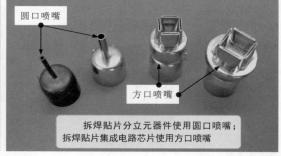

图 3-11 更换喷嘴

在使用热风焊机焊接贴片元器件时，可在焊接位置涂上一层助焊剂，并将贴片元器件放在涂有助焊剂的焊接位置上，用镊子微调贴片元器件的位置，如图 3-12 所示。在焊接前，可先在焊点位置熔化一些焊锡后再涂抹助焊剂。

图 3-12 涂抹助焊剂

第4章
电子元器件的安装和焊接

4.1 电子元器件安装和焊接的工艺要求

电子元器件的大小、数量不同，安装方式也不同，当按照要求将电子元器件安装完成后，还需要根据相关的工艺要求进行焊接操作。下面将具体介绍电子元器件安装和焊接的工艺要求。

4.1.1 了解电子元器件的安装要求

电子元器件的安装是电子产品生产过程中的重要工序，在安装电子元器件的过程中，应根据相关的工艺要求进行操作。

1. 清洁引脚

在安装前，应先清洁电子元器件的引脚，如果引脚表面有氧化层，则最好用细砂布擦拭。

图 4-1 为电子元器件引脚的清洁操作。使用蘸有酒精的软布擦拭引脚可以去除引脚表面的氧化层，以便在焊接时容易上锡。若引脚已有镀层，则可以根据使用情况不进行清洁。

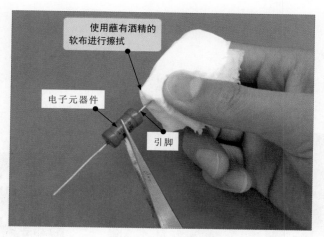

图 4-1 电子元器件引脚的清洁操作

2. 机械固定部件

在安装电子元器件前，应先安装那些需要进行机械固定的部件，如功率器件的散热片、支架、卡子等；操作时，不可以用手直接触碰电子元器件的引脚或印制电路板上的铜箔，避免因人体静电而损坏电子元器件或汗渍残留导致印制电路板氧化等情况。

3. 按次序安装

电子元器件应按一定的次序进行安装，先安装较小功率的卧式电子元器件，再安装立式电子元器件、大功率卧式电子元器件、可变电子元器件及易损坏的电子元器件，最后安装带散热器的电子元器件和特殊电子元器件，即按照先轻后重、先里后外、先低后高的原则进行安装。

资料与提示

电子元器件的安装应整齐、美观、稳固，并插装到位，不可有明显的倾斜和变形现象，各电子元器件之间应留有一定的距离，方便焊接和利于散热，如图 4-2 所示。在通常情况下，电子元器件之间的距离应大于 0.5mm，引脚焊盘间隔要大于 2mm。

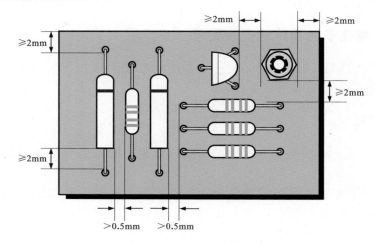

图 4-2　电子元器件之间的合理距离

4. 安装后的检查

电子元器件安装完成后，应检查安装是否正确、是否有损伤的部位、极性是否与印制电路板上的丝印一致，应尽量将电子元器件安装在丝印范围内，如图 4-3 所示。

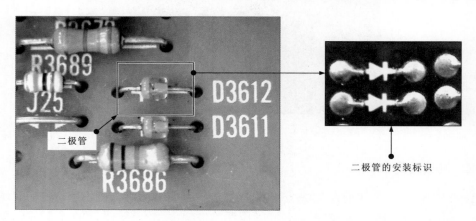

图 4-3　二极管应按印制电路板上丝印的位置安装

✳ 5. 弯曲引脚

电子元器件引脚的弯曲方法如图 4-4 所示。在电子元器件的安装过程中，若需要弯曲引脚，则应注意不能在根部弯曲，根部很容易折断，应在距根部大于 1.5mm 的位置弯曲，弯曲半径 R 要大于引脚直径的两倍，弯曲后的两个引脚要与电子元器件的自身垂直。

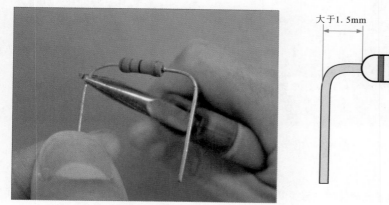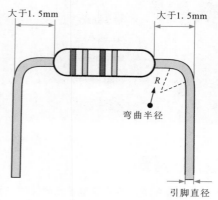

图 4-4　电子元器件引脚的弯曲方法

✳ 6. 按标识安装

按标识安装电子元器件如图 4-5 所示。为了易于辨认，在安装时，电子元器件各种标识，如型号、数值等应朝上或朝外，以利于焊接和检修时察看。

图 4-5　按标识安装电子元器件

✳ 7. 安装方式

根据安装环境，电子元器件的安装方式有立式安装和卧式安装。

电子元器件的安装方式如图 4-6 所示。当采用立式安装时，电子元器件要与印制电路板垂直；当采用卧式安装时，电子元器件要与印制电路板平行或贴在印制电路板上。

当工作频率不高时，这两种安装方式均可以被采用；当工作频率较高时，电子元器件最好采用卧式安装，可以使引脚尽可能短一些，防止产生高频寄生电容。

图 4-6 电子元器件的安装方式

资料与提示

值得注意的是，在安装电子元器件时，若需要保留较长的引脚，则必须在引脚上套上绝缘套管，可防止因引脚相碰而短路。

4.1.2 了解手工焊接的特点及要求

手工焊接是利用电烙铁加热被焊金属件和锡铅等焊料，并将熔化的焊料覆盖在已被加热的金属件表面，待焊料凝固后，使被焊金属件连接起来。该焊接工艺也被称为锡焊。手工焊接具有设备简单、操作灵活、适用面广等特点，但生产效率较低。

在手工焊接时，焊接工具的工作温度很高，所使用助焊剂的挥发气体对人体有害，因此焊接时操作姿势的正确与否非常重要。

图 4-7 为手工焊接时的正确姿势。操作人员的面部与焊接部位应保持 30cm 以上的距离，且应在通风的环境下操作。

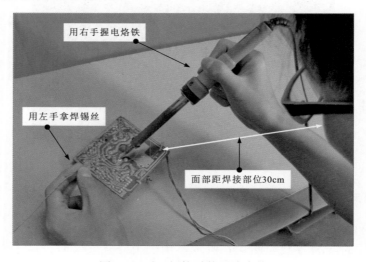

图 4-7 手工焊接时的正确姿势

4.1.3 了解自动化焊接的特点及要求

自动化焊接是使用计算机控制焊接设备进行焊接的一种工艺，是电子产品生产线上主要的电子元器件焊接方法，具有误差小、效率高的特点，根据使用焊接设备的不同，主要可以分为浸焊、波峰焊、再流焊及电子束焊等。

1. 浸焊

浸焊是将插装电子元器件的印制电路板浸入浸焊机，并一次完成印制电路板上众多焊点的焊接方法。浸焊大大提高了焊接的工作效率，消除了漏焊现象。印制电路板上不需要焊接的部位可涂抹阻焊剂。

图 4-8 为浸焊机的实物外形。

图 4-8　浸焊机的实物外形

2. 波峰焊

波峰焊是将熔化的软钎焊料（铅锡合金），经电动泵或电磁泵喷流成设计所要求的焊料波峰，也可以通过向焊料池内注入氮气来形成焊料波峰，使预先插装有电子元器件的印制电路板通过焊料波峰，实现电子元器件焊点或引脚与印制电路板焊盘之间机械与电气连接的软钎焊。图 4-9 为波峰焊机的实物外形。

图 4-9　波峰焊机的实物外形

波峰焊分为单波峰焊、双波峰焊、多波峰焊等。图4-10为单波峰焊的原理示意图。

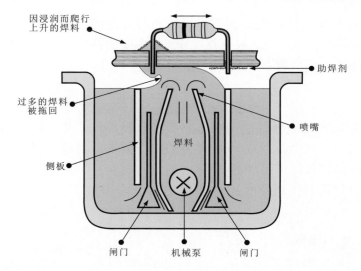

因浸润而爬行
上升的焊料

助焊剂

过多的焊料
被拖回

喷嘴

焊料

侧板

闸门   机械泵   闸门

图4-10 单波峰焊的原理示意图

3. 再流焊

再流焊也叫回流焊，是伴随微型化电子产品的出现而发展起来的焊接技术，主要应用于各类贴片式（表面贴装）电子元器件的焊接。再流焊机的实物外形如图4-11所示。

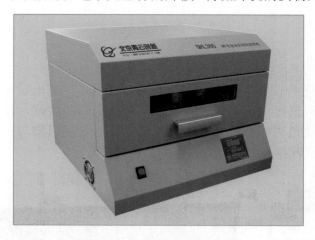

图4-11 再流焊机的实物外形

再流焊的焊料是焊锡膏，相比之下，在焊接时，电子元器件受到的热冲击小，高温受损机会少，可以控制焊料的施加量。

4. 电子束焊

电子束焊是新颖、高能量密度的熔焊工艺，具有不用焊条、不易氧化、工艺重复性好及热变形量小等优点，被广泛应用于航空航天、原子能、汽车和电工仪表等众多行业。电子束焊机的实物外形如图 4-12 所示。

图 4-12 电子束焊机的实物外形

🎡 4.2 直插式元器件的安装和焊接方法

不同结构类型的电子元器件，其安装和焊接方法不同。根据焊装方式不同，电子元器件可以分为直插式元器件和贴片式元器件两种。

直插式元器件是先将引脚插到印制电路板孔中再进行焊接的一类元器件。

❖ 4.2.1 直插式元器件的安装

直插式元器件按照安装工序的不同，应先进行安装操作，再对其进行焊接操作。

✳ 1. 直插式元器件的安装方式

直插式元器件的安装方式主要有手工安装和机械自动安装，如图 4-13 所示。

手工安装简单、易操作，只需将直插式元器件的引脚插入对应的插孔即可，主要用于使用设备无法操作的直插式元器件的安装；机械自动安装效率较高，采用计算机控制，通过输入人工指令控制直插式元器件的安装流程。

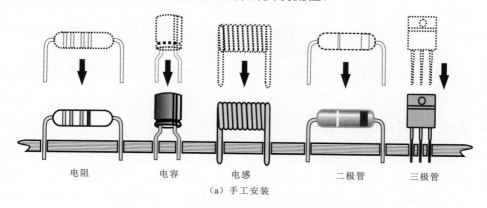

电阻　　　　电容　　　　电感　　　　二极管　　　三极管

（a）手工安装

图 4-13 直插式元器件的安装方式

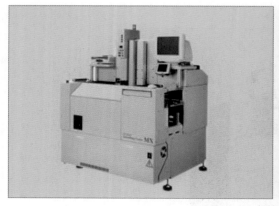
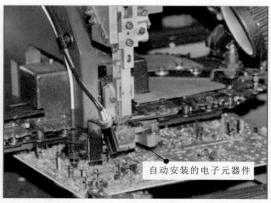

自动安装的电子元器件

（b）机械自动安装

图 4-13 直插式元器件的安装方式（续）

✳ 2. 直插式元器件的安装要求

直插式元器件的安装高度应符合规定，同一规格的直插式元器件应尽量安装为同一高度，如图 4-14 所示。

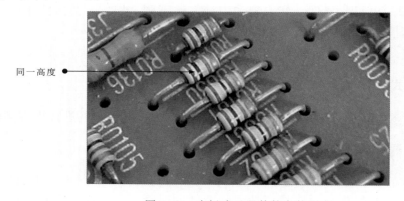

同一高度

图 4-14 直插式元器件的安装要求

直插式元器件的安装顺序一般为先低后高，先轻后重，先易后难，先一般元器件后特殊元器件。

直插式元器件的外壳为金属材质时，其外壳与引脚不得相碰，要保证 1mm 左右的安全间隙，当无法避免时，应将引脚套上绝缘套管。

图 4-15 为直插式元器件的安装示意图。直插式元器件的引脚与印制电路板的焊盘孔壁应有 0.2 ～ 0.4mm 的合理间隙。

✳ 3. 直插式元器件的安装方法

（1）贴板安装

贴板安装就是将直插式元器件贴紧印制电路板面安装，安装间隙为 1 mm，如图 4-16 所示。贴板安装稳定性好，安装简单，但不利于散热，不适合高发热直插式元器件。双面焊接的印制电路板尽量不要采用贴板安装。

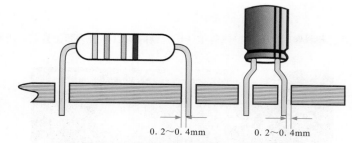

图 4-15　直插式元器件的安装示意图

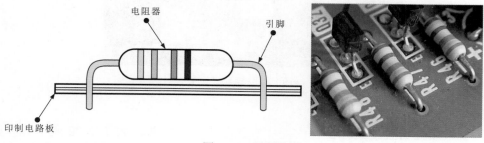

图 4-16　贴板安装

　　值得注意的是，如果贴板安装的直插式元器件为金属外壳，则为了避免短路，应将直插式元器件的壳体加垫绝缘衬垫或套上绝缘套管，如图 4-17 所示。

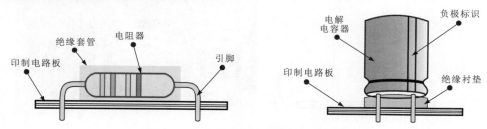

图 4-17　加垫绝缘衬垫或套上绝缘套管

（2）悬空安装

　　悬空安装就是在安装时，使直插式元器件的壳体与印制电路板面保持一定的距离，距离为 3 ～ 8mm，如图 4-18 所示。发热直插式元器件、怕热直插式元器件等一般都采用悬空安装。

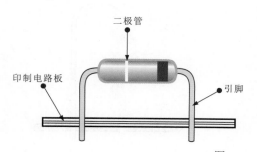

图 4-18　悬空安装

资料与提示

在焊接怕热的直插式元器件时，大量的热量被传递，此时可以将引脚套上套管，阻隔热量，如图 4-19 所示。

图 4-19　将引脚套上套管

（3）垂直安装

垂直安装就是将直插式元器件的壳体竖直起来进行安装，如图 4-20 所示。部分高密度的安装区域适合采用垂直插装，但重量大且引脚细的直插式元器件不宜采用垂直安装。

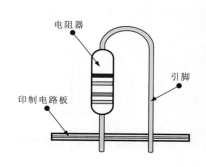

图 4-20　垂直安装

资料与提示

在垂直安装时，短引脚一端的壳体十分接近印制电路板，当焊接时，大量的热量被传递，为了避免高温损坏直插式元器件，可以采用衬垫或套管阻隔热量，如图 4-21 所示。这样的措施还可以防止直插式元器件发生倾斜。

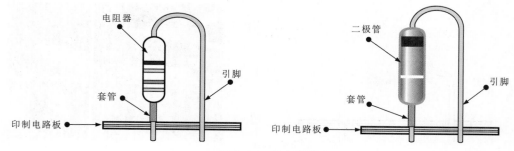

图 4-21　套上套管

（4）嵌入式安装

嵌入式安装俗称埋头安装，是将直插式元器件的部分壳体埋入印制电路板的嵌入孔内，如图4-22所示，适用于安装需要进行防振保护的直插式元器件，可降低安装高度。

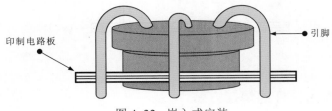

图4-22　嵌入式安装

（5）支架固定安装

支架固定安装是用支架将直插式元器件固定在印制电路板上，如图4-23所示，适用于安装小型继电器、变压器、扼流圈等较重的直插式元器件，用来增加在印制电路板上的牢固度。

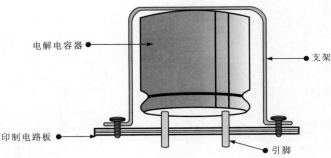

图4-23　支架固定安装

（6）弯折安装

弯折安装是当安装高度有特殊限制时，在将直插式元器件的引脚垂直插入印制电路板的插孔中后，再将直插式元器件的壳体朝水平方向弯折，适当降低安装高度，如图4-24所示。

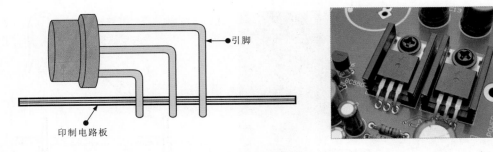

图4-24　弯折安装

资料与提示

为了防止部分较重的直插式元器件歪斜、引脚因受力过大而折断，弯折后，应采取绑扎、粘贴等措施，增强直插式元器件的稳固性，如图4-25所示。

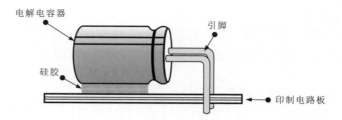

图 4-25　直插式元器件的粘贴

4.2.2　直插式元器件的焊接方法

1. 直插式电阻器的焊接方法

电阻器是电子产品中最常见的直插式元器件，多采用直插式焊接形式，焊接时，应先加热焊接部位，如图 4-26 所示。

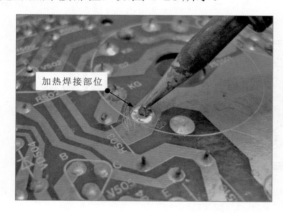

图 4-26　加热焊接部位

然后熔化焊锡丝，如图 4-27 所示，即当焊接部位达到一定温度后，将焊锡丝放在焊接部位，用电烙铁蘸取少量助焊剂后，再熔化适量的焊锡。焊锡丝应放在电烙铁头的对称位置，不能直接放在电烙铁头上。

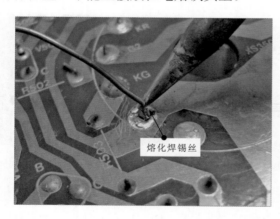
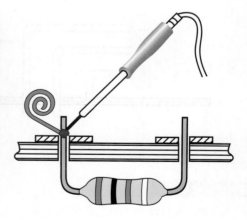

图 4-27　熔化焊锡丝

使用电烙铁将焊锡丝熔化并浸熔引脚后移开焊锡丝，如图 4-28 所示。

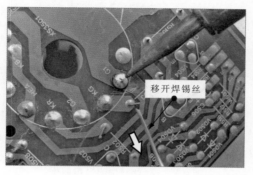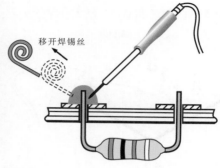

图 4-28 移开焊锡丝

当焊接部位的焊锡接近饱满，助焊剂尚未完全挥发，也就是焊接部位的温度最适当、焊锡最光亮且流动性最强的时刻，迅速移开电烙铁，如图 4-29 所示。移开电烙铁的时间、方向和速度决定焊接部位的焊接质量。其正确方法是先慢后快，沿 45°方向移开，并在将要离开焊接部位时快速往回一带后迅速移开。

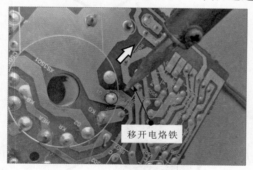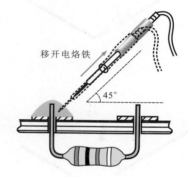

图 4-29 移开电烙铁

资料与提示

在焊接过程中，电烙铁头的温度不要超过 300 ℃，一般选用小型圆锥电烙铁头。

2. 直插式电容器的焊接方法

电容器的焊接方法与电阻器的焊接方法相同，如图 4-30 所示。

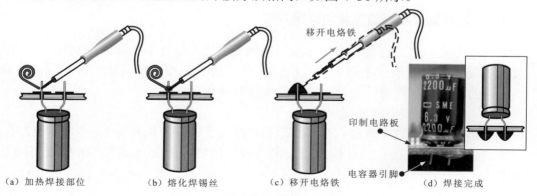

（a）加热焊接部位　　　（b）熔化焊锡丝　　　（c）移开电烙铁　　　（d）焊接完成

图 4-30 直插式电容器的焊接方法

3. 直插式三极管的焊接方法

图 4-31 为直插式三极管的焊接方法。

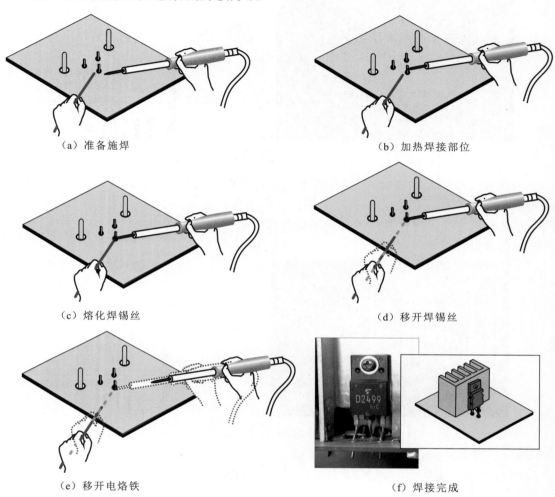

（a）准备施焊　　　　　　　　　　　（b）加热焊接部位

（c）熔化焊锡丝　　　　　　　　　　（d）移开焊锡丝

（e）移开电烙铁　　　　　　　　　　（f）焊接完成

图 4-31　直插式三极管的焊接方法

4. 直插式集成电路的安装和焊接方法

直插式集成电路的安装和焊接方法与直插式分立元器件（电阻器、电容器、二极管、三极管等具有独立功能，不能再拆分的元器件）的安装和焊接方法大致相同。直插式集成电路的引脚数目相对较多，在安装和焊接时应更加仔细。

（1）直插式集成电路的安装

在安装直插式集成电路时，可按照印制电路板上的对应插孔插入，如图 4-32 所示。

值得注意的是，在安装直插式集成电路时，应将引脚完全插入，并检查引脚有无弯曲情况。

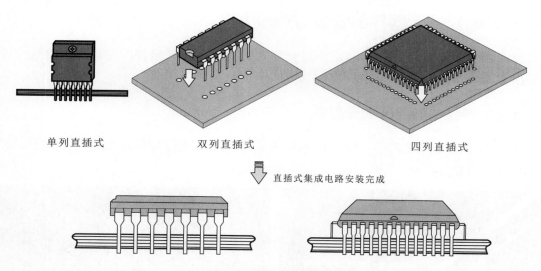

单列直插式　　　　　双列直插式　　　　　　　　四列直插式

直插式集成电路安装完成

图 4-32　直插式集成电路的安装

（2）直插式集成电路的焊接方法

由于直插式集成电路的内部集成度较高，为了避免因热量过高而损坏，焊接温度不可高于指定的承受温度，并且速度要快。

图 4-33 为直插式集成电路的焊接方法。

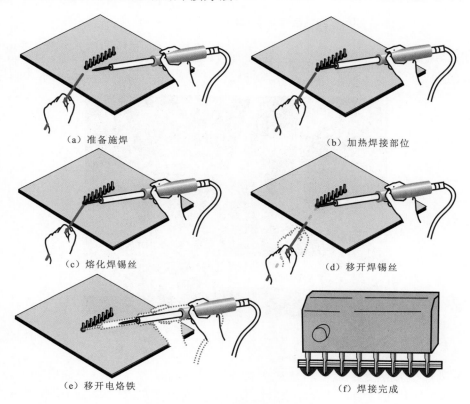

（a）准备施焊　　　　　　　　　　　（b）加热焊接部位

（c）熔化焊锡丝　　　　　　　　　　（d）移开焊锡丝

（e）移开电烙铁　　　　　　　　　　（f）焊接完成

图 4-33　直插式集成电路的焊接方法

4.3 贴片式元器件的安装与焊接方法

贴片式元器件是在表面贴装后再进行焊接的一类电子元器件。贴片式元器件一般可采用手工焊接和自动化焊接两种焊装方法。

4.3.1 手工焊接贴片式元器件

手工焊接贴片式元器件可以借助电烙铁或热风焊机进行操作。使用电烙铁手工焊接贴片式元器件如图4-34所示。

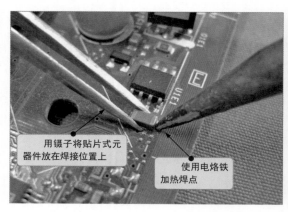
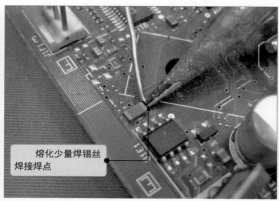

图4-34 使用电烙铁手工焊接贴片式元器件

使用热风焊机手工焊接贴片式元器件时，应先在焊接贴片式元器件的位置上涂助焊剂，如图4-35所示，再将贴片式元器件放好，可用镊子微调贴片式元器件的位置。

图4-35 涂助焊剂

当热风焊机预热完成后，将热风焊枪垂直悬空在贴片式元器件的引脚上方对引脚进行加热。在加热过程中，热风焊枪应往复移动，均匀加热各引脚，当引脚焊料熔化后，先移开热风焊枪，待焊料凝固后，再移开镊子，如图4-36所示。

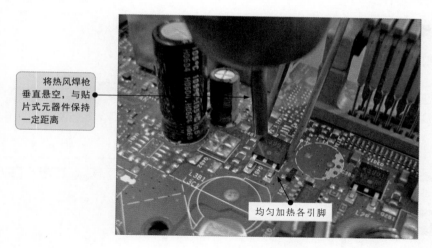

图 4-36　使用热风焊机手工焊接贴片式元器件

4.3.2　自动化焊接贴片式元器件

　　自动化焊接贴片式元器件的一般流程为点胶→贴装→焊接→清洗。其中，点胶是将焊膏或贴片胶漏印到印制电路板的焊盘上，为贴片式元器件的安装、焊接做准备；贴装是将贴片式元器件准确安装到印制电路板的固定位置上；焊接是将焊膏溶化，使贴片式元器件与印制电路板牢固地焊接在一起；清洗是除去焊装好的印制电路板表面对人体有害的焊接残留物，如助焊剂等。

1. 采用再流焊工艺焊接贴片式分立元器件

　　图 4-37 为采用再流焊工艺焊接贴片式分立元器件的流程图。

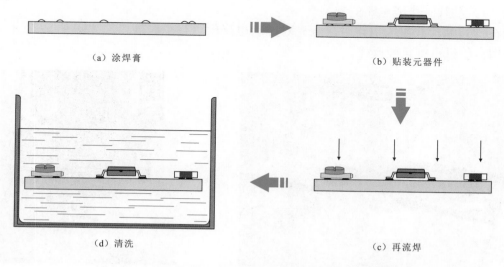

图 4-37　采用再流焊工艺焊接贴片式分立元器件的流程图

2. 采用波峰焊工艺焊接贴片式分立元器件

图 4-38 为采用波峰焊工艺焊接贴片式分立元器件的流程图。

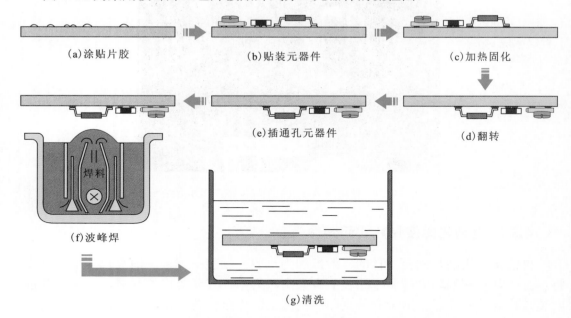

(a)涂贴片胶　　　　　　(b)贴装元器件　　　　　　(c)加热固化

(e)插通孔元器件　　　　　　(d)翻转

焊料

(f)波峰焊

(g)清洗

图 4-38　采用波峰焊工艺焊接贴片式分立元器件的流程图

3. 贴片式集成电路的安装和焊接方法

贴片式集成电路的安装和焊接方法与贴片式分立元器件类似。由于贴片式集成电路的引脚多、密集，因此焊接工艺精度要比贴片式分立元器件高。

（1）贴片式集成电路的安装

在安装贴片式集成电路时，应先对印制电路板进行点胶操作，如图 4-39 所示，通常采用点胶机进行点胶操作。

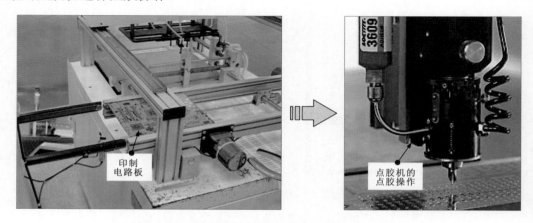

印制电路板

点胶机的点胶操作

图 4-39　使用点胶机对印制电路板进行点胶操作

点胶操作完成后，将需要安装的贴片式集成电路放到贴片机的元器件放置盒中，如图 4-40 所示，通过贴片机安装贴片式集成电路。

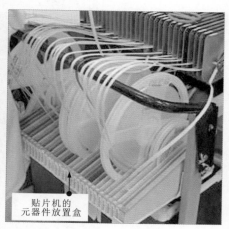

图 4-40　通过贴片机安装贴片集成电路

（2）贴片式集成电路的手工焊接方法

手工焊接贴片式集成电路时，先将贴片式集成电路放到焊接位置上，并使用电烙铁固定几个引脚，将贴片式集成电路暂时固定后，再在所有引脚上均匀涂抹大量的焊料，覆盖引脚，如图 4-41 所示。

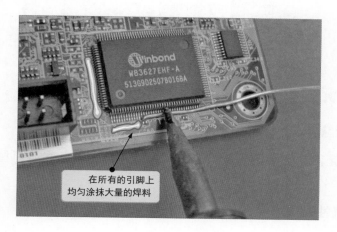

图 4-41　涂抹焊料

资料与提示

若涂抹焊料过多，则需要吸走多余的焊料，如图 4-42 所示，先将细铜丝浸泡在松香中，然后将其放到贴片式集成电路的一排引脚上，一边用电烙铁加热铜丝，一边拉铜丝以吸走多余的焊料。

完成上述操作后，需要对贴片式集成电路的引脚进行清洁，如图 4-43 所示。

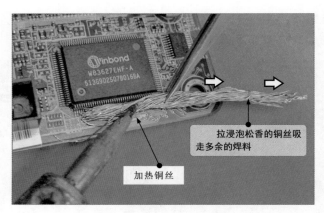

拉浸泡松香的铜丝吸走多余的焊料

加热铜丝

图 4-42　吸走多余的焊料

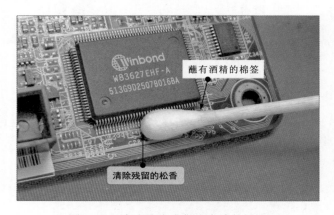

蘸有酒精的棉签

清除残留的松香

图 4-43　清洁贴片式集成电路的引脚

4.4　电子元器件焊接质量的检查

4.4.1　检查直插式元器件的焊接质量

检查直插式元器件的焊接质量主要包括检查电气性能、检查机械强度和检查焊点质量三个方面。

1. 检查电气性能

直插式元器件焊接完成后，其焊点是由焊料与引脚、印制电路板板面形成的牢固合金层，具有良好的导电性能。若焊料堆附在引脚、印制电路板板面，则会形成虚焊，从而影响电气性能，可通过测量电阻和观察焊点的形状来判别。

2. 检查机械强度

直插式元器件焊接后机械强度的检查方法如图 4-44 所示。

3. 检查焊点质量

焊点质量的检查包括焊点表面的检查和焊点形状的检查。

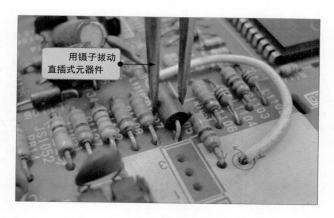

图 4-44　检查机械强度

（1）焊点表面的检查

焊点表面应光亮且色泽均匀（见图 4-45），没有裂纹、针孔及夹渣现象，不能留有松香渍，尤其助焊剂等有害残留物。如果有残留物未及时清除，则会腐蚀电子元器件的引脚、焊点及印制电路板，并会因吸潮造成漏电甚至短路燃烧等，从而带来严重隐患。

图 4-45　焊点表面的检查

（2）焊点形状的检查

图 4-46 为标准焊点形状。焊锡布满焊盘。焊点以焊接导线为中心，呈裙形均匀拉开。若焊点的焊锡量过少，则不仅会降低机械强度，还会由于表面氧化层逐渐加深，导致焊点早期失效；若焊点的焊锡量过多，既增加成本，又容易造成焊点桥连（短路），掩盖焊接缺陷。

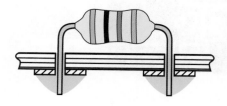

图 4-46　标准焊点形状

资料与提示

图 4-47 为几种不合格的焊点示意图。

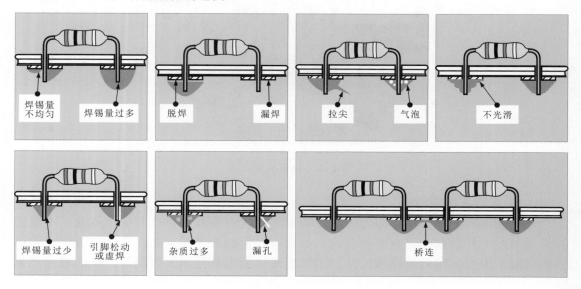

图 4-47　几种不合格的焊点示意图

4.4.2　检查贴片式元器件的焊接质量

贴片式元器件焊接质量的检查包括焊点焊接质量的检查和焊点位置的检查等。

1. 焊点焊接质量的检查

在检查贴片式元器件的焊点焊接质量时，通常应检查焊点的润湿度是否良好、焊料的铺展是否均匀连续、连接角是否大于 90°、焊点是否牢固可靠及印制电路板板面是否干净等，如图 4-48、图 4-49 所示。

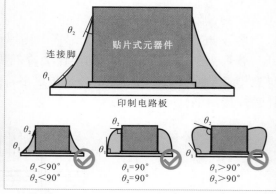

图 4-48　贴片式元器件焊点焊接质量的检查

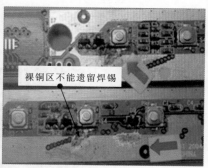

裸铜区不能遗留焊锡

板面干净

图 4-49 检查印制电路板

贴片式元器件的焊点高度可以超过贴片式元器件本身，但要注意防止与其他元器件的引脚短路，如图 4-50 所示。

焊点高度稍高于
贴片式元器件

图 4-50 焊点高度

贴片式元器件引脚弯折处的焊接如图 4-51 所示。

焊锡延伸至
引脚弯折处

图 4-51 贴片式元器件引脚弯折处的焊接

2. 焊点位置的检查

贴片式元器件焊点位置的检查主要是察看焊接完成后，贴片式元器件是否在相应的焊盘位置，如图 4-52 所示。

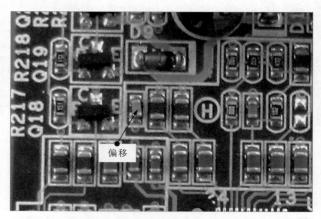

偏移

图 4-52　焊点位置的检查

资料与提示

若贴片式元器件与焊盘之间的偏移较大（见图 4-53），则表明焊接质量不合格，需要重新焊接。

焊盘

贴片式元器件

焊盘

贴片式元器件

图 4-53　贴片式元器件与焊盘之间的偏移较大

第5章
电阻器的识别、检测、选用与代换

5.1 认识电阻器

电阻器简称电阻，是利用物质对所通过的电流产生阻碍作用这一特性制成的电子元器件，是电子产品中最基本、最常用的电子元器件之一。

5.1.1 了解电阻器的种类特点

在电子产品的电路板上，多种类型的电阻器在电路中均起限流、滤波及分压等作用，如图 5-1 所示。

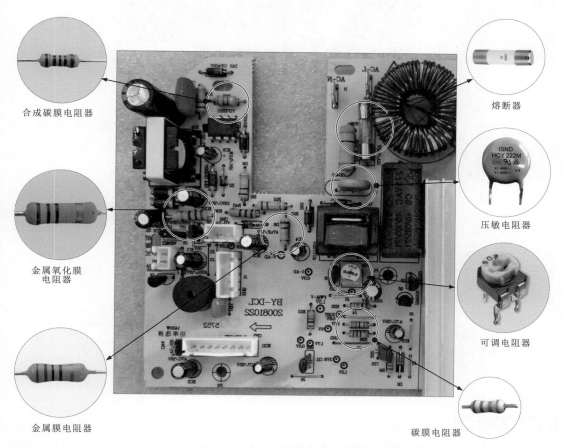

图 5-1　在电子产品电路板上的多种类型的电阻器

由图可知，电阻器的种类很多，根据功能和应用领域，主要可分为普通电阻器、敏感电阻器和可调电阻器三大类。

☀ 1. 普通电阻器

普通电阻器是一种阻值固定的电阻器。根据制造工艺和功能的不同，常见的普通电阻器有碳膜电阻器、金属膜电阻器、金属氧化膜电阻器、合成碳膜电阻器、熔断电阻器、玻璃釉电阻器、水泥电阻器、排电阻器、贴片式电阻器及熔断器等。

碳膜电阻器是将真空高温条件下分解的结晶碳蒸镀在陶瓷骨架上制成的，如图5-2所示。这种电阻器的电压稳定性好、造价低，在电子产品中应用非常广泛。

碳膜电阻器

碳膜电阻器多用色环法标识阻值。色环的颜色不同、环数不同，所代表的阻值也不同

字母标识：R

电路图形符号

图 5-2　碳膜电阻器

金属膜电阻器是在真空高温条件下将金属或合金蒸镀在陶瓷骨架上制成的，如图5-3所示。

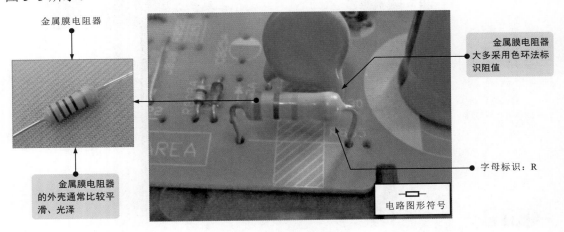

金属膜电阻器

金属膜电阻器大多采用色环法标识阻值

金属膜电阻器的外壳通常比较平滑、光泽

字母标识：R

电路图形符号

图 5-3　金属膜电阻器

资料与提示

金属膜电阻器具有较高的耐高温性能、温度系数小、热稳定性好、噪声小等优点。与碳膜电阻器相比，金属膜电阻器的体积小，但价格较高。

金属氧化膜电阻器是将锡和锑的金属盐溶液经过高温喷雾沉积在陶瓷骨架上制成的，如图5-4所示。这种电阻器与金属膜电阻器相比，抗氧化、耐酸、抗高温等特性更好。

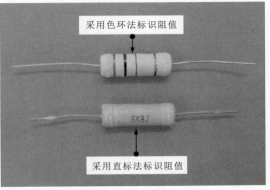

图 5-4 金属氧化膜电阻器

合成碳膜电阻器是将碳、填料及有机黏合剂调配成悬浮液，并将其喷涂在绝缘骨架上加热聚合制成的，如图 5-5 所示。合成碳膜电阻器是一种高压、高阻电阻器，通常用玻璃封装。

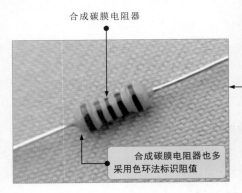
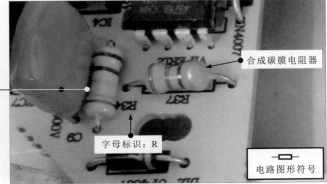

图 5-5 合成碳膜电阻器

玻璃釉电阻器是将银、铑、钌等金属氧化物和玻璃釉黏合剂调配成浆料，并将其喷涂在绝缘骨架上，经高温聚合制成的，如图 5-6 所示。这种电阻器具有耐高温、耐潮湿、稳定、噪声小、阻值范围大等特点。

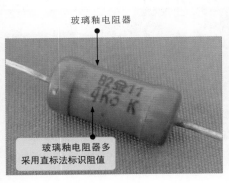
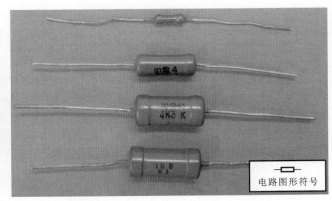

图 5-6 玻璃釉电阻器

水泥电阻器是采用陶瓷、矿质材料封装的电阻器，如图5-7所示。其特点是功率大、阻值小，具有良好的阻燃、防爆特性。

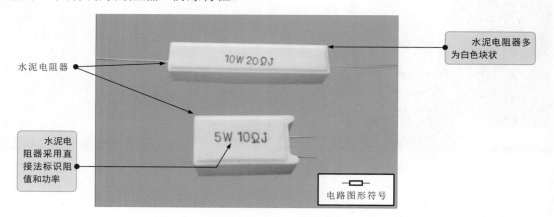

图5-7　水泥电阻器

排电阻器简称排阻，是将多个分立电阻器按照一定的规律排列集成为一个组合型的电阻器，也称集成电阻器、电阻器阵列、电阻器网络，如图5-8所示。

图5-8　排电阻器

贴片式电阻器是一种无引脚的电阻器，如图5-9所示。

图5-9　贴片式电阻器

❋ 2. 敏感电阻器

敏感电阻器是能够通过外界环境的变化（如温度、湿度、光照强度、电压等）而改变自身阻值大小的电阻器，常用的有热敏电阻器、光敏电阻器、压敏电阻器、气敏电阻器、湿敏电阻器等。

热敏电阻器大多是由单晶、多晶半导体材料制成的，如图 5-10 所示。热敏电阻器的阻值随温度的变化而变化，有正温度系数热敏电阻器和负温度系数热敏电阻器。

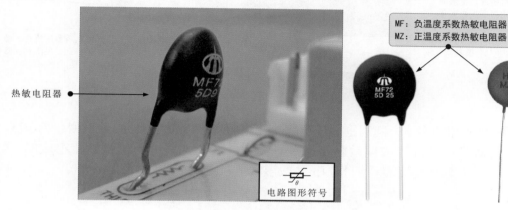

图 5-10 热敏电阻器

正温度系数热敏电阻器（PTC）的阻值随温度的升高而增大，随温度的降低而减小；负温度系数热敏电阻器（NTC）的阻值随温度的升高而减小，随温度的降低而增大。电视机、音响设备、显示器等电子产品的电源电路多采用负温度系数热敏电阻器。

气敏电阻器是利用当金属氧化物半导体表面吸收某种气体分子时，因发生氧化反应或还原反应而使阻值发生改变制成的电阻器，如图 5-11 所示。

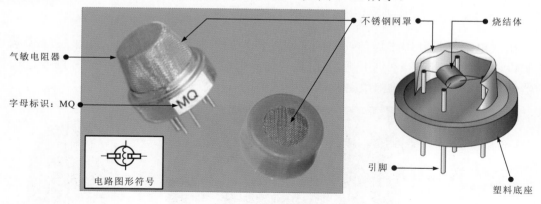

图 5-11 气敏电阻器

通常，气敏电阻器是将某种金属氧化物粉料按一定比例添加铂催化剂、激活剂及其他添加剂后烧结而成的，可以把某种气体的成分、浓度等转换成阻值，常作为气体感测元器件制成各种气体的检测仪器、报警器，如酒精测试仪、煤气报警器、火灾报警器等。

光敏电阻器是一种由具有光导特性的半导体材料制成的电阻器，如图 5-12 所示。当外界光照强度变化时，光敏电阻器的阻值也会随之变化。

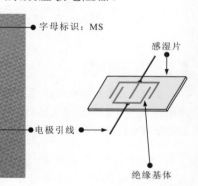

字母标识：MG

感光面

光敏电阻器利用半导体的光导特性，阻值随入射光线的强弱发生变化，当入射光线增强时，阻值明显减小；当入射光线减弱时，阻值显著增大

光敏电阻器

电路图形符号

光敏电阻器的外壳上通常没有信息标识，但其感光面具有明显特征，很容易辨别

图 5-12　光敏电阻器

湿敏电阻器的阻值会随周围环境湿度的变化而变化，常用作传感器检测环境湿度。湿敏电阻器是由感湿片或湿敏膜、电极引线和具有一定强度的绝缘基体组成的，如图 5-13 所示。湿敏电阻器可细分为正系数湿敏电阻器和负系数湿敏电阻器。

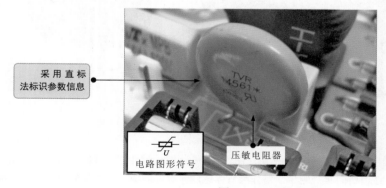

感湿片

字母标识：MS

感湿片

正系数湿敏电阻器是当湿度升高时，阻值明显增大；当湿度降低时，阻值显著减小。负系数湿敏电阻器是当湿度降低时，阻值明显增大；当湿度升高时，阻值显著减小

湿敏电阻器

电路图形符号

电极引线

绝缘基体

图 5-13　湿敏电阻器

压敏电阻器是利用半导体材料的非线性特性原理制成的电阻器，如图 5-14 所示。压敏电阻器的特点是当外加电压达到某一临界值时，阻值会急剧变小，常用作过压保护器件，如电视机的行输出电路、消磁电路中均有压敏电阻器。

采用直标法标识参数信息

电路图形符号

压敏电阻器

ISND
10D112K

为压敏电阻器的常用标识

图 5-14　压敏电阻器

※ 3. 可调电阻器

可调电阻器是一种阻值可任意改变的电阻器。这种电阻器的外壳上带有调节旋钮，通过手动可以调节阻值，如图 5-15 所示。可调电阻器一般有 3 个引脚：两个定片引脚和一个动片引脚。

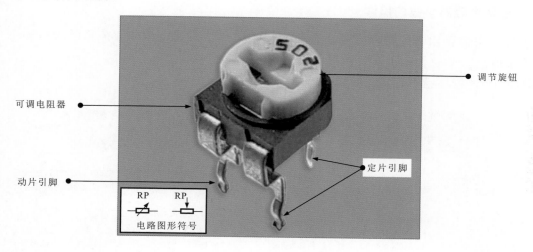

图 5-15　可调电阻器

资料与提示

可调电阻器的阻值是可以调节的，通常包括最大阻值、最小阻值和可变阻值。最大阻值和最小阻值都是将调节旋钮旋转到极端时的阻值。

最大阻值与可调电阻器的标称阻值十分相近；最小阻值一般为 0Ω，个别可调电阻器的最小阻值不是0Ω；可变阻值是随意调节调节旋钮后的阻值，其大小在最小阻值与最大阻值之间。

需要经常调节的可调电阻器又称电位器，适用于阻值需要经常调节且要求阻值稳定可靠的场合，如作为电视机的音量调节器件、收音机的音量调节器件、VCD/DVD 操作面板上的调节器件等。图 5-16 为操作电路板上的电位器。

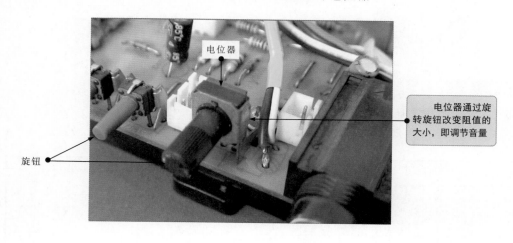

图 5-16　操作电路板上的电位器

5.1.2 厘清电阻器的参数标识

电阻器一般通过不同颜色的色环、数字、字母、符号等标识参数，如阻值、允许误差等。

1. 色环电阻器参数的识读

色环电阻器采用不同颜色的色环或色点标识阻值，可通过色环或色点的颜色和位置识读阻值。

图5-17为色环电阻器阻值的识读方法。

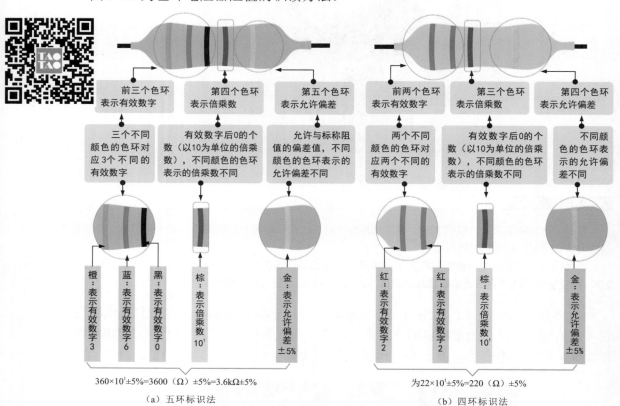

（a）五环标识法

$360×10^1±5\%=3600（Ω）±5\%=3.6kΩ±5\%$

（b）四环标识法

为$22×10^1±5\%=220（Ω）±5\%$

图5-17　色环电阻器阻值的识读方法

资料与提示

表5-1为不同位置的色环所表示的含义。

表5-1　不同位置的色环所表示的含义

色环	有效数字	倍乘数	允许偏差	色环	有效数字	倍乘数	允许偏差
银色	—	10^{-2}	±10%	绿色	5	10^5	±0.5%
金色	—	10^{-1}	±5%	蓝色	6	10^6	±0.25%
黑色	0	10^0	—	紫色	7	10^7	±0.1%
棕色	1	10^1	±1%	灰色	8	10^8	
红色	2	10^2	±2%	白色	9	10^9	±20%
橙色	3	10^3	—	无色	—	—	—
黄色	4	10^4	—				

色环电阻器一般可从四个方面入手找到识读起始端，即通过允许偏差色环识读、通过色环位置识读、通过色环间距识读、通过电阻值与允许偏差识读，如图 5-18 所示。

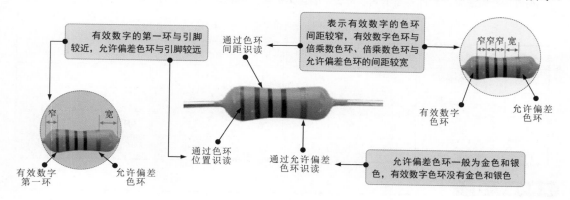

图 5-18　色环电阻器识读起始端

图 5-19 为色环电阻器识读实例。

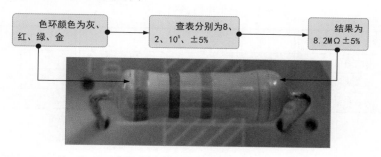

图 5-19　色环电阻器识读实例

❋ 2. 直接标识参数的识读

玻璃釉电阻器、水泥电阻器和贴片电阻器多采用直接标识法标识参数，即通过一些数字和符号将阻值等参数标识在电阻器上，识读方法如图 5-20 所示。

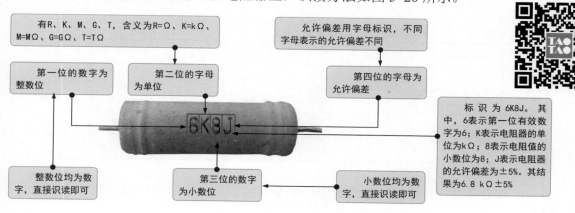

图 5-20　直接标识参数的识读方法

资料与提示

在直接标识法中，允许偏差不同字母表示的含义不同，见表5-2。

表5-2　允许偏差不同字母表示的含义

字母	含义	字母	含义	字母	含义	字母	含义
Y	±0.001%	P	±0.02%	D	±0.5%	K	±10%
X	±0.002%	W	±0.05%	F	±1%	M	±20%
E	±0.005%	B	±0.1%	G	±2%	N	±30%
L	±0.01%	C	±0.25%	J	±5%		

资料与提示

在电阻器的外壳或电路图纸上，有时用字母或数字标识电阻器的类型、导电材料、类别等，不同字母或数字所表示的含义分别见表5-3、表5-4、表5-5。

表5-3　表示电阻器类型的字母含义

字母	含义	字母	含义	字母	含义
R	普通电阻器	MZ	正温度系数热敏电阻器	MG	光敏电阻器
MY	压敏电阻器	MF	负温度系数热敏电阻器	MS	湿敏电阻器
ML	力敏电阻器	MQ	气敏电阻器	MC	磁敏电阻器

表5-4　表示电阻器导电材料的字母含义

字母	含义	字母	含义	字母	含义	字母	含义
H	合成碳膜	N	无机实芯	T	碳膜	Y	氧化膜
I	玻璃釉膜	G	沉积膜	X	线绕	F	复合膜
J	金属膜	S	有机实芯				

表5-5　表示电阻器类别的数字或字母含义

数字	含义	数字	含义	字母	含义	字母	含义
1	普通	5	高温	G	高功率	C	防潮
2	普通或阻燃	6	精密	L	测量	Y	被釉
3	超高频	7	高压	T	可调	B	不燃性
4	高阻	8	特殊（如熔断型等）	X	小型		

贴片电阻器的直接标识法通常采用数字直接标识、数字＋字母＋数字直接标识、数字＋数字＋字母直接标识。

图5-21为贴片电阻器直接标识的识读方法。

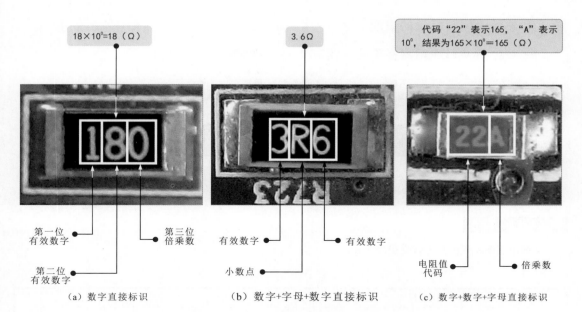

图 5-21　贴片电阻器直接标识的识读方法。

　　图 5-21 中，前两种标识的识读比较简单、直观，第三种标识需要了解不同代码所表示的有效值及不同字母所对应的倍乘数，见表 5-6、表 5-7。

图 5-6　数字 + 数字 + 字母直接标识中代码所表示的有效值

代码	有效值	代码	有效值	代码	有效值	代码	有效值	代码	有效值	代码	有效值
01	100	17	147	33	215	49	316	65	464	81	681
02	102	18	150	34	221	50	324	66	475	82	698
03	105	19	154	35	226	51	332	67	487	83	715
04	107	20	158	36	232	52	340	68	499	84	732
05	110	21	162	37	237	53	348	69	511	85	750
06	113	22	165	38	243	54	357	70	523	86	768
07	115	23	169	39	249	55	365	71	536	87	787
08	118	24	174	40	255	56	374	72	549	88	806
09	121	25	178	41	261	57	383	73	562	89	825
10	124	26	182	42	267	58	392	74	576	90	845
11	127	27	187	43	274	59	402	75	590	91	866
12	130	28	191	44	280	60	412	76	604	92	887
13	133	29	196	45	287	61	422	77	619	93	909
14	137	30	200	46	294	62	432	78	634	94	931
15	140	31	205	47	301	63	442	79	649	95	953
16	143	32	210	48	309	64	453	80	665	96	976

图 5-7　数字 + 数字 + 字母直接标识中字母所对应的倍乘数

字母	A	B	C	D	E	F	G	H	X	Y	Z
倍乘数	10^0	10^1	10^2	10^3	10^4	10^5	10^6	10^7	10^{-1}	10^{-2}	10^{-3}

3. 热敏电阻器标识的识读

图 5-22 为热敏电阻器标识的识读方法。

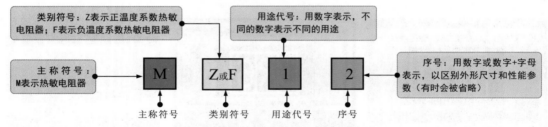

图 5-22　热敏电阻器标识的识读方法

资料与提示

热敏电阻器标识的具体含义见表 5-8。

表 5-8　热敏电阻器标识的具体含义

主称符号	类别符号		用途代号							
M或MS	Z	F	正温度系数热敏电阻器							
			1	2	3	4	5	6	7	0
热敏电阻器	正温度系数热敏电阻器	负温度系数热敏电阻器	普通型	限流用	延迟用	测温用	控温用	消磁用	恒温型	特殊型
			负温度系数热敏电阻器							
			1	2	3	4	5	6	7	8
			普通型	稳压型	微波测量型	旁热式	测温用	控温用	抑制浪涌型	线性型

4. 光敏电阻器标识的识读

图 5-23 为光敏电阻器标识的识读方法。

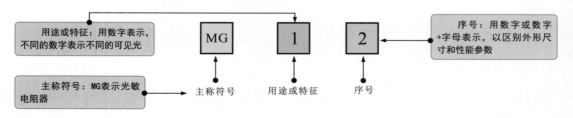

图 5-23　光敏电阻器标识的识读方法

资料与提示

光敏电阻器标识的具体含义见表 5-9。

表 5-9　光敏电阻器标识的具体含义

主称符号		用途或特征		序号
字母	含义	数字	含义	
MG	光敏电阻器	0	特殊	用数字或数字+字母表示
		1、2、3	紫外光	
		4、5、6	可见光	
		7、8、9	红外光	

5. 湿敏电阻器标识的识读

图 5-24 为湿敏电阻器标识的识读方法。

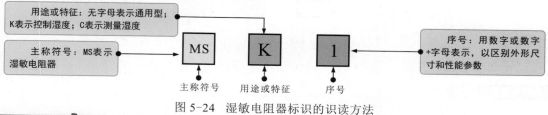

图 5-24　湿敏电阻器标识的识读方法

资料与提示

湿敏电阻器标识的具体含义见表 5-10。

表 5-10　湿敏电阻器标识的具体含义

主称符号		用途或特征		序号
字母	含义	字母	含义	
MS	湿敏电阻器	无	通用型	序号：用数字或数字+字母表示，以区别外形尺寸和性能参数
		K	控制湿度	
		C	测量湿度	

6. 压敏电阻器标识的识读

图 5-25 为压敏电阻器标识的识读方法。

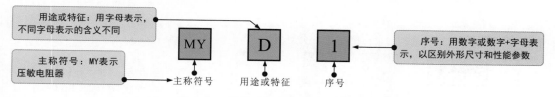

图 5-25　压敏电阻器标识的识读方法

资料与提示

压敏电阻器标识的具体含义见表 5-11。

表 5-11　压敏电阻器标识的具体含义

主称符号		用途或特征				序号
字母	含义	字母	含义	字母	含义	
MY	压敏电阻器	无	普通型	M	防静电	用数字表示，有的在序号的后面还标有标称电压、通流容量或电阻体直径、标称电压、电压误差等
		D	通用型	N	高能	
		B	补偿	P	高频	
		C	消磁	S	元件保护	
		E	消噪	T	特殊	
		G	过压保护	W	稳压	
		H	灭弧	Y	环形	
		K	高可靠	Z	组合型	
		L	防雷			

7. 气敏电阻器标识的识读

图 5-26 为气敏电阻器标识的识读方法。

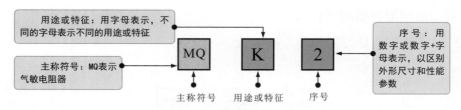

图 5-26 气敏电阻器标识的识读方法

资料与提示

气敏电阻器标识的具体含义见表 5-12。

表 5-12 气敏电阻器标识的具体含义

主称符号		用途或特征		序号
字母	含义	字母	含义	
MQ	气敏电阻器	J	酒精检测	用数字或数字+字母表示，以区别外形尺寸和性能参数
		K	可燃气体检测	
		Y	烟雾检测	
		N	N型	
		P	P型	

※ 8. 可调电阻器标识的识读

图 5-27 为可调电阻器标识的识读方法。

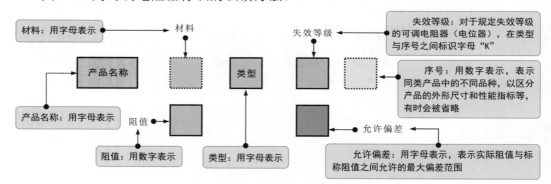

图 5-27 可调电阻器标识的识读方法

资料与提示

可调电阻器产品名称和类型的字母含义见表 5-13、表 5-14。

表 5-13 可调电阻器产品名称的字母含义

字母	WX	WH	WN	WD	WS	WI	WJ	WY	WF
含义	线绕型可调电阻器	合成碳膜可调电阻器	无机实心可调电阻器	导电塑料可调电阻器	有机实芯可调电阻器	玻璃釉膜可调电阻器	金属膜可调电阻器	氧化膜可调电阻器	复合膜可调电阻器

表 5-14 可调电阻器类型的字母含义

字母	G	H	B	W	Y	J	D	M	X	Z	P	T
含义	高压类	组合类	片式类	螺杆驱动预调类	旋转预调类	单圈旋转精密类	多圈旋转精密类	直滑式精密类	旋转式低功率	直滑式低功率	旋转式功率类	特殊类

◈ 5.1.3 知晓电阻器的功能特点

※ 1. 电阻器的限流功能

阻碍电流的流动是电阻器最基本的功能。根据欧姆定律，当电阻器的两端电压固定时，阻值越大，流过电阻器的电流越小，因此电阻器常用作限流器件，如图 5-28 所示。

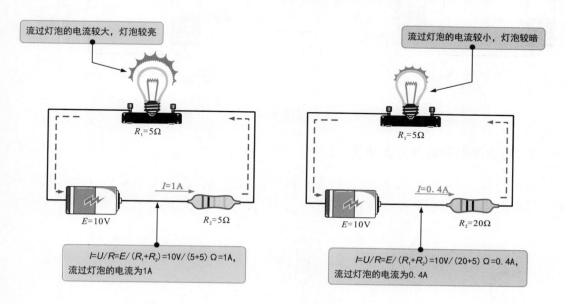

图 5-28 电阻器的限流功能

鱼缸加热器仅需很小的电流，适当加热即可满足水温需求，因此在电路中串联一个限流电阻，如图 5-29 所示。

图 5-29 电阻器限流功能的应用

※ 2. 电阻器的降压功能

电阻器的降压功能如图 5-30 所示。

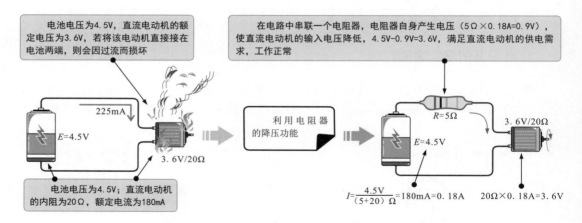

图 5-30　电阻器的降压功能

※　3. 电阻器的分流与分压功能

将两个或两个以上的电阻器并联在电路中即可进行分流，电阻器之间分别为不同的分流点，如图 5-31 所示。

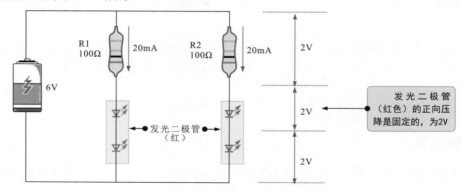

图 5-31　电阻器的分流功能

电阻器的分压功能如图 5-32 所示。

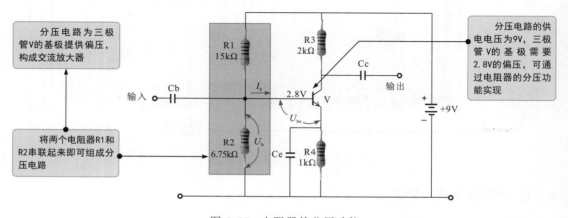

图 5-32　电阻器的分压功能

5.2 电阻器的检测方法

　　检测电阻器时，首先要识读待测电阻器的参数信息，然后使用万用表进行检测，并将检测结果与识读的参数信息比较，即可判别电阻器是否正常。

5.2.1 色环电阻器的检测方法

　　检测色环电阻器时，一般先识读待测色环电阻器的标称阻值，然后使用万用表检测色环电阻器的实际阻值，将其与标称阻值比较后，即可判别色环电阻器是否正常。图 5-33 为色环电阻器的检测方法。

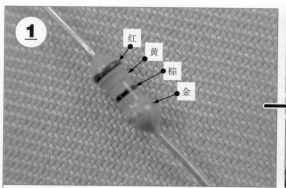

色环电阻器的色环依次为红、黄、棕、金，识读标称阻值为 240 Ω，允许偏差为±5%。

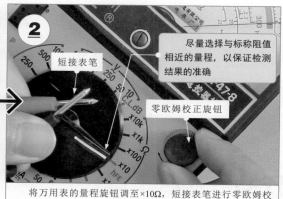

将万用表的量程旋钮调至×10Ω，短接表笔进行零欧姆校正。

将万用表的红、黑表笔分别搭在待测色环电阻器的两引脚端。

结合量程（×10Ω），观察指针指示的位置，检测结果为 24×10Ω＝240Ω，与标称阻值一致，色环电阻器正常。

图 5-33　色环电阻器的检测方法

资料与提示

　　使用万用表检测电阻器时的注意事项和对检测结果的判断：

　　检测时，手不要碰到表笔的金属部分，也不要碰到电阻器的两个引脚，否则人体电阻会并联在待测电阻器上，影响检测结果的准确性。若检测电路板上的电阻器，则可先将待测电阻器焊下或将其中一个引脚脱离焊盘后进行开路检测，避免电路中的其他电子元器件对检测结果造成影响。

◆ 实测结果等于或十分接近标称阻值：表明待测电阻器正常。

◆ 实测结果大于标称阻值：可以直接判断待测电阻器存在开路或阻值增大（比较少见）的故障。

◆ 实测结果十分接近0Ω：不能直接判断待测电阻器短路故障（不常见），可能是由于电阻器两端并联有小阻值的电阻器或电感器造成的，如图5-34所示，在这种情况下检测的阻值实际上是电感器L的直流电阻值，而电感器的直流电阻值通常很小。此时可将待测电阻器焊下后再进一步检测。

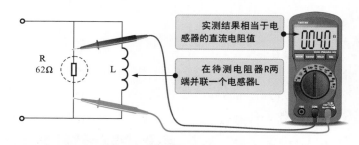

图5-34 电阻器短路故障的判别

5.2.2 热敏电阻器的检测方法

图5-35为热敏电阻器的检测方法。

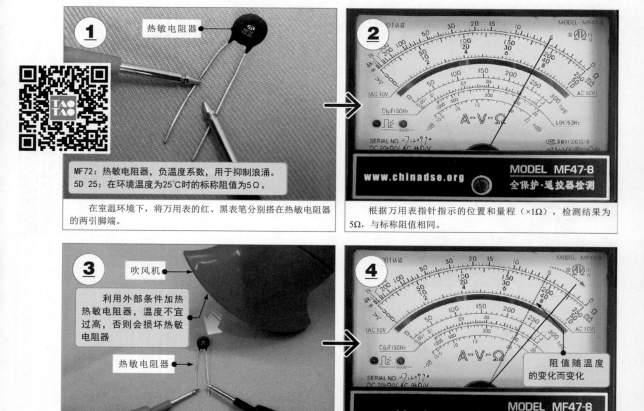

图5-35 热敏电阻器的检测方法

资料与提示

在常温下，实测热敏电阻器的阻值接近标称阻值或与标称阻值相同，保持万用表的红、黑表笔不动，使用吹风机或电烙铁加热热敏电阻器，万用表的指针应随温度的变化而进行相应摆动，若温度变化，阻值不变，则说明该热敏电阻器的性能不良。

若阻值随温度的升高而增大，则为正温度系数热敏电阻器；若阻值随温度的升高而减小，则为负温度系数热敏电阻器。

5.2.3 光敏电阻器的检测方法

图 5-36 为光敏电阻器的检测方法。

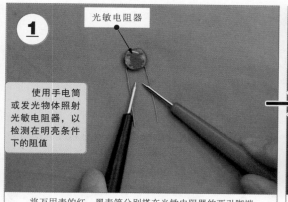

将万用表的红、黑表笔分别搭在光敏电阻器的两引脚端。

结合量程（×100Ω），观察指针的指示位置，检测结果为 5×100Ω＝500Ω。

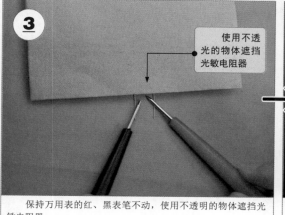

保持万用表的红、黑表笔不动，使用不透明的物体遮挡光敏电阻器。

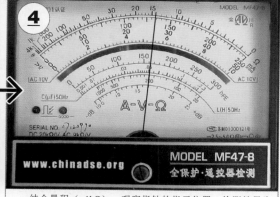

结合量程（×1kΩ），观察指针的指示位置，检测结果为 14×1kΩ＝14kΩ。

图 5-36　光敏电阻器的检测方法

资料与提示

光敏电阻器一般没有任何标识，在实际检测时，可根据图纸资料了解标称阻值或直接根据光照强度变化时的阻值变化情况进行判断。

在正常情况下，光敏电阻器应有一个固定阻值，当光照强度变化时，阻值应随之变化，否则可判断为性能异常。

5.2.4 湿敏电阻器的检测方法

图 5-37 为湿敏电阻器的应用。

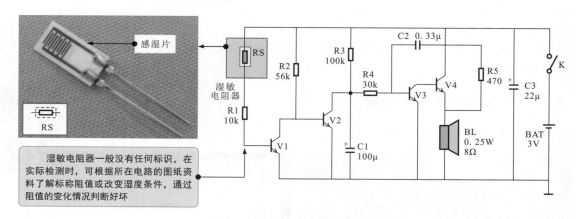

湿敏电阻器一般没有任何标识，在实际检测时，可根据所在电路的图纸资料了解标称阻值或改变湿度条件，通过阻值的变化情况判断好坏

图 5-37　湿敏电阻器的应用

图 5-38 为湿敏电阻器的检测方法。

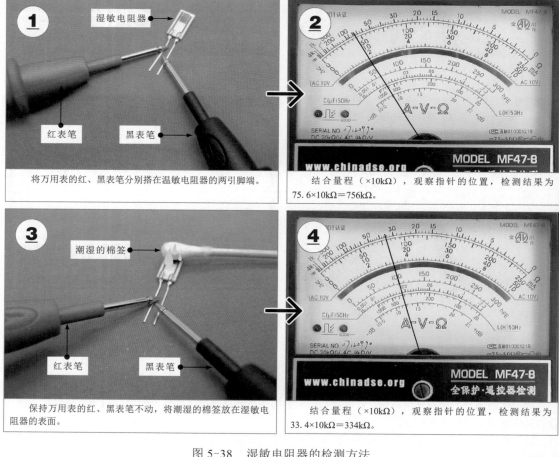

1 将万用表的红、黑表笔分别搭在温敏电阻器的两引脚端。

2 结合量程（×10kΩ），观察指针的位置，检测结果为 75.6×10kΩ＝756kΩ。

3 保持万用表的红、黑表笔不动，将潮湿的棉签放在湿敏电阻器的表面。

4 结合量程（×10kΩ），观察指针的位置，检测结果为 33.4×10kΩ＝334kΩ。

图 5-38　湿敏电阻器的检测方法

根据实测结果可对湿敏电阻器的性能进行判断:

若湿度发生变化,湿敏电阻器的阻值无变化或变化不明显,则多为湿敏电阻感应湿度变化的灵敏度低或性能异常;

若实测阻值趋近于零或无穷大,则说明湿敏电阻器已经损坏;

如果湿度升高,阻值增大,则为正湿度系数湿敏电阻器;

如果湿度升高,阻值减小,则为负湿度系数湿敏电阻器。

在湿度正常和湿度升高的情况下,湿敏电阻器的阻值都有一固定值,表明湿敏电阻器基本正常。若湿度变化,阻值不变,则说明湿敏电阻器的性能不良。在一般情况下,湿敏电阻器若不受外力碰撞,不会轻易损坏。

5.2.5 压敏电阻器的检测方法

压敏电阻器一般可借助万用表检测阻值和搭建电路检测电压来判断性能好坏。

1. 压敏电阻器阻值的检测方法

检测压敏电阻器的阻值可判断压敏电阻器有无击穿短路故障。

图 5-39 为压敏电阻器阻值的检测方法。

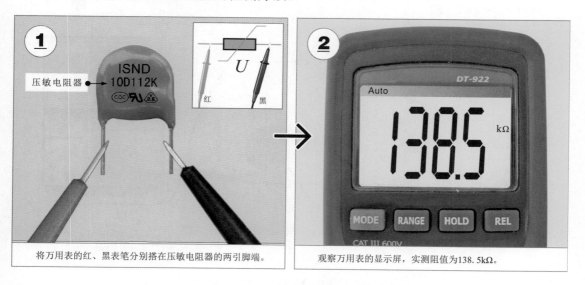

将万用表的红、黑表笔分别搭在压敏电阻器的两引脚端。　　观察万用表的显示屏,实测阻值为138.5kΩ。

图 5-39　压敏电阻器阻值的检测方法

在正常情况下,压敏电阻器的正、反向阻值均很大(接近无穷大),若出现偏小的现象,则多为压敏电阻器已被击穿损坏。

※ 2. 搭建电路检测压敏电阻器的电压

根据压敏电阻器的过压保护原理，在交流输入电路中，当输入电压过高时，压敏电阻器的阻值急剧减小，使串联在输入电路中的熔断器熔断，切断电路，起到保护作用。根据此特点搭建电路，可通过检测压敏电阻器的标称工作电压来判断其性能好坏。

检测前，首先识读压敏电阻器的标识信息，如图5-40所示。

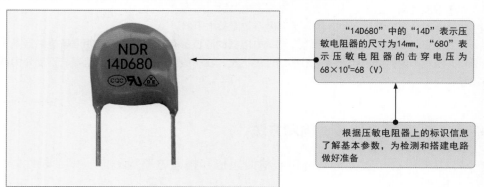

"14D680"中的"14D"表示压敏电阻器的尺寸为14mm，"680"表示压敏电阻器的击穿电压为$68 \times 10^0 = 68$（V）

根据压敏电阻器上的标识信息了解基本参数，为检测和搭建电路做好准备

图5-40　识读压敏电阻器的标识信息

图5-41为搭建电路检测压敏电阻器的电压。

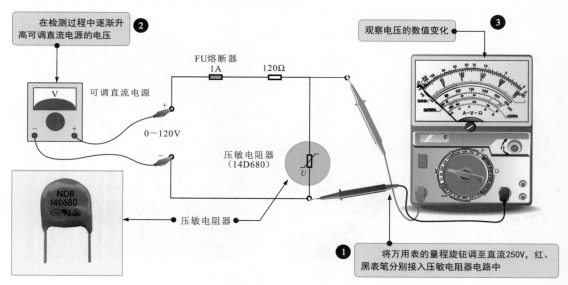

图5-41　搭建电路检测压敏电阻器的电压

资料与提示

图5-41检测过程的判断如下：

当可调直流电源电压低于或等于68V时，压敏电阻器呈高阻状态，万用表检测电压值等于电路的输出电压。

当可调直流电源电压大于68V时，压敏电阻器呈低阻状态，万用表检测的电压值为0V，表明熔断器熔断，对电路进行保护。

❖ 5.2.6 气敏电阻器的检测方法

不同类型气敏电阻器可检测的气体类别不同。检测时，应根据气敏电阻器的具体功能改变其周围可测气体的浓度，同时用万用表检测气敏电阻器，根据数据变化的情况判断好坏。

气敏电阻器在电路中才能正常工作，因此检测时需要搭建检测电路，如图5-42所示。

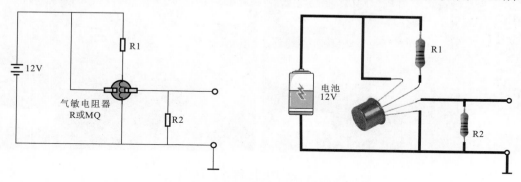

图 5-42 搭建气敏电阻器的检测电路

在直流供电条件下，气敏电阻器根据敏感气体（这里以丁烷气体为例）的浓度变化，阻值会发生变化，可在电路的输出端（R2 端）检测电压的变化进行判断。

图 5-43 为气敏电阻器的检测方法。

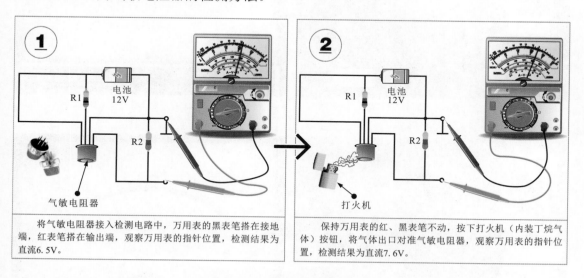

图 5-43 气敏电阻器的检测方法

根据图 5-43 的实测结果可对气敏电阻器的性能进行判断：若气体的浓度发生变化时，气敏电阻器所在电路中的电压参数也应发生变化；否则，多为气敏电阻器损坏。

❖ 5.2.7 可调电阻器的检测方法

在检测可调电阻器的阻值之前，应首先识别可调电阻器的引脚。

图 5-44 为可调电阻器引脚的识别。

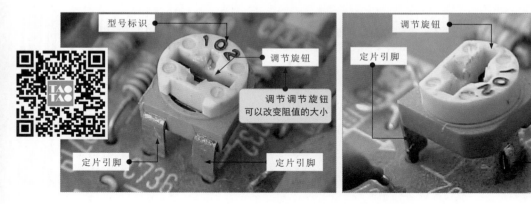

图 5-44　可调电阻器引脚的识别

图 5-45 为可调电阻器的检测方法。

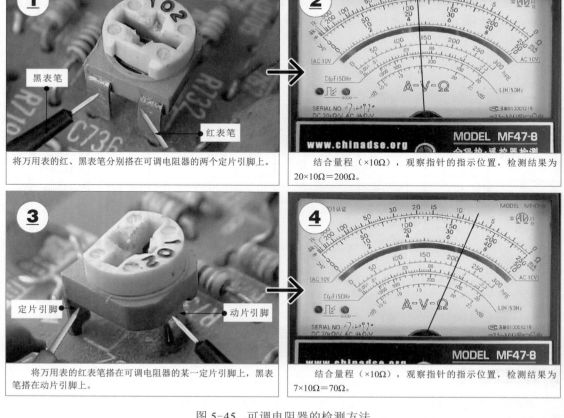

图 5-45　可调电阻器的检测方法

保持万用表的黑表笔不动，将红表笔搭在另一个定片引脚上。

结合量程（×10Ω），观察指针的指示位置，检测结果为 7×10Ω＝70Ω。

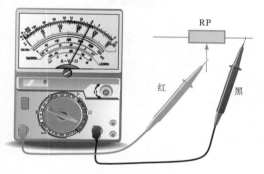

动片引脚与定片引脚之间阻值的检测方法

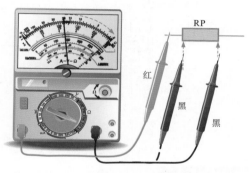

动片引脚与定片引脚之间最大阻值和最小阻值的检测方法

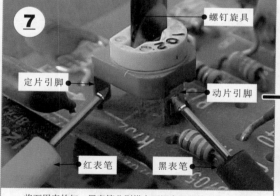

将万用表的红、黑表笔分别搭在可调电阻器的定片引脚和动片引脚上，使用螺钉旋具顺时针或逆时针调节可调电阻器的调节旋钮。

在正常情况下，随着螺钉旋具的转动，万用表的指针在零到标称阻值之间平滑摆动。

图 5-45 可调电阻器的检测方法（续）

资料与提示

根据图5-45的检测结果可对可调电阻器的性能进行判断（若为在路检测，则应注意外围元器件的影响）：

◆若两个定片引脚之间的阻值趋近于 0 或无穷大，则表明可调电阻器已经损坏；

◆在正常情况下，定片引脚与动片引脚之间的阻值应小于标称阻值；

◆若定片引脚与动片引脚之间的最大阻值和定片引脚与动片引脚之间的最小阻值十分接近，则表明可调电阻器已失去调节功能。

5.3 电阻器的选用与代换

若经检测发现电阻器损坏，则应进行代换。代换时，要遵循电阻器的代换原则。

5.3.1 普通电阻器的选用与代换

在代换时，应尽可能选用同型号的普通电阻器，若无法找到同型号的普通电阻器，则所代换的普通电阻器的标称阻值与损坏的普通电阻器标称阻值的差值越小越好。

图5-46为普通电阻器的选用与代换。

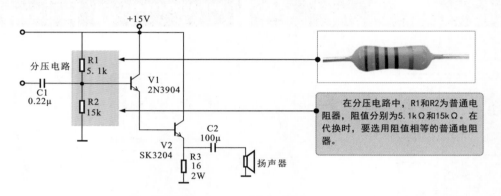

在分压电路中，R1和R2为普通电阻器，阻值分别为5.1kΩ和15kΩ。在代换时，要选用阻值相等的普通电阻器。

图5-46 普通电阻器的选用与代换

资料与提示

对于插接焊装的普通电阻器，其引脚通常会穿过印制电路板，并在印制电路板的另一面（背面）焊接固定，代换操作如图5-47所示。在操作中，不仅要确保人身安全，还要保证印制电路板不要因拆装普通电阻器而损坏。

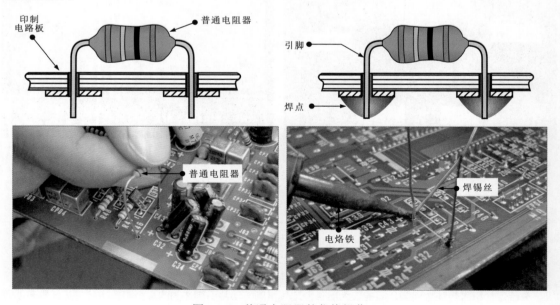

图5-47 普通电阻器的代换操作

5.3.2 熔断电阻器的选用与代换

熔断电阻器的选用与代换原则和普通电阻器的选用与代换原则相同。图 5-48 为限流保护电路中熔断电阻器的选用与代换。

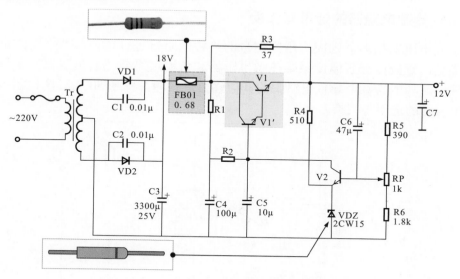

图 5-48 限流保护电路中熔断电阻器的选用与代换

资料与提示

在图 5-48 中，FB01 为线绕电阻器（熔断电阻器），阻值为 0.68 Ω。代换时，要选用阻值相等的线绕电阻器。线绕电阻器主要起限流作用，流过的电流较大，功率较大（5W），与电容配合具有滤波作用。如负载过大，FB01 会熔断，从而起保护作用。

5.3.3 水泥电阻器的选用与代换

水泥电阻器的选用与代换原则和普通电阻器的选用与代换原则相同。图 5-49 为电池充电电路中水泥电阻器的选用与代换。

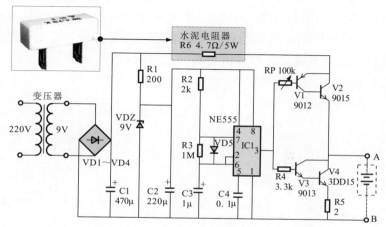

图 5-49 电池充电电路中水泥电阻器的选用与代换

图 5-49 中设有水泥电阻器 R6（4.7Ω/5W），主要起限流作用，可使充电电流受到一定的限制，从而保持正常的稳流充电。若损坏，则应用相同型号的水泥电阻器代换。

❖ 5.3.4 热敏电阻器的选用与代换

若热敏电阻器损坏，则应选用同型号的热敏电阻器进行代换，特别要注意热敏电阻器的类型，正确区分正温度系数热敏电阻器和负温度系数热敏电阻器，避免代换后无法实现电路功能，甚至导致电路中的其他元器件损坏。图 5-50 为温度检测报警电路中热敏电阻器的选用与代换。

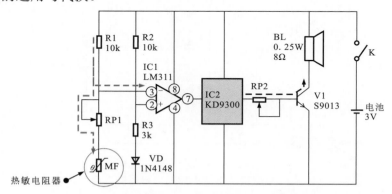

图 5-50　温度检测报警电路中热敏电阻器的选用与代换

图 5-50 是一种温度检测报警电路，采用灵敏度较高的正温度系数热敏电阻器作为核心检测器件，当所感知的温度超出预定的范围时，便可进行报警提示。若热敏电阻器损坏，则应选用规格、型号完全一致的热敏电阻器进行代换。若无法找到规格、型号完全一致的热敏电阻器，则可选用阻值变化范围与损坏的热敏电阻器相近的热敏电阻器进行代换。

图 5-50 所示电路由热敏电阻器 MF、电压比较器 IC1 和音效电路 IC2 等部分构成的。当外界温度降低时，MF 可感知温度变化，阻值减小，加到 IC1 的 3 脚直流电压会下降，7 脚电压上升，IC2 被触发而发出音频信号，经 V1 放大后，驱动 BL 发出报警提示。

图 5-51 为小功率电暖气电路。该电路主要用来实现由外界环境温度自动控制电路的启 / 停功能，一般选用负温度系数热敏电阻器作为感知元器件。若其损坏，则应选择规格相同、类型一致的负温度系数热敏电阻器进行代换。

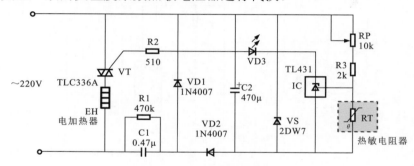

图 5-51　小功率电暖气电路

5.3.5 光敏电阻器的选用与代换

若光敏电阻器损坏，则应选用与原光敏电阻器感知光源类型一致的光敏电阻器进行代换。

图 5-52 为光控开关电路中光敏电阻器的选用与代换。

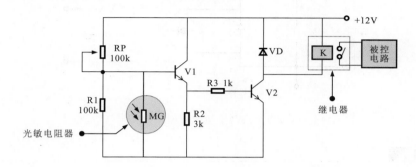

图 5-52　光控开关电路中光敏电阻器的选用与代换

资料与提示

图 5-52 中，当光照强度降低时，光敏电阻器的阻值会增大，使 V1、V2 相继导通，继电器得电，其常开触点闭合，从而实现对电路的控制。若光敏电阻器损坏，要选用阻值变化范围相同或相近的可见光光敏电阻器进行代换。

5.3.6 湿敏电阻器的选用与代换

图 5-53 为湿度检测及指示电路中湿敏电阻器的选用与代换。

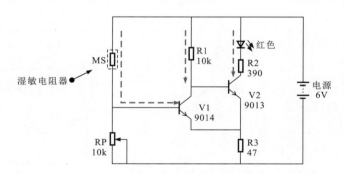

图 5-53　湿度检测及指示电路中湿敏电阻器的选用与代换

资料与提示

图 5-53 中，选用对湿度敏感的湿敏电阻器来感知湿度的变化，可及时、准确地反映环境湿度。当环境湿度较小时，湿敏电阻器 MS 的电阻值增大，V1 基极处于低电平状态，V1 截止，V2 因基极电压上升而导通，红色发光二极管点亮；当环境湿度增加时，MS 的电阻值减小，使 V1 饱和导通，V2 截止，红色发光二极管熄灭。若湿敏电阻器损坏，则应尽可能选用同型号的湿敏电阻器进行代换。

5.3.7 压敏电阻器的选用与代换

图 5-54 为过压保护电路中压敏电阻器的选用与代换。

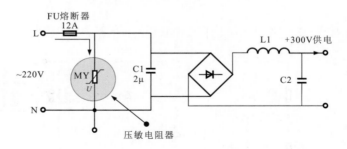

图 5-54　过压保护电路中压敏电阻器的选用与代换

资料与提示

图 5-54 中，压敏电阻器在交流 220V 电压输入电路中用来检测输入电压是否过高，当输入电压过高时，压敏电阻器会短路、熔断器会熔断，可进行断电保护。当压敏电阻器损坏需要进行代换时，所选压敏电阻器的标称电压应准确，过高起不到电压保护作用，过低容易误动作或被击穿（所选压敏电阻器的标称电压应是加在压敏电阻器两端电压的 2 ～ 2.5 倍）。

5.3.8 气敏电阻器的选用与代换

若气敏电阻器损坏，则应尽可能选用同型号的气敏电阻器进行代换。若无法找到同型号的气敏电阻器，则至少应选用检测气体类型相同的气敏电阻器，且其尺寸及额定电压、功率、电流等应符合电路要求。

图 5-55 为抽油烟机控制电路中气敏电阻器的选用与代换。

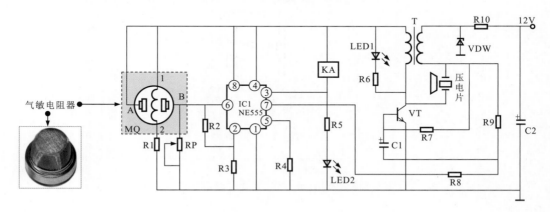

图 5-55　抽油烟机控制电路中气敏电阻器的选用与代换

资料与提示

图 5-55 中，MQ 为气敏电阻器，型号为 211。若损坏，则应尽量选用型号相同的气敏电阻器进行代换。

5.3.9 可调电阻器的选用与代换

可调电阻器的选用与代换原则和普通电阻器的选用与代换原则相同。

图 5-56 为电池充电电路中可调电阻器的选用与代换。

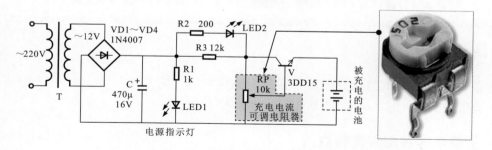

图 5-56　电池充电电路中可调电阻器的选用与代换

资料与提示

图 5-56 中，RP 为可调电阻器，阻值为 10kΩ。若损坏，则需选用型号完全相同的可调电阻器进行代换。若暂时找不到型号完全相同的可调电阻器，则所选用的可调电阻器应与损坏的可调电阻器尺寸一致，阻值调节范围等于或略小于，可确保电路能够承受代换后可调电阻器的阻值变化范围。

第6章
电容器的识别、检测、选用与代换

6.1 认识电容器

电容器是一种可储存电能的元器件，通常简称为电容。它与电阻器一样，广泛应用于各种电子产品中。

6.1.1 了解电容器的种类特点

电容器的种类很多，根据电容量能否可调可分为固定电容器和可变电容器；根据电容器引脚的极性可分为无极性电容器和有极性电容器。不同种类的电容器又分为普通电容器、电解电容器和可变电容器。电子产品电路板上电容器的实物外形如图 6-1 所示。

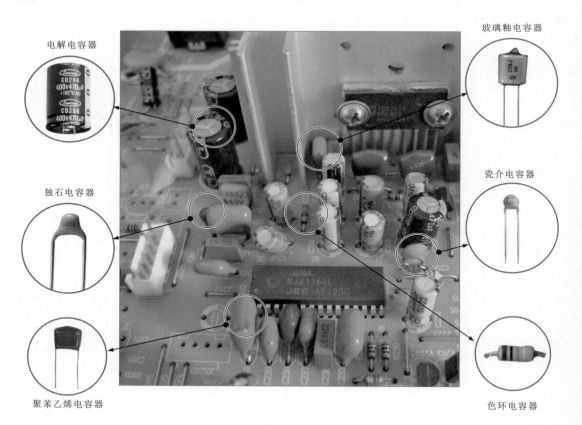

图 6-1　电子产品电路板上电容器的实物外形

☀ **1. 普通电容器**

普通电容器也称无极性电容器，其引脚没有正、负极性之分。在大多情况下，普通电容器由于材料和制作工艺的特点，在生产时电容量已经被固定，因此属于电容量固定的电容器。

常见的普通电容器主要有色环电容器、纸介电容器、瓷介电容器、云母电容器、涤纶电容器、玻璃釉电容器、聚苯乙烯电容器等。

色环电容器是在电容器的外壳上用多条不同颜色的色环表示电容量，与色环电阻器类似，如图 6-2 所示。

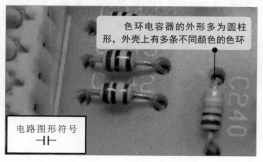
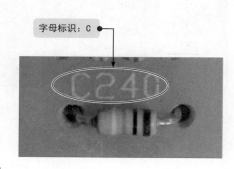

图 6-2　色环电容器

纸介电容器是用纸作为介质的电容器，即用两层带状的铝或锡箔中间垫上浸过石蜡的纸卷成筒状，装入绝缘纸壳或金属壳中，两引出脚用绝缘材料隔离，如图 6-3 所示。

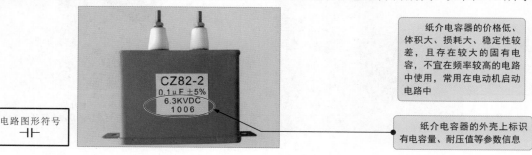

图 6-3　纸介电容器

资料与提示

金属化纸介电容器是在涂有醋酸纤维漆的纸上蒸镀一层厚度为 0.1μm 的金属膜作为电极，并将其卷绕成芯子，装上引线，放入外壳内封装，如图 6-4 所示。金属化纸介电容器比普通纸介电容器体积小，容量较大，受高压击穿后具有自恢复能力，广泛应用在自动化仪表、自动控制装置及各种家用电器中，不适合用在高频电路中。

图 6-4　金属化纸介电容器

瓷介电容器用陶瓷材料作为介质，在其外层常涂各种颜色的保护漆，并在陶瓷片上敷银制成电极，如图6-5所示。瓷介电容器的损耗较小，稳定性好，且耐高温、高压，是应用最多的一种电容器。

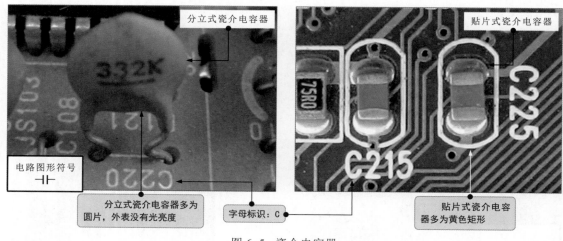

图6-5　瓷介电容器

云母电容器是用云母作为介质的电容器，通常用金属箔作为电极，外形为矩形，如图6-6所示。

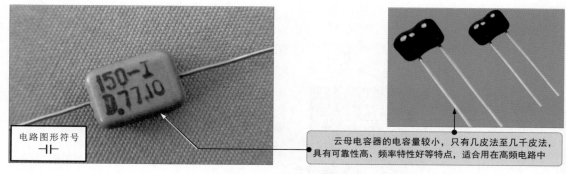

图6-6　云母电容器

涤纶电容器是一种采用涤纶薄膜作为介质的电容器，又称聚酯电容器，如图6-7所示。涤纶电容器的成本较低，耐热、耐压、耐潮湿性能都很好，稳定性较差，适合用在稳定性要求不高的电路中，如彩色电视机或收音机的耦合、隔直流等电路中。

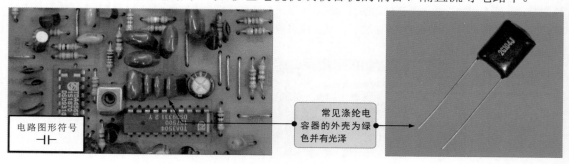

图6-7　涤纶电容器

玻璃釉电容器是一种使用由玻璃釉粉压制的薄片作为介质的电容器,如图6-8所示。这种电容器的电容量一般为 10 ～ 3300pF,耐压值有 40V 和 100V 两种,具有介电系数大、耐高温、抗潮湿性强、损耗低等特点。

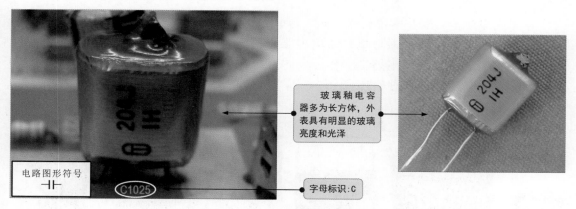

图 6-8 玻璃釉电容器

聚苯乙烯电容器是用非极性聚苯乙烯薄膜作为介质的电容器,内部通常采用两层或三层薄膜与金属电极交叠绕制,如图6-9所示。这种电容器的成本低、损耗小、绝缘电阻高、电容量稳定,多应用在对电容量要求精确的电路中。

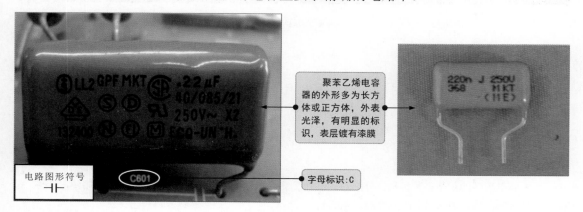

图 6-9 聚苯乙烯电容器

表 6-1 为普通电容器的电容量范围。

表 6-1 普通电容器的电容量范围

普通电容器	电容量范围	普通电容器	电容量范围
纸介电容器	中小型纸介电容器:470pF～0.22μF; 金属壳密封纸介电容器:0.01pF～10μF	涤纶电容器	40pF～4μF
瓷介电容器	1pF～0.1μF	玻璃釉电容器	10pF～0.1μF
云母电容器	10pF～0.5μF	聚苯乙烯电容器	10pF～1μF

❊ 2. 电解电容器

电解电容器是一种有极性的电容器，其引脚有明确的正、负极之分，在使用时，引脚极性不可接反。

常见的电解电容器按电极材料不同，可分为铝电解电容器和钽电解电容器。

铝电解电容器是一种液体电解质电容器，根据介电材料的状态不同，可分为普通铝电解电容器（液态铝质电解电容器）和固态铝电解电容器（固态电容器），是目前应用最广泛的电容器，如图6-10所示。

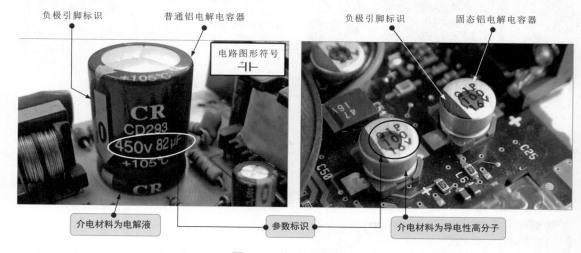

图6-10　铝电解电容器

铝电解电容器的电容量较大，绝缘电阻低，漏电电流大，频率特性差，电容量和损耗会随周围环境和时间的变化而变化，特别是当温度过低或过高时，且长时间不用会失效，多用在低频、低压电路中。

资料与提示

铝电解电容器的规格多种多样，外形也因制作工艺的不同而不同，常见的有焊针形铝电解电容器、螺栓形铝电解电容器、轴向铝电解电容器，如图6-11所示。

焊针形铝电解电容器　　　　螺栓形铝电解电容器　　　　轴向铝电解电容器

图6-11　铝电解电容器的实物外形

钽电解电容器是采用金属钽作为正极材料而制成的电容器，主要有固体钽电解电容器和液体钽电解电容器。固体钽电解电容器根据安装的形式不同，可分为分立式钽电解电容器和贴片式钽电解电容器，如图6-12所示。钽电解电容器的温度特性、频率特性和可靠性都比铝电解电容器好，尤其漏电电流极小、电荷储存能力好、寿命长、误差小，但价格较高，通常用在高精密的电子电路中。

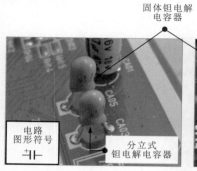
固体钽电解电容器

电路图形符号

分立式钽电解电容器

贴片式钽电解电容器

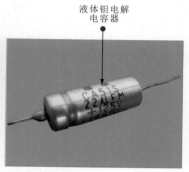
液体钽电解电容器

图 6-12　钽电解电容器

资料与提示

关于电容器的漏电电流：当给电容器加直流电压时，由于电容器的介质不是绝对的绝缘体，因此电容器就会有漏电电流产生。若漏电电流过大，则电容器就会因发热而被烧坏。通常，电解电容器的漏电电流较大，因此常用漏电电流表示电解电容器的绝缘性能。

关于电容器的漏电电阻：由于电容器两极之间的介质不是绝对的绝缘体，因此电阻不是无限大，而是一个有限的数值，一般很精确，如 534kΩ、652kΩ。电容器两极之间的电阻被称为绝缘电阻，也称漏电电阻。其大小是额定工作电压下的直流电压与通过电容器漏电电流的比值。漏电电阻越小，漏电越严重。电容器漏电会引起能量损耗，不仅影响使用寿命，还会影响电路性能。因此，电容器的漏电电阻越大越好。

3. 可变电容器

可变电容器是电容量可在一定范围内调节的电容器，一般由相互绝缘的两组极片组成。其中，固定不动的一组极片被称为定片；可动的一组极片被称为动片。可变电容器通过改变极片间的相对有效面积或距离可使电容量相应变化，主要用在无线电接收电路中选择信号（调谐）。

可变电容器按照结构的不同可分为微调可变电容器、单联可变电容器、双联可变电容器和多联可变电容器。

微调可变电容器又叫半可调电容器，电容量的可调范围小，常见的有瓷介微调电容器、拉线微调电容器、云母微调电容器、薄膜微调电容器等。其电容量一般为 5～45pF，主要用在收音机的调谐电路中，如图 6-13 所示。

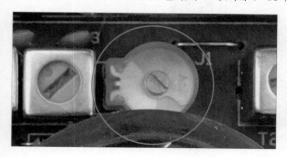

电路图形符号

图 6-13　微调可变电容器

单联可变电容器是由相互绝缘的两组金属铝片组成的，如图 6-14 所示。其中，一组为动片，另一组为定片，中间用空气作为介质。调节单联可变电容器的转轴可带动内部动片转动，由此可以改变定片与动片的相对位置，使电容量相应变化。这种电容器的内部只有一个可调电容器。

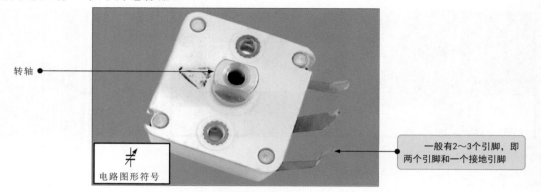

转轴

电路图形符号

一般有2～3个引脚，即两个引脚和一个接地引脚

图 6-14　单联可变电容器

双联可变电容器可以简单理解为由两个单联可变电容器组合而成，如图 6-15 所示。调节转轴时，两个单联可变电容器的电容量同步变化。这种电容器的内部结构与单联可变电容器相似，由一根转轴带动两个单联可变电容器的动片同步转动。

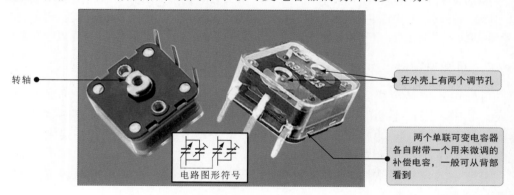

转轴

电路图形符号

在外壳上有两个调节孔

两个单联可变电容器各自附带一个用来微调的补偿电容，一般可从背部看到

图 6-15　双联可变电容器

四联可变电容器包含四个可同步调节的单联可变电容器，如图 6-16 所示。

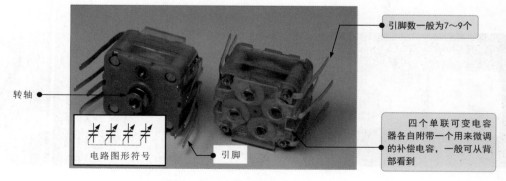

转轴

电路图形符号

引脚

引脚数一般为7～9个

四个单联可变电容器各自附带一个用来微调的补偿电容，一般可从背部看到

图 6-16　四联可变电容器

通常，单联可变电容器、双联可变电容器和四联可变电容器可以通过引脚和背部补偿电容的数量来识别。以双联可变电容器为例，图 6-17 为双联可变电容器的内部结构示意图。

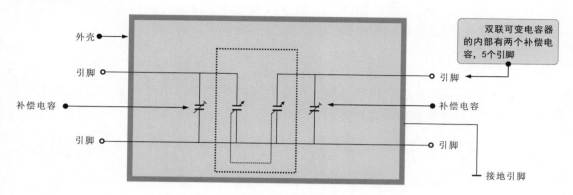

图 6-17　双联可变电容器的内部结构示意图

由图可知，如果是双联可变电容器，则从背部可以看到两个补偿电容；如果是四联可变电容器，则从背部可以看到四个补偿电容；单联可变电容器只有一个补偿电容。另外，值得注意的是，由于生产工艺的不同，可变电容器的引脚数量并不完全统一。通常，单联可变电容器的引脚数量一般为 2 ～ 3 个（两个引脚加一个接地引脚）；双联可变电容器的引脚数量不超过 7 个；四联可变电容器的引脚数量为 7 ～ 9 个。

资料与提示

可变电容器按介质的不同还可以分为薄膜介质可变电容器和空气介质可变电容器。薄膜介质可变电容器是在动片与定片（动片、定片均为不规则的半圆形金属片）之间用云母片或塑料（聚苯乙烯等）薄膜作为介质的可变电容器，其外壳为透明塑料，具有体积小、重量轻、电容量较小、易磨损的特点，如单联、双联可变电容器等。空气介质可变电容器的电极由两组金属片组成。其中，固定不变的一组为定片，可转动的一组为动片，动片与定片之间用空气作为介质，多应用在收音机、高频信号发生器、通信设备及相关电子设备中。常见的空气介质可变电容器主要有空气单联可变电容器（空气单联）和空气双联可变电容器（空气双联），如图 6-18 所示。

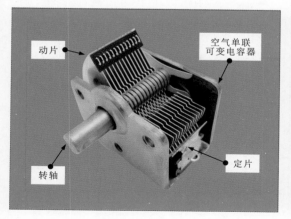
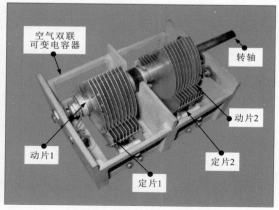

图 6-18　空气介质可变电容器

❖ 6.1.2 厘清电容器的参数标识

识读电容器的参数标识是检测电容器之前的重要环节，包括电容量和相关参数的识读及对电解电容器引脚极性的区分。电容器的电容量及相关参数通常采用直标法、数字标注法及色环标注法进行标注。

✳ 1. 直标法

直标法是将不同的数字和字母标注在电容器的外壳上，用来表示电容量及相关参数。图 6-19 为电容器参数的直标法。

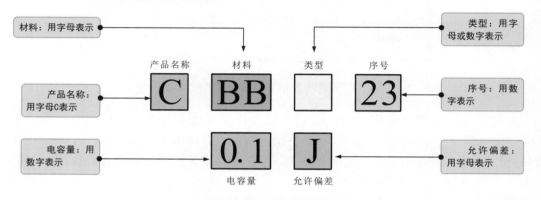

图 6-19 电容器参数的直标法

资料与提示

电容器参数直标法中表示材料和允许偏差的字母含义见表 6-2。

表 6-2 电容器参数直标法中表示材料和允许偏差的字母含义

材料				允许偏差			
字母	含义	字母	含义	字母	含义	字母	含义
A	钽	N	铌	Y	±0.001%	J	±5%
B	非极性有机薄膜	O	玻璃膜	X	±0.002%	K	±10%
BB	聚丙烯	Q	漆膜	E	±0.005%	M	±20%
C	高频陶瓷	T	低频陶瓷	L	±0.01%	N	±30%
D	铝	V	云母纸	P	±0.02%	H	+100% −0%
E	其他	Y	云母	W	±0.05%	R	+100% −10%
G	合金	Z	纸介	B	±0.1%	T	+50% −10%
H	纸膜复合			C	±0.25%	Q	+30% −10%
I	玻璃釉			D	±0.5%	S	+50% −20%
J	金属化纸介			F	±1%	Z	+80% −20%
L	极性有机薄膜			G	±2%		

※ 2. 数字标注法

数字标注法是使用数字或数字与字母相结合的方式标注电容器的主要参数。图6-20为电容器参数的数字标注法。

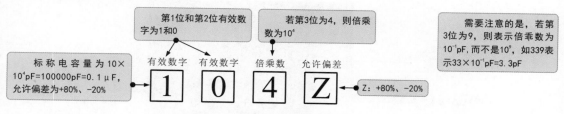

图6-20 电容器参数的数字标注法

电容器参数的数字标注法与电阻器参数的直接标注法相似。其中，前两位数字为有效数字，第3位数字为倍乘数，第4位的字母为允许偏差，默认单位为pF。允许偏差不同字母所表示的含义见表6-2。

※ 3. 色环标注法

色环电容器因外壳上的色环标注而得名。这些色环通过不同颜色表示电容器的不同参数信息。在一般情况下，不同颜色的色环所表示的含义不同，相同颜色的色环标注在不同位置上的含义也不同。图6-21为电容器参数的色环标注法。

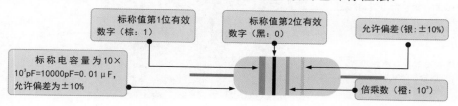

图6-21 电容器参数的色环标注法

电容器在电路中用字母"C"表示。电容量的单位为"法拉"，简称"法"，用字母"F"表示，在应用中使用更多的是"微法"（用"μF"表示）、"纳法"（用"nF"表示）、皮法（用"pF"表示）。它们之间的换算关系为$1F=10^6\mu F=10^9 nF=10^{12}pF$。电容器的主要参数有标称电容量、允许偏差、额定工作电压、绝缘电阻、温度系数及频率特性。

◇标称电容量是电容器储存电荷的能力，在相同电压下，储存电荷越多，电容量越大。

◇电容器的实际电容量与标称电容量存在一定的偏差。其最大允许偏差范围被称为允许偏差。电容器的允许偏差可以分为3个等级：Ⅰ级，即允许偏差为±5%的电容器；Ⅱ级，即允许偏差为±5%～±10%的电容器；Ⅲ级，即允许偏差为±20%的电容器。

◇额定工作电压是在规定的温度范围内，电容器能够连续可靠工作的最高电压，有时又分为额定直流工作电压和额定交流工作电压（有效值）。额定工作电压是一个参考数值，在实际应用中，如果工作电压大于额定工作电压，则电容器呈被击穿状态。

◇绝缘电阻是加在电容器两端的电压与通过电容器的漏电电流的比值。电容器的绝缘电阻与电容器的介质材料和面积、引线的材料和长短、制造工艺、温度和湿度等因素有关。对于同一种介质的电容器，电容量越大，绝缘电阻越小。电解电容器常通过介电系数来表示绝缘能力。

图 6-22 为电容器参数的识读方法。

字母 "C" 表示电容器

字母 "BB" 表示聚丙烯材料

产品序号为23

电容量为0.1μF

J表示允许偏差为±5%

该电容器是序号为23的聚丙烯电容器，电容量为0.1μF±5%

第1位有效数字为1，第2位有效数字为0

倍乘数为10⁴，允许偏差为+80%、−20%

该电容器的电容量为10×10⁴μF=100000pF=0.1μF，允许偏差为+80%、−20%

第1位有效数字为1，第2位有效数字为0

倍乘数为10³，允许偏差为±10%

该电容器的电容量为10×10³μF=10000pF=0.01μF，允许偏差为±10%

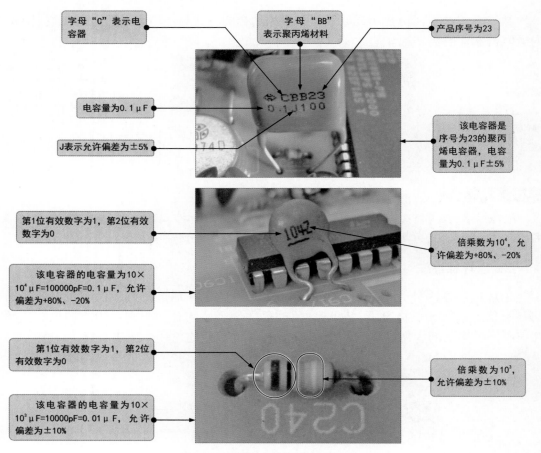

图 6-22　电容器参数的识读方法

资料与提示

电容器参数直标法识读实例如图 6-23 所示。

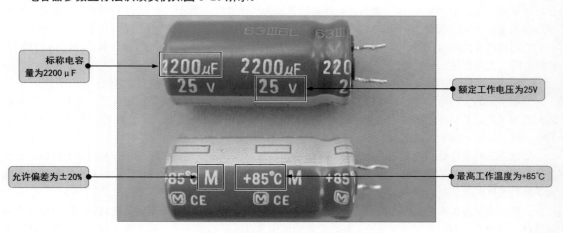

标称电容量为2200μF

额定工作电压为25V

允许偏差为±20%

最高工作温度为+85℃

图 6-23　电容器参数直标法识读实例

※ 4. 电容器引脚极性的区分

电解电容器由于有明确的正、负极引脚之分，因此在电解电容器上除了标注相关参数外，还对引脚的极性进行标注。识别电解电容器的引脚极性一般可以从三个方面入手。第一方面是根据外壳上的颜色和符号标注区分，如图 6-24 所示。

图 6-24　根据颜色和符号区分引脚极性

第二个方面是根据引脚的长短区分引脚的极性，如图 6-25 所示。

图 6-25　根据引脚的长短区分引脚极性

第三个方面是根据电路板上的符号或电路图形符号区分引脚的极性，如图 6-26 所示。

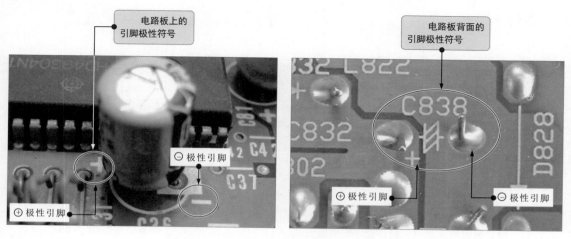

图 6-26　根据电路板上的符号区分引脚极性

❖ 6.1.3 知晓电容器的功能特点

两块金属板相对平行放置，不互相接触，就可构成一个最简单的电容器。电容器具有隔直流、通交流的特点。

图6-27为电容器的充、放电原理。

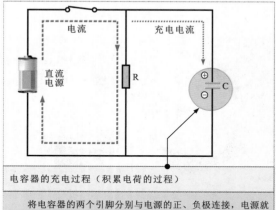 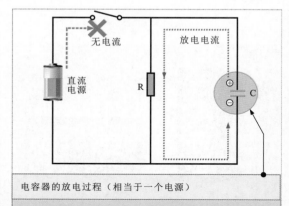

图6-27 电容器的充、放电原理

图6-28为电容器的频率特性示意图。

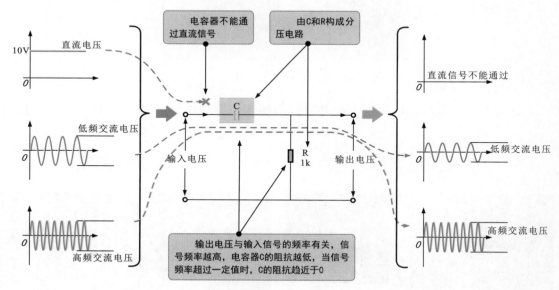

图6-28 电容器的频率特性示意图

电容器的两个重要功能特点：

（1）阻止直流电流通过，允许交流电流通过；

（2）电容器的阻抗与传输信号的频率有关，信号频率越高，电容器的阻抗越小。

1. 电容器的滤波功能

滤除杂波或干扰波是电容器最基本、最突出的功能。图 6-29 为电容器的滤波功能示意图。

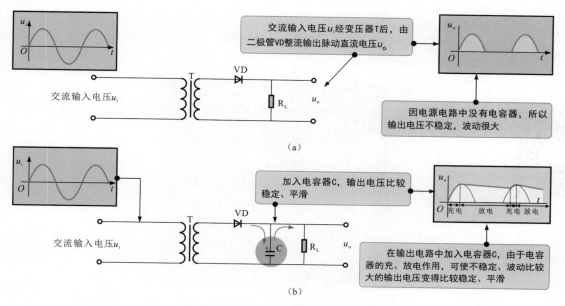

图 6-29 电容器的滤波功能示意图

2. 电容器的耦合功能

电容器对交流信号的阻抗较小，可视为通路，对直流信号的阻抗很大，可视为断路。图 6-30 为电容器在电路中的耦合功能。

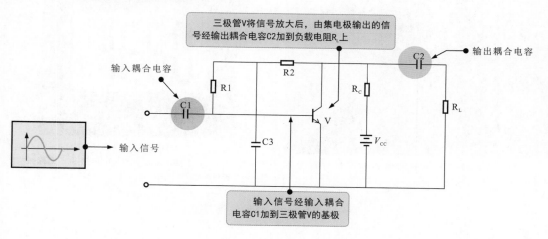

图 6-30 电容器的耦合功能

资料与提示

由图 6-30 可知，由于电容器具有隔直流的作用，因此经放大的输出信号可以经输出耦合电容器 C2 送到负载 R_L 上，而直流信号不会加到负载 R_L 上。也就是说，从负载 R_L 上只能得到交流信号。

6.2 电容器的检测方法

6.2.1 普通电容器的检测方法

在检测普通电容器时，可先根据标识信息识读标称电容量，然后使用万用表检测实际电容量，最后将实测电容量与标称电容器相比较，可判断所测普通电容器的好坏。

图6-31为普通电容器的标识信息。

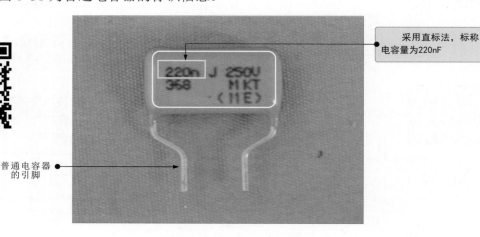

采用直标法，标称电容量为220nF

普通电容器的引脚

图6-31　普通电容器的标识信息

图6-32为普通电容器的检测方法。

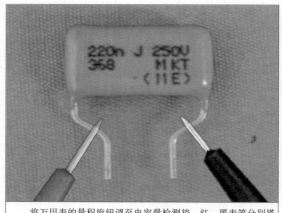

将万用表的量程旋钮调至电容量检测挡，红、黑表笔分别搭在普通电容器的两引脚端。

通过万用表的显示屏读取实测电容量为0.231μF，根据单位换算公式1μF=1×10³nF，即0.231μF×10³=231nF，与标称电容量相近，表明该电容器性能正常。

图6-32　普通电容器的检测方法

资料与提示

在正常情况下，用万用表检测电容器时应有一固定的电容量，并且接近标称电容量。若实测电容量与标称电容量相差较大，则说明所测电容器损坏。

另外需要注意，用万用表检测电容器的电容量时，不可超量程检测，否则检测结果不准确，无法判断好坏。

在检测普通电容器的电容量时，也可使用数字万用表的附加测试器来完成检测。图 6-33 为使用附加测试器检测普通电容器的电容量。

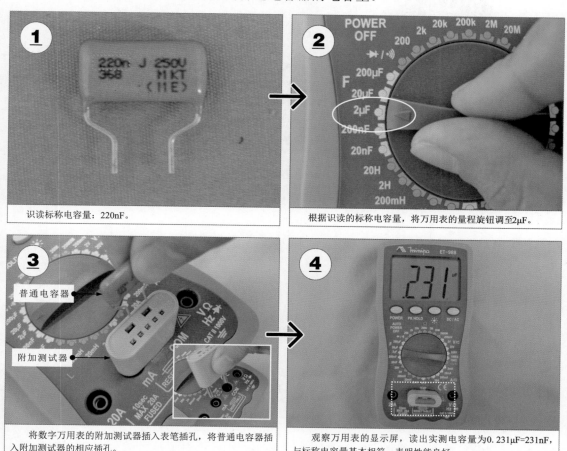

① 识读标称电容量：220nF。

② 根据识读的标称电容量，将万用表的量程旋钮调至2μF。

③ 将数字万用表的附加测试器插入表笔插孔，将普通电容器插入附加测试器的相应插孔。

④ 观察万用表的显示屏，读出实测电容量为0.231μF=231nF，与标称电容量基本相符，表明性能良好。

图 6-33 使用附加测试器检测普通电容器的电容量

资料与提示

在判断普通电容器的性能时，根据不同的电容量可采取不同的检测方式。

◇ 电容量小于 10pF 时

这类电容器的电容量太小，用万用表检测只能大致判断是否存在漏电、内部短路或击穿现象，此时，可用万用表的 $R×10\mathrm{k}\Omega$ 量程检测阻值，在正常情况下应为无穷大。若阻值为零，则说明所测电容器漏电或内部被击穿。

◇ 电容量为 10pF ～ 0.01μF 时

这类电容器可在连接三极管放大元器件的基础上，将电容器的充、放电过程进行放大，在正常情况下，若万用表的指针有明显的摆动，则说明性能正常。

◇ 电容量在 0.01μF 以上时

这类电容器可直接用万用表的 $R×10\mathrm{k}\Omega$ 检测有无充、放电过程及有无短路或漏电现象判断性能。

如果需要精确测量电容器的电容量（万用表只能粗略测量），则需使用专用的电容测量仪进行测量，如图 6-34 所示。

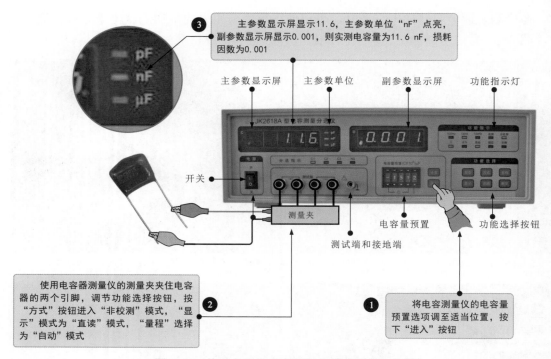

图 6-34 使用专用的电容测量仪精确测量电容量

6.2.2 电解电容器的检测方法

电解电容器的检测方法有两种：一种为检测电容量；另一种为检测直流电阻。

※ 1. 电解电容器电容量的检测方法

在检测前，首先区分电解电容器的引脚极性，然后用电阻对电解电容器进行放电，以避免因电解电容器中存有残留电荷而影响检测结果，如图 6-35 所示。

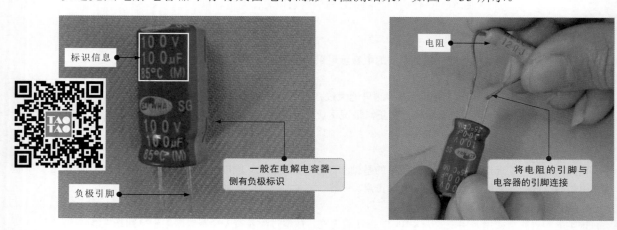

图 6-35 对电解电容器的放电操作

放电完成后，使用数字万用表检测电解电容器的电容量，如图 6-36 所示。

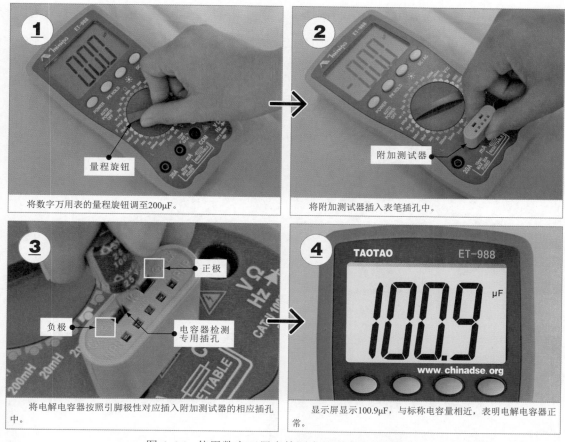

图 6-36 使用数字万用表检测电解电容器的电容量

资料与提示

　　电解电容器的放电操作主要针对的是大容量电解电容器，由于大容量电解电容器在工作中可能会存储很多电荷，如短路，则会因产生很大的电流而引发电击事故，损坏万用表，因此应先用电阻进行放电后再检测，一般可选用阻值较小的电阻，将电阻的引脚与电解电容器的引脚相连即可放电，如图 6-37 所示。

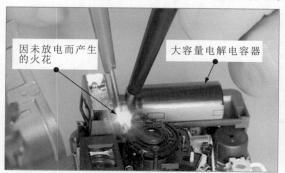

图 6-37 因未放电而产生的火花和放电操作方法

　　在通常情况下，电解电容器的工作电压在 200V 以上，即使电容量比较小也需要放电，如 60μF/200V 的电解电容器。若工作电压较低，但电容量高于 300μF，则也属于大容量电解电容器。在实际应用中，常见的大容量电容器 1000μF/50V、60μF/400V、300μF/50V、60μF/200V 等均为大容量电解电容器。

2. 电解电容器直流电阻的检测方法

在检测电解电容器时，除了使用数字万用表检测电容量是否正常外，还可以使用指针万用表显示电解电容器的充、放电过程，通过充、放电过程可判断电解电容器是否正常。

图6-38为用指针万用表显示电解电容器的充、放电过程及直流电阻的检测方法。

将万用表的量程旋钮调至×10k欧姆挡。

短接红、黑表笔，调节零欧姆校正旋钮，使万用表的指针指向0位。

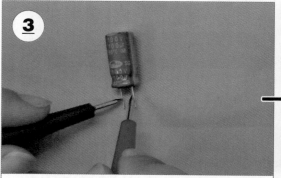

将万用表的黑表笔搭在电解电容器的正极引脚端，红表笔搭在电解电容器的负极引脚端，检测正向直流电阻（漏电电阻）。

在刚接通的瞬间，万用表的指针向右（电阻减小的方向）摆动一个较大的角度，当指针摆动到最大角度后，又逐渐向左（电阻增大的方向）回摆，最终停留在一个固定位置。

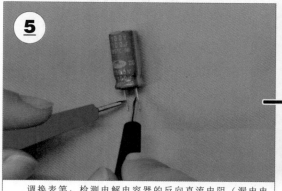

调换表笔，检测电解电容器的反向直流电阻（漏电电阻）。

在正常情况下，反向漏电电阻小于正向漏电电阻。

图6-38 用指针万用表显示电解电容器的充、放电过程及直流电阻的检测方法

当检测电解电容器的正向直流电阻时，指针万用表的指针摆动速度较快。若指针没有摆动，则表明电解电容器已经失去电容量。

对于较大容量的电解电容器，可使用万用表显示充、放电过程；对于较小容量的电解电容器，无须使用该方法显示电解电容器的充、放电过程。

通常，在检测电解电容器的直流电阻时会遇到几种不同的检测结果，通过不同的检测结果可以大致判断电解电容器的损坏原因，如图 6-39 所示。

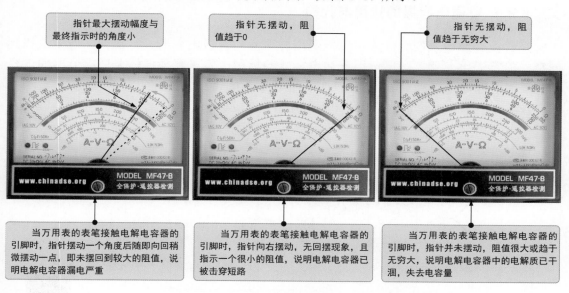

图 6-39　通过检测结果判断电解电容器的损坏原因

图 6-40 为贴片式钽电解电容器的检测方法。

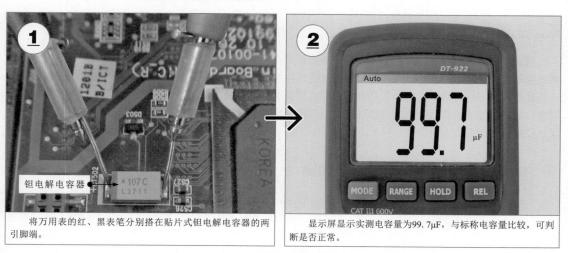

图 6-40　贴片式钽电解电容器的检测方法

6.3 电容器的选用与代换

若电容器损坏，则应代换损坏的电容器。代换电容器时，要遵循基本的代换原则。

电容器的代换原则是在代换之前，要选用符合要求的电容器；在代换过程中，要保证安全可靠，防止二次故障。

不同类型电容器的代换原则不同。下面将介绍普通电容器、电解电容器及可变电容器的选用与代换。

6.3.1 普通电容器的选用与代换

在代换普通电容器时，应尽可能选用同型号的普通电容器进行代换，若无法找到同型号的普通电容器，则所选用普通电容器的标称电容量要与损坏普通电容器的电容量相差越小越好，额定工作电压应为实际工作电压的 1.2 ～ 1.3 倍。

图 6-41 为自动调光台灯电路中普通电容器的选用与代换。

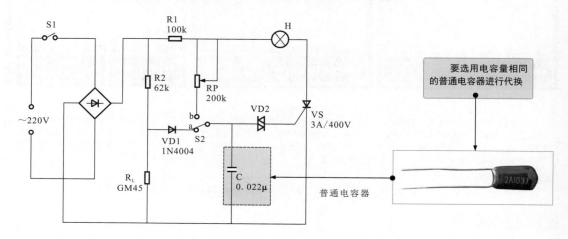

图 6-41　自动调光台灯电路中普通电容器的选用与代换

资料与提示

普通电容器的代换原则除以上几点外，还应注意在电路中实际要承受的电压不能超过耐压值，优先选用绝缘电阻大、介质损耗小、漏电电流小的普通电容器，在低频耦合和去耦合电路中，按计算值选用稍大一些容量的普通电容器；若为高温环境，则应选用具有耐高温特性的电容器；若为潮湿环境，则应选用抗湿性好的密封普通电容器；若为低温环境，则应选用耐寒的普通电容器；选用的普通电容器，其体积、形状及引脚尺寸均应符合电路设计要求。

6.3.2 电解电容器的选用与代换

电解电容器的选用与代换原则与普通电容器相同。图 6-42 为助听器电路中铝电解电容器的选用与代换。

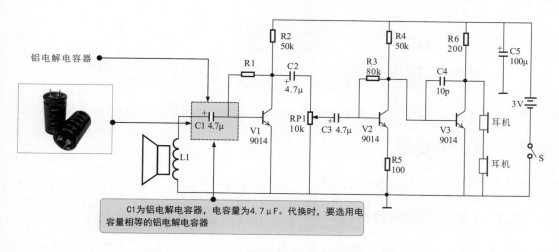

图 6-42 助听器电路中铝电解电容器的选用与代换

6.3.3 可变电容器的选用与代换

可变电容器的选用与代换原则与普通电容器相同。图 6-43 为 AM 收音机高频信号放大电路中可变电容器的选用与代换。

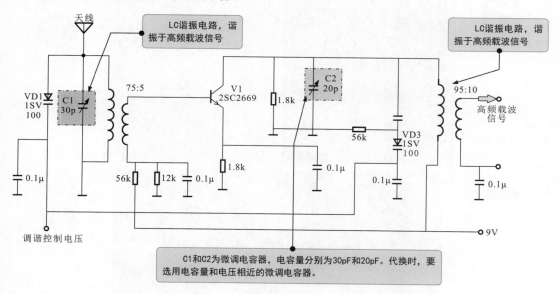

图 6-43 AM 收音机高频信号放大电路中可变电容器的选用与代换

第7章
电感器的识别、检测、选用与代换

7.1 认识电感器

电感器也称电感，属于储能元器件，可以把电能转换成磁能并储存起来。

7.1.1 了解电感器的种类特点

电感器的种类很多，最常见的为色环电感器、色码电感器、电感线圈、磁环电感器及微调电感器等，如图 7-1 所示。此外在一些电子产品中还有微型贴片电感器。

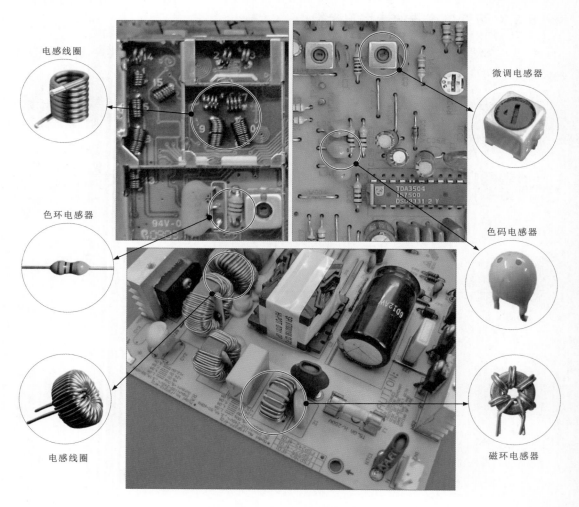

电感线圈

微调电感器

色环电感器

色码电感器

电感线圈

磁环电感器

图 7-1 在电路板上的电感器实物外形

1. 色环电感器

色环电感器是在外壳上用不同颜色的色环来标识参数信息的一种电感器，如图 7-2 所示。

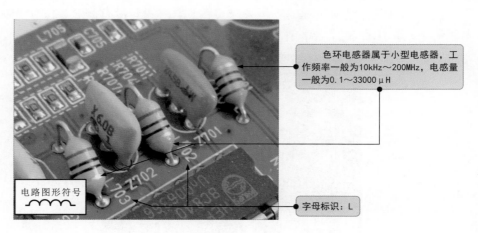

色环电感器属于小型电感器，工作频率一般为10kHz～200MHz，电感量一般为0.1～33000μH

电路图形符号

字母标识：L

图 7-2　色环电感器

资料与提示

色环电感器的外形与色环电阻器、色环电容器相似，可通过电路板上的电路图形符号或字母标识区分。

2. 色码电感器

色码电感器是通过色码标识参数信息的一种电感器。它与色环电感器相同，都属于小型电感器，如图 7-3 所示。色码电感器的体积小巧，性能稳定，广泛应用在电视机、收录机等电子设备中。

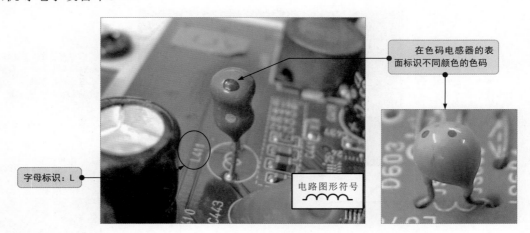

在色码电感器的表面标识不同颜色的色码

字母标识：L

电路图形符号

图 7-3　色码电感器

资料与提示

色环电感器与色码电感器的外形、标识及安装形式不同。通常，色码电感器采用直立式安装。

❋ 3. 电感线圈

电感线圈因其能够直接看到线圈的绕制匝数和紧密程度而得名。目前，常见的电感线圈主要有空心电感线圈、磁棒电感线圈、磁环电感线圈等。

图 7-4 为空心电感线圈的实物外形。空心电感线圈没有磁芯，线圈绕制的匝数较少，电感量小，常用在高频电路中，如电视机的高频调谐器。

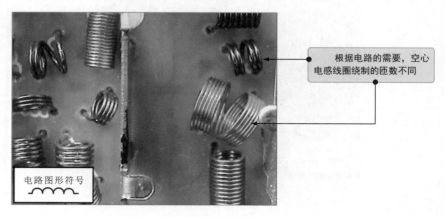

图 7-4　空心电感线圈的实物外形

资料与提示

空心电感线圈的电感量可以通过调节线圈之间的间隙大小，即改变线圈的疏密程度来调节，调节后，将线圈用石蜡密封固定，不仅可以防止线圈变形，还可以有效防止线圈因振动而改变间隙。

磁棒电感线圈是一种在磁棒上绕制线圈的电感器，可使电感量大大增加，且可通过磁棒的左右移动来调节电感量的大小。图 7-5 为磁棒电感线圈的实物外形。

图 7-5　磁棒电感线圈的实物外形

磁环电感线圈也称磁环电感器，是将线圈绕制在铁氧体磁环上构成的，如图 7-6 所示，可通过改变磁环上线圈的匝数和疏密程度来改变电感量。

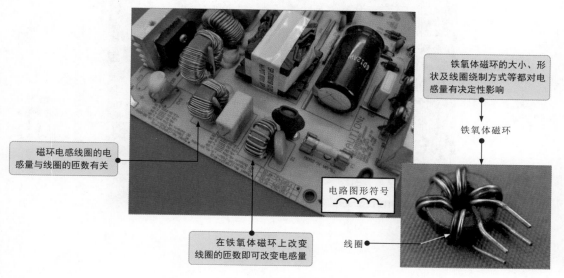

磁环电感线圈的电感量与线圈的匝数有关

电路图形符号

在铁氧体磁环上改变线圈的匝数即可改变电感量

铁氧体磁环的大小、形状及线圈绕制方式等都对电感量有决定性影响

铁氧体磁环

线圈

图 7-6　磁环电感器

扼流圈是一种应用在电源电路中的电感器，主要起扼流、滤波等作用。

图 7-7 为电磁炉电源电路中的扼流圈。

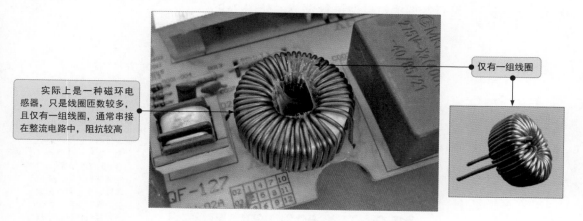

实际上是一种磁环电感器，只是线圈匝数较多，且仅有一组线圈，通常串接在整流电路中，阻抗较高

仅有一组线圈

图 7-7　电磁炉电源电路中的扼流圈

❋ 4. 贴片电感器

贴片电感器是采用表面贴装方式安装在电路板上的一种电感器。其电感量不能调节，属于固定电感器。

贴片电感器一般应用在体积小、集成度高的数码类电子产品中，由于工作频率、工作电流、屏蔽要求不同，因此线圈绕制的匝数、骨架材料、外形尺寸区别很大，如图 7-8 所示。

常见的贴片电感器有大功率贴片电感器和小功率贴片电感器两种。

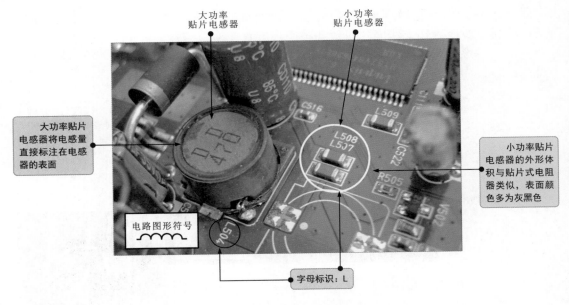

图 7-8　贴片电感器

※ 5. 微调电感器

　　微调电感器就是可以对电感量进行细微调节的电感器。该类电感器一般设有屏蔽外壳，在磁芯上设有条形槽口以便进行调节，如图 7-9 所示。

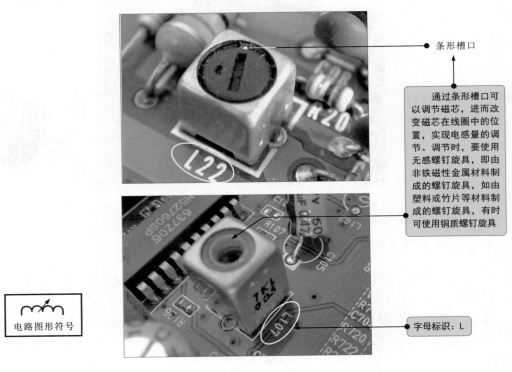

图 7-9　微调电感器

7.1.2 厘清电感器的参数标识

电感器主要有电感量、允许偏差、额定工作电压、绝缘电阻、温度系数及频率特性等参数，分别通过不同的标注形式标注在电感器上。

目前，电感器多采用色标法和直标法标注相关参数。

1. 色标法

色标法是将电感器的参数用不同颜色的色环或色点标注在表面上，如图 7-10 所示。

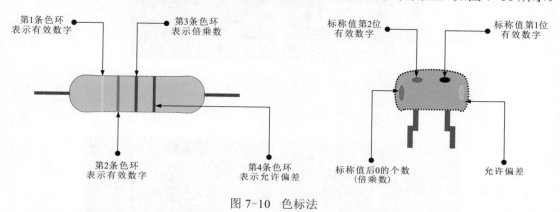

图 7-10 色标法

资料与提示

不同颜色色环或色点的含义见表 7-1。

表 7-1 不同颜色色环或色点的含义

颜色	有效数字	倍乘数	允许偏差	颜色	有效数字	倍乘数	允许偏差
银色	—	10^{-2}	±10%	绿色	5	10^5	±0.5%
金色	—	10^{-1}	±5%	蓝色	6	10^6	±0.25%
黑色	0	10^0	—	紫色	7	10^7	±0.1%
棕色	1	10^1	±1%	灰色	8	10^8	—
红色	2	10^2	±2%	白色	9	10^9	±20%
橙色	3	10^3	—	无色	—	—	—
黄色	4	10^4	—				

图 7-11 为色环电感器参数的识读实例。

资料与提示

在图 7-11 中，色环电感器的色环颜色依次为"棕、蓝、金、银"。因此，电感量为 16×10^{-1} μH±10%=1.6μH±10%。在识读电感量时，在未明确标注电感量的单位时，均默认为 μH。

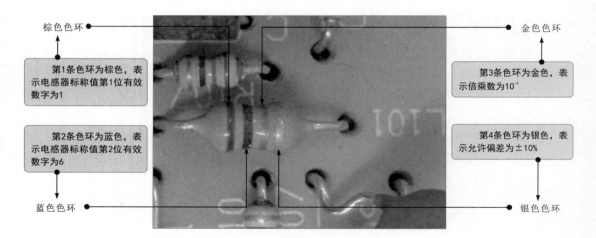

棕色色环

第1条色环为棕色，表示电感器标称值第1位有效数字为1

第2条色环为蓝色，表示电感器标称值第2位有效数字为6

蓝色色环

金色色环

第3条色环为金色，表示倍乘数为10^{-1}

第4条色环为银色，表示允许偏差为±10%

银色色环

图 7-11　色环电感器参数的识读实例

图 7-12 为色码电感器参数的识读实例。

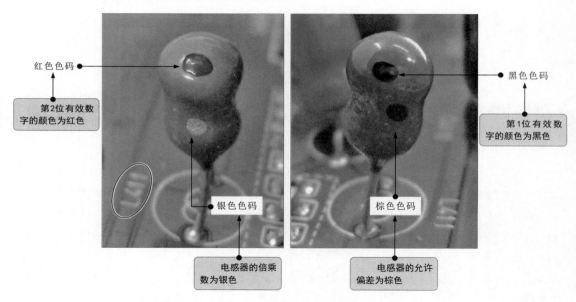

红色色码

第2位有效数字的颜色为红色

银色色码

黑色色码

第1位有效数字的颜色为黑色

棕色色码

电感器的倍乘数为银色

电感器的允许偏差为棕色

图 7-12　色码电感器参数的识读实例

资料与提示

在图 7-12 中，色码电感器顶部色点颜色从右向左依次为"黑、红"，分别表示第1位、第2位有效数字"0、2"，左侧面色点颜色为"银"，表示倍乘数为 10^{-2}，右侧面色点颜色为"棕"，表示允许偏差为 ±1%。因此，电感量为 $2×10^{-2}\mu H±1\%=0.02\mu H±1\%$。在识读电感量时，在未标注电感量的单位时，均默认为 μH。

一般来说，由于色码电感器从外形上没有明显的正、反面区分，因此左、右侧面可根据电路板上的文字标识进行区分，当文字标识为正方向时，对应色码电感器的左侧为其左侧面。由于无色通常不代表有效数字和倍乘数，因此色码电感器无色点的一侧为右侧面。

色码电感器在电路板上的文字标识为 L411。其中，L 侧为起始侧，一般判断色码电感器红、银色码的一侧为左侧面。

❋ 2. 直标法

直标法是通过一些代码符号将电感量等参数信息标注在电感器上。通常，电感器采用的是直标法的简略方式，也就是说，只标注重要的参数信息，并不是将所有的参数信息都标注出来。

直标法通常有三种形式：普通直标法、数字标注法和数字中间加字母标注法。贴片电感器的参数多采用数字标注法和数字中间加字母标注法。

图 7-13 为普通直标法的识读。

第2部分表示电感量

第1部分表示产品名称

第3部分表示允许偏差

图 7-13　普通直标法的识读

资料与提示

在图 7-13 中，第 1 部分的产品名称常用字母表示，如电感器用 L 表示；第 2 部分的电感量常用字母＋数字混合表示，表示电感器表面上标注的电感量；第 3 部分的允许偏差常用字母表示，表示电感器实际电感量与标称电感量之间允许的最大偏差。

表 7-2 为电感器普通直标法中不同字母的含义。

表 7-2　电感器普通直标法中不同字母的含义

产品名称		允许偏差			
字母	含义	字母	含义	字母	含义
L	电感器、线圈	J	±5%	M	±20%
ZL	阻流圈	K	±10%	L	±15%

图 7-14 为数字标注法的识读。

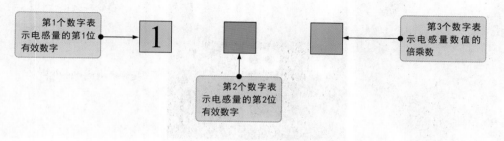

第1个数字表示电感量的第1位有效数字

第2个数字表示电感量的第2位有效数字

第3个数字表示电感量数值的倍乘数

图 7-14　数字标注法的识读

图 7-15 为数字中间加字母标注法的识读。

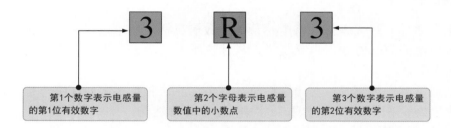

第1个数字表示电感量的第1位有效数字   第2个字母表示电感量数值中的小数点   第3个数字表示电感量的第2位有效数字

图 7-15　数字中间加字母标注法的识读

资料与提示

我国早期生产的电感器一般直接将相关参数标注在外壳上，表示最大工作电流的字母共有 A、B、C、D、E 五个，分别对应 50mA、150mA、300mA、700mA、1600mA，共有 I、II、III 三种型号，分别表示允许偏差为 ±5%、±10%、±20%，如图 7-16 所示。

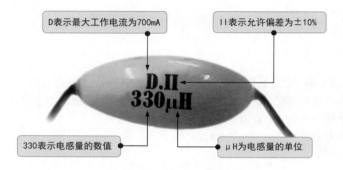

D表示最大工作电流为700mA   II表示允许偏差为±10%

330表示电感量的数值   μH为电感量的单位

图 7-16　我国早期生产的电感器参数的识读

电路板上不同标注的电感器如图 7-17 所示。

图 7-17　电路板上不同标注的电感器

7.1.3 知晓电感器的功能特点

图 7-18 为电感器的基本工作特性示意图。

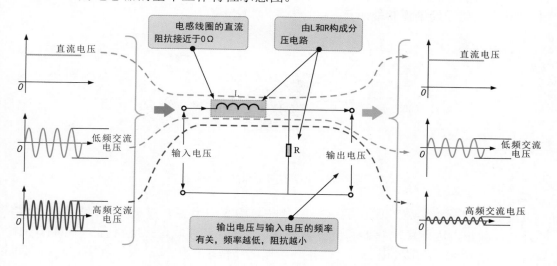

图 7-18 电感器的基本工作特性示意图

资料与提示

由图 7-18 可知，电感器的功能特点如下：

① 电感器对直流信号呈现很小的电阻（近似于短路），对交流信号呈现的阻抗与频率成正比，频率越高，阻抗越大。

② 电感器的电感量越大，对交流信号的阻抗越大。

③ 电感器具有阻止电流变化的特性，流过电感器的电流不会发生突变。

1. 电感器的滤波功能

由于电感器对交流信号阻抗很大，对直流信号阻抗很小，如果将电感量较大的电感器串接在整流电路中，就可起滤除交流信号的作用。

通常，电感器与电容器构成 LC 滤波电路，由电感器阻隔交流信号，由电容器阻隔直流信号，可对电路起平滑滤波的作用。

图 7-19 为电感器的滤波功能示意图。

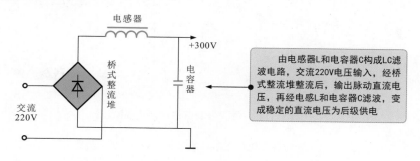

图 7-19 电感器的滤波功能示意图

❋ 2. 电感器的谐振功能

电感器与电容器并联可构成 LC 谐振电路，主要用来阻止一定频率的信号干扰。图 7-20 为电感器的谐振功能示意图。

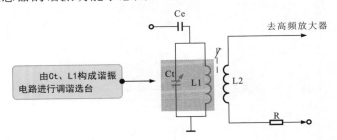

图 7-20　电感器的谐振功能示意图

电感器对交流信号的阻抗随频率的升高而增大，电容器对交流信号的阻抗随频率的升高而减小，因此由电感器和电容器并联构成的 LC 并联谐振电路有一个固有谐振频率，即共谐频率。在该频率下，LC 并联谐振电路呈现的阻抗最大。利用这种特性可以制成阻波电路，也可以制成选频电路。图 7-21 为 LC 并联谐振电路应用示意图。

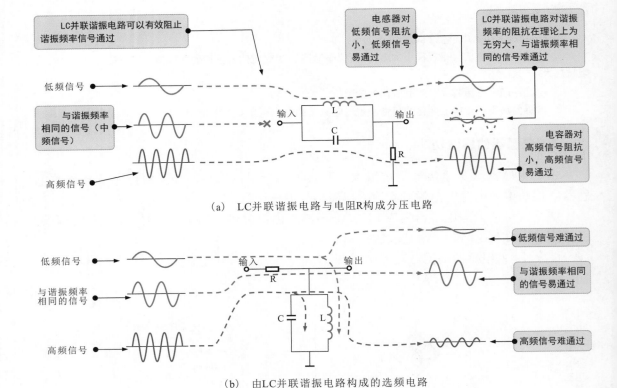

（a）　LC并联谐振电路与电阻R构成分压电路

（b）　由LC并联谐振电路构成的选频电路

图 7-21　LC 并联谐振电路应用示意图

将电感器与电容器串联可构成串联谐振电路，如图 7-22 所示。

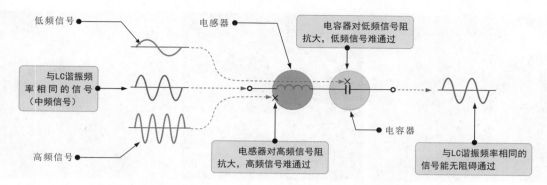

图 7-22 将电感器与电容器串联可构成串联谐振电路

资料与提示

由图 7-22 可知，当输入信号经过 LC 串联谐振电路时，频率较高的信号因阻抗大而难通过电感器，而频率较低的信号因阻抗大也难通过电容器，谐振频率信号因阻抗最小而容易通过。LC 串联谐振电路起选频作用。

由 LC 串联电路构成的陷波电路如图 7-23 所示。LC 串联电路对低频和高频信号的阻抗都比较大，因此较高和较低频率的信号都可正常通过，对与谐振频率相同的信号阻抗很小，被短路到地，使输出信号很小，起陷波作用。

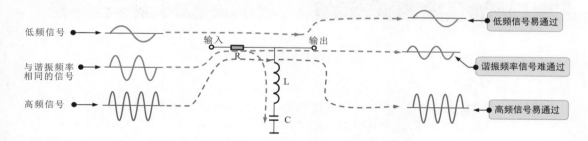

图 7-23 由 LC 串联电路构成的陷波电路

7.2 电感器的检测方法

7.2.1 色环电感器的检测方法

检测色环电感器时，首先根据标注的参数信息识读标称电感量，如图 7-24 所示；然后根据标称电感量调节万用表的量程，并进行色环电感器的检测，如图 7-25 所示。

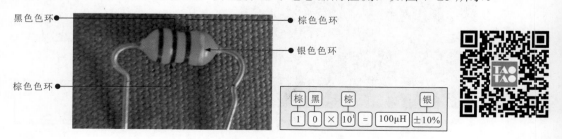

图 7-24 色环电感器标称电感量的识读

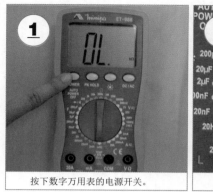

按下数字万用表的电源开关。

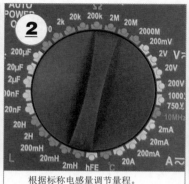

根据标称电感量调节量程。

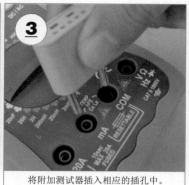

将附加测试器插入相应的插孔中。

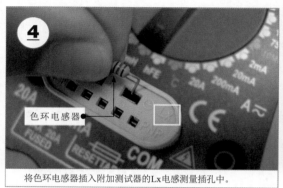

色环电感器

将色环电感器插入附加测试器的Lx电感测量插孔中。

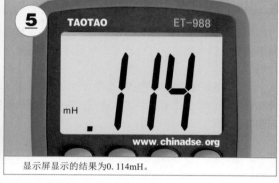

显示屏显示的结果为0.114mH。

图 7-25　检测色环电感器

资料与提示

　　由图 7-25 可知，检测结果为 0.114mH，根据单位换算公式 $1mH=10^3 \mu H$，即 $0.114mH \times 10^3 = 114 \mu H$，与标称电感量相近，若相差较大，则说明该电感器性能不良。

　　值得注意的是，在设置万用表的量程时，要尽量选择与标称值相近的量程，以保证测量结果的准确性。如果设置的量程与标称值相差过大，则测量结果不准确。

7.2.2 色码电感器的检测方法

　　在使用万用表检测色码电感器前，应先根据标注的参数信息识读标称电感量，如图 7-26 所示。

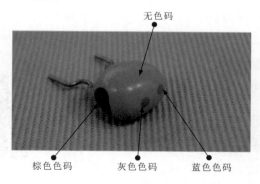

无色码

棕色色码　　灰色色码　　蓝色色码

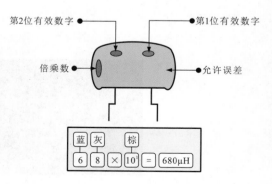

第2位有效数字　　　　第1位有效数字

倍乘数　　　　　　　　允许误差

蓝	灰		棕	
6	8	$\times$	10^1	$=$	$680\mu H$

图 7-26　色码电感器标称电感量的识读

色码电感器的检测方法如图 7-27 所示。

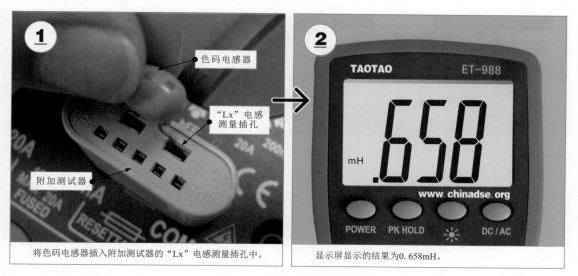

图 7-27 色码电感器的检测方法

资料与提示

由图 7-27 可知，检测结果为 0.658mH，根据单位换算公式，0.658mH×10^3 = 658μH，与标称电感量相近，表明色码电感器正常，若相差过大，则色码电感器性能不良。

7.2.3 电感线圈的检测方法

电感线圈可使用电感测试仪、频率特性测试仪等进行检测。

使用电感测试仪检测电感线圈的操作方法如图 7-28 所示。

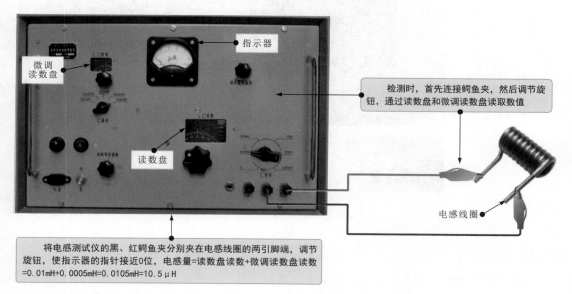

图 7-28 使用电感测试仪检测电感线圈的操作方法

图 7-29 为使用频率特性测试仪检测电感线圈的操作方法。

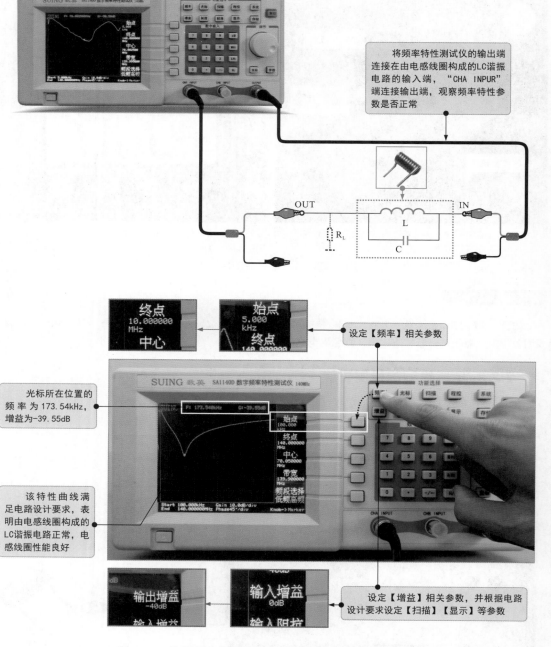

图 7-29　使用频率特性测试仪检测电感线圈的操作方法

资料与提示

　　由图 7-29 可知，将频率特性测试仪的基本参数设置为：始点频率为 5.000kHz，终点频率为 10.000000MHz，自动计算中心频率及带宽并显示（中心频率为 402.5kHz，带宽为 795kHz），输出增益为 -40dB，输入增益为 0dB，幅频显示单次扫描，其他参数均为开机默认参数。

7.2.4 贴片电感器的检测方法

贴片电感器的检测方法如图 7-30 所示。

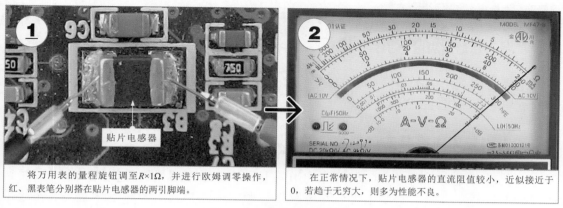

将万用表的量程旋钮调至 R×1Ω，并进行欧姆调零操作，红、黑表笔分别搭在贴片电感器的两引脚端。

在正常情况下，贴片电感器的直流阻值较小，近似接近于 0，若趋于无穷大，则多为性能不良。

图 7-30　贴片电感器的检测方法

资料与提示

贴片电感器的体积较小，与其他元器件的间距也较小，为确保检测的准确性，可在万用表红、黑表笔的笔端绑扎大头针后再测量。

7.2.5 微调电感器的检测方法

微调电感器的检测方法如图 7-31 所示。

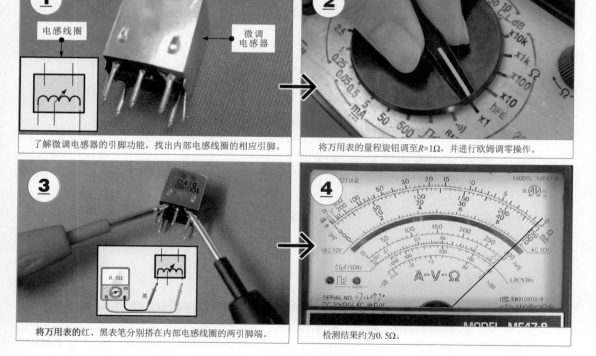

了解微调电感器的引脚功能，找出内部电感线圈的相应引脚。

将万用表的量程旋钮调至 R×1Ω，并进行欧姆调零操作。

将万用表的红、黑表笔分别搭在内部电感线圈的两引脚端。

检测结果约为 0.5Ω。

图 7-31　微调电感器的检测方法

在正常情况下，微调电感器内部电感线圈的阻值应较小，接近于 0。这种检测方法可用来检测微调电感器的内部是否有短路或断路的情况。

7.3 电感器的选用与代换

选用与代换不同类型电感器的注意事项不同，下面重点对普通电感器和可变电感器的选用与代换进行介绍。

7.3.1 普通电感器的选用与代换

在代换普通电感器时，应尽可能选用同型号的普通电感器进行代换，若无法找到同型号的普通电感器，则要选用标称电感量和额定电流相近的普通电感器，且外形和尺寸也应符合要求。

图 7-32 为彩色电视机预中放电路中普通电感器的选用与代换。

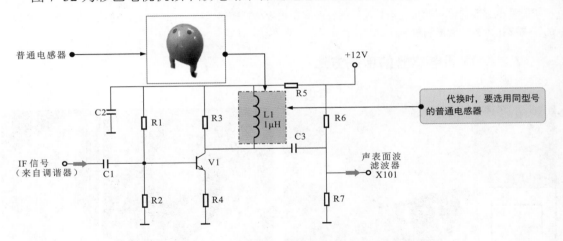

图 7-32 彩色电视机预中放电路中普通电感器的选用与代换

7.3.2 可变电感器的选用与代换

在代换可变电感器时，应尽可能选用同型号的可变电感器代换，若无法找到同型号的可变电感器，则要选用尺寸相近的可变电感器，并且外形也应符合要求。图 7-33 为可调振荡电路中可变电感器的选用与代换。

由于电感器的外形各异，安装方式不同，因此在代换时要根据电路特点及电感器自身的特性来选择正确、稳妥的焊接方法。电感器的焊接方法有表面贴装和插接焊接两种方法。

采用表面贴装的电感器体积普遍较小，常用在元器件密集的数码产品中。在拆卸和焊接时，最好使用热风焊枪，在加热的同时用镊子夹持、固定或挪动电感器，如图 7-34 所示。

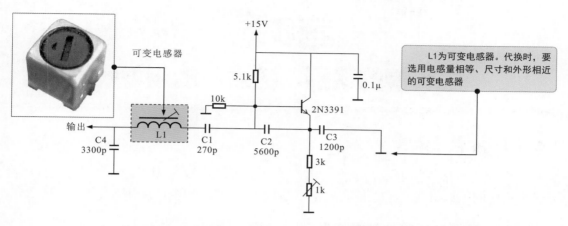

图 7-33 可调振荡电路中可变电感器的选用与代换

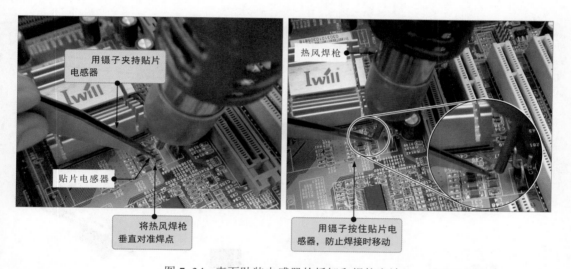

图 7-34 表面贴装电感器的拆卸和焊接方法

第8章
二极管的识别、检测、选用与代换

8.1 认识二极管

二极管是最常见的电子元器件，由一个 P 型半导体和 N 型半导体组成的 PN 结两端引出相应的电极引线，再加上管壳密封制成，具有单向导电性，引脚有正、负极之分。

8.1.1 了解二极管的种类特点

二极管的种类较多，按功能可以分为整流二极管、稳压二极管、发光二极管、光敏二极管、检波二极管、变容二极管、双向触发二极管等，如图 8-1 所示。

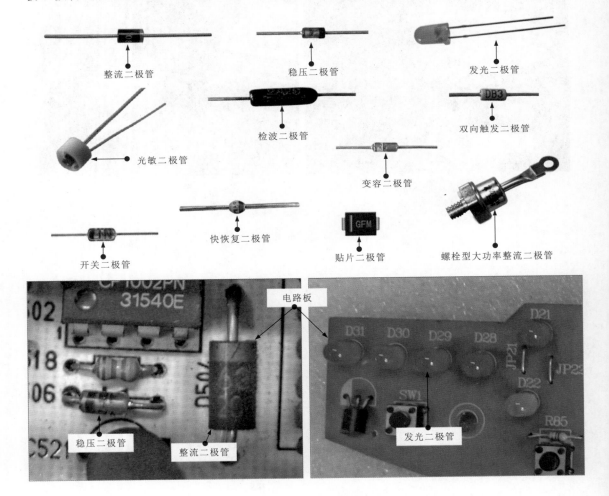

图 8-1　常见二极管的实物外形

☀ 1. 整流二极管

整流二极管是一种可将交流电转变为直流电的半导体元件，常用于整流电路中。整流二极管多为面接触型二极管，结面积大、结电容大，但工作频率低，多采用硅半导体材料制成。图 8-2 为整流二极管的实物外形及其应用。

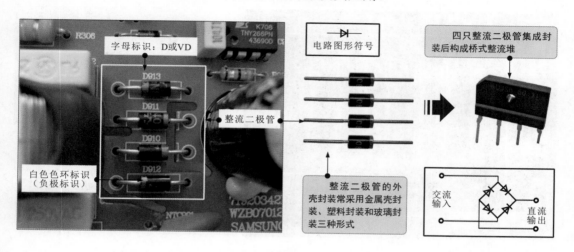

图 8-2　整流二极管的实物外形及其应用

资料与提示

面接触型二极管是内部 PN 结采用合金法或扩散法制成的二极管。由于在这种制作工艺中 PN 结的面积较大，所以能通过较大的电流，但工作频率较低，故常用作整流元件。

相对于面接触型二极管，还有一种 PN 结面积较小的点接触型二极管，是用一根很细的金属丝与一块 N 型半导体晶片的表面接触，使触点和半导体牢固熔接构成 PN 结。这样制成的 PN 结面积很小，只能通过较小的电流和承受较低的反向电压，但高频特性好。因此，点接触型二极管主要用在高频小功率电路中或在数字电路中用作开关元件。

二极管根据制作材料分为锗二极管和硅二极管，如图 8-3 所示。在一般情况下，锗二极管的正向电压降比硅二极管小，通常为 $0.2 \sim 0.3V$，硅二极管为 $0.6 \sim 0.7V$；锗二极管的耐高温性能不如硅二极管。

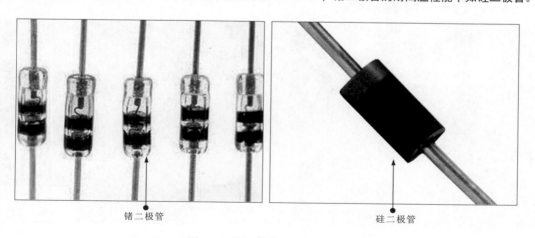

图 8-3　锗二极管和硅二极管

2. 稳压二极管

稳压二极管是由硅材料制成的面接触型二极管。当 PN 结反向击穿时，稳压二极管的两端电压固定在某一数值上，不随电流变化，可达到稳压的目的。稳压二极管的实物外形如图 8-4 所示。

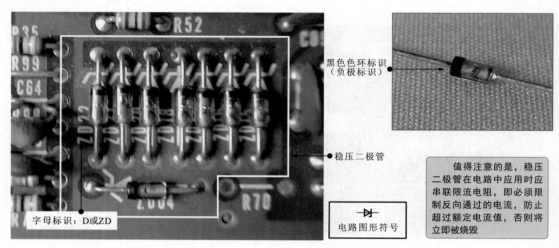

黑色色环标识
（负极标识）

稳压二极管

字母标识：D或ZD

电路图形符号

值得注意的是，稳压二极管在电路中应用时应串联限流电阻，即必须限制反向通过的电流，防止超过额定电流值，否则将立即被烧毁

图 8-4　稳压二极管的实物外形

资料与提示

PN 结具有正向导通、反向截止的特性。若反向施加的电压过高，且足以使 PN 结反向导通时，则该电压被称为击穿电压。

当加在稳压二极管上的反向电压临近击穿电压时，稳压二极管的反向电流急剧增大，发生击穿（并非损坏）。这时电流可在较大的范围内改变，而稳压二极管两端的电压基本保持不变，起到稳定电压的作用。

3. 光敏二极管

光敏二极管又称光电二极管，当受到光照时，反向阻抗会随之变化（随着光照的增强，反向阻抗由大到小）。利用这一特性，光敏二极管常作为光电传感器使用。光敏二极管的实物外形如图 8-5 所示。

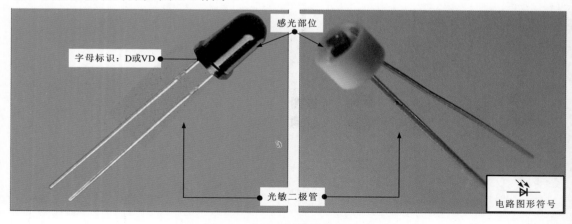

感光部位

字母标识：D或VD

光敏二极管

电路图形符号

图 8-5　光敏二极管的实物外形

4. 发光二极管

发光二极管是在工作时能够发出亮光的二极管，常作为显示器件或光电控制电路中的光源。发光二极管具有工作电压低、工作电流很小、抗冲击和抗振性能好、可靠性高、寿命长的特点。图 8-6 为发光二极管的实物外形及内部结构示意图。

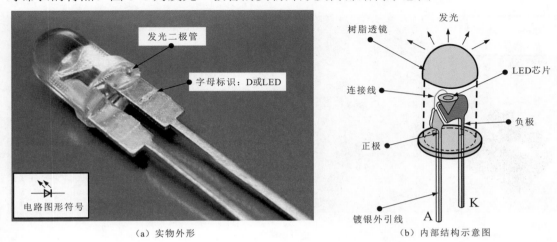

（a）实物外形　　　　　　　　　　　　（b）内部结构示意图

图 8-6　发光二极管的实物外形及内部结构示意图

资料与提示

发光二极管是一种利用 PN 结在正向偏置时两侧的多数载流子直接复合释放出光能的发光元件，在正常工作时处于正向偏置状态，在正向电流达到一定值时就会发光。

5. 检波二极管

检波二极管利用二极管的单向导电性，与滤波电容配合，将叠加在高频载波上的低频包络信号检出来。图 8-7 为检波二极管的实物外形。

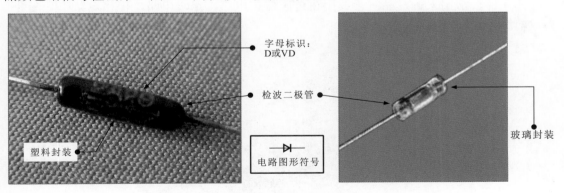

图 8-7　检波二极管的实物外形

资料与提示

检波二极管具有较高的检波效率和良好的频率特性，常用在收音机的检波电路中。检波效率是检波二极管的特殊参数，是在检波二极管输出电路的负载上产生的直流输出电压与输入端的正弦交流电压的峰值之比的百分数。

❋ 6. 变容二极管

变容二极管是利用 PN 结的电容随外加偏压而变化这一特性制成的非线性半导体元件，在电路中起电容器的作用，广泛用在参量放大器、电子调谐及倍频器等高频和微波电路中。图 8-8 为变容二极管的实物外形。

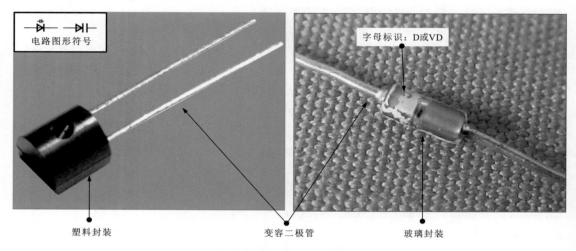

图 8-8 变容二极管的实物外形

变容二极管是利用 PN 结空间能保持电荷且具有电容器的特性制成的特殊二极管，两极之间的电容量为 3 ～ 50pF，实际上是一个由电压控制的微调电容器。

❋ 7. 双向触发二极管

双向触发二极管又称二端交流元件（DIAC），是一种具有三层结构的两端对称的半导体元件，常用来触发晶闸管或用在过压保护电路、定时电路、移相电路中。图 8-9 为双向触发二极管的实物外形。

图 8-9 双向触发二极管的实物外形

☀ 8. 开关二极管

开关二极管利用二极管的单向导电性可对电路进行开通或关断控制，导通／截止速度非常快，能满足高频和超高频电路的需要，广泛应用在开关和自动控制等电路中。图 8-10 为开关二极管的实物外形。

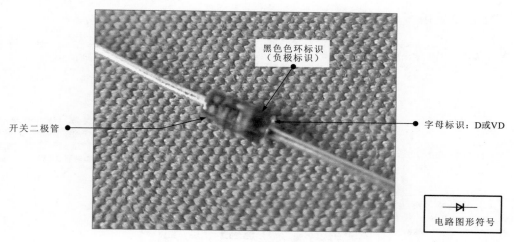

图 8-10　开关二极管的实物外形

资料与提示

开关二极管一般采用玻璃或陶瓷外壳封装以减小管壳电容。通常，开关二极管从截止（高阻抗）到导通（低阻抗）的时间被称为开通时间；从导通到截止的时间被称为反向恢复时间；两个时间的总和被称为开关时间。开关二极管的开关时间很短，是一种非常理想的电子开关，具有开关速度快、体积小、寿命长、可靠性高等特点。

☀ 9. 快恢复二极管

快恢复二极管（FRD）也是一种高速开关二极管，开关特性好，反向恢复时间很短，正向压降低，反向击穿电压较高（耐压值较高），主要应用在开关电源、PWM 脉宽调制电路及变频电路等电子电路中。快恢复二极管的实物外形如图 8-11 所示。

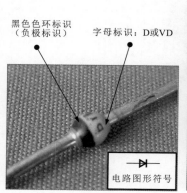
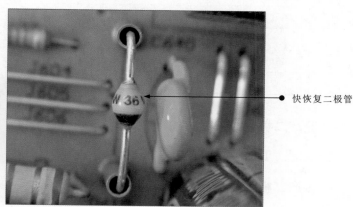

图 8-11　快恢复二极管的实物外形

8.1.2 厘清二极管的参数标识

二极管的参数标识，即命名方式根据国家、地区及生产厂商的不同而不同。

1. 国产二极管的命名方式

图8-12为国产二极管的命名方式及识读实例。

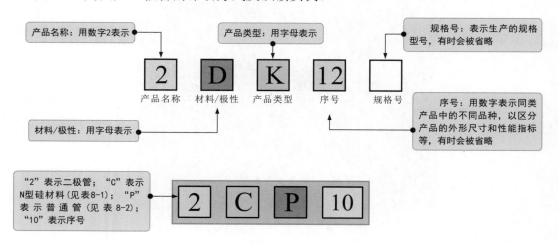

图8-12　国产二极管的命名方式及识读实例

资料与提示

表8-1　国产二极管"材料/极性"字母的含义

字母	含义	字母	含义	字母	含义
A	N型锗材料	C	N型硅材料	E	化合物材料
B	P型锗材料	D	P型硅材料		

表8-2　国产二极管"产品类型"字母的含义

字母	含义	字母	含义	字母	含义	字母	含义
P	普通管	Z	整流管	U	光电管	H	恒流管
V	微波管	L	整流堆	K	开关管	B	变容管
W	稳压管	S	隧道管	JD	激光管	BF	发光二极管
C	参量管	N	阻尼管	CM	磁敏管		

2. 美产二极管的命名方式

美产二极管的命名方式如图8-13所示。

3. 日产二极管的命名方式

日产二极管的命名方式如图8-14所示。

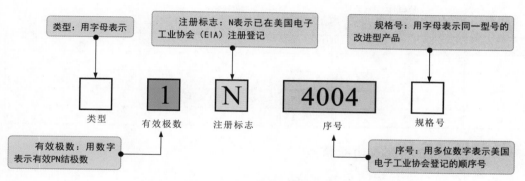

图 8-13 美产二极管的命名方式

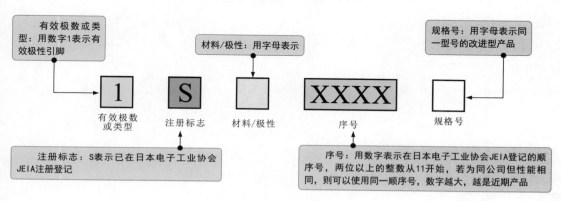

图 8-14 日产二极管的命名方式

4. 国际电子联合会二极管的命名方式

国际电子联合会二极管的命名方式如图 8-15 所示。

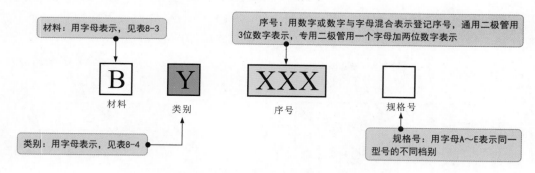

图 8-15 国际电子联合会二极管的命名方式

资料与提示

表 8-3 国际电子联合会二极管"材料"字母的含义

字母	含义	字母	含义	字母	含义
A	锗材料	C	砷化镓	R	复合材料
B	硅材料	D	锑化铟		

表 8-4　国际电子联合会二极管"类别"字母的含义

字母	含义	字母	含义	字母	含义
A	检波管	H	磁敏管	X	倍压管
B	变容管	P	光敏管	Y	整流管
E	隧道管	Q	发光管	Z	稳压管
G	复合管				

❖ 8.1.3 知晓二极管的功能特点

二极管内部的 PN 结如图 8-16 所示。

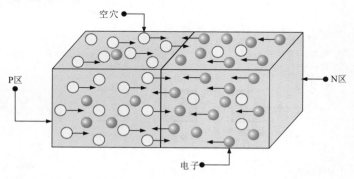

电流方向与电子的运动方向相反，与正电荷的运动方向相同，在一定条件下，可以将P区中的空穴看作带正电荷，在PN结内，空穴和电子的运动方向相反

图 8-16　二极管内部的 PN 结

资料与提示

PN 结是采用特殊工艺把 P 型半导体和 N 型半导体结合在一起后，在两者交界面上形成的特殊带电薄层。P 型半导体和 N 型半导体分别被称为 P 区和 N 区。PN 结的形成是由于 P 区存在大量的空穴，N 区存在大量的电子，因浓度差别而产生扩散运动。P 区的空穴向 N 区扩散，N 区的电子向 P 区扩散，空穴与电子的运动方向相反。

根据二极管的内部结构，在一般情况下，只允许电流从正极流向负极，而不允许电流从负极流向正极，这就是二极管的单向导电性，如图 8-17 所示。

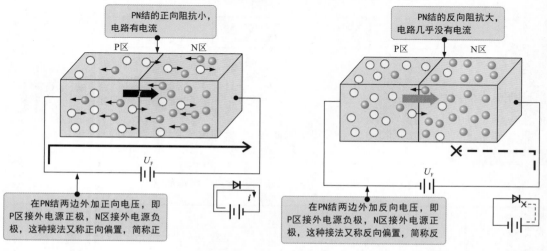

PN结的正向阻抗小，电路有电流

PN结的反向阻抗大，电路几乎没有电流

在PN结两边外加正向电压，即P区接外电源正极，N区接外电源负极，这种接法又称正向偏置，简称正

在PN结两边外加反向电压，即P区接外电源负极，N区接外电源正极，这种接法又称反向偏置，简称反

图 8-17　二极管的单向导电性

资料与提示

当 PN 结外加正向电压时，其内部的电流方向与电源提供的电流方向相同，电流很容易通过 PN 结形成电流回路。此时，PN 结呈低阻状态（正偏状态的阻抗较小），电路为导通状态。

当PN结外加反向电压时，其内部的电流方向与电源提供的电流方向相反，电流不易通过PN结形成回路。此时，PN 结呈高阻状态，电路为截止状态。

二极管的伏安特性是指加在二极管两端电压和流过二极管电流之间的关系曲线，如图 8-18 所示。

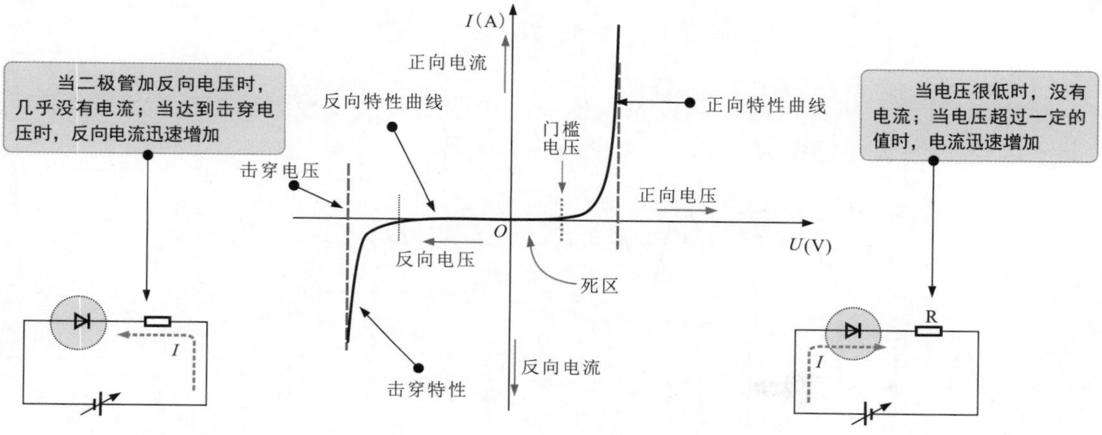

图 8-18 二极管的伏安特性

资料与提示

◇ 正向特性。在电子电路中，当二极管的正极接在高电位端，负极接在低电位端时，二极管就会导通。必须说明，当加在二极管两端的正向电压很小时不能导通，流过二极管的正向电流十分微弱，只有当正向电压达到某一数值（门槛电压，锗管为 0.2～0.3V，硅管为 0.6～0.7V）时，二极管才能真正导通。导通后，二极管两端的电压基本上保持不变（锗管约为 0.3V，硅管约为 0.7V），此时的电压被称为二极管的正向电压降。

◇ 反向特性。在电子电路中，当二极管的正极接在低电位端，负极接在高电位端时，二极管几乎没有电流流过，处于截止状态，只有微弱的反向电流流过二极管。该电流被称为漏电电流。漏电电流有两个显著特点：一是受温度影响很大；二是在反向电压不超过一定范围时，大小基本不变，即与反向电压大小无关，因此漏电电流又称为反向饱和电流。

◇ 击穿特性。在当二极管两端的反向电压增大到某一数值时，反向电流急剧增大，二极管将失去单方向导电特性，这种状态被称为二极管的击穿。

二极管除了上述特性外，不同类型的二极管还具有自身突出的功能特点，如整流二极管的整流功能、稳压二极管的稳压功能、检波二极管的检波功能等。

1. 整流二极管的整流功能

整流二极管根据自身特性可构成整流电路，将原本交变的交流电压信号整流成同相脉动的直流电压信号，变换后的波形小于变换前的波形，如图 8-19 所示。

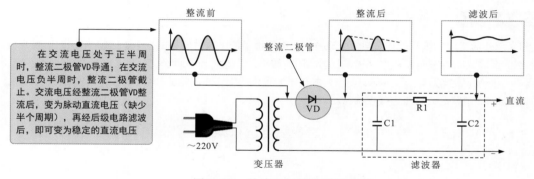

在交流电压处于正半周时，整流二极管VD导通；在交流电压负半周时，整流二极管截止。交流电压经整流二极管VD整流后，变为脉动直流电压（缺少半个周期），再经后级电路滤波后，即可变为稳定的直流电压

图 8-19　整流二极管的整流功能

　　由一个整流二极管可构成半波整流电路，由两个整流二极管可构成全波整流电路（由两个半波整流电路组合而成），如图 8-20 所示。

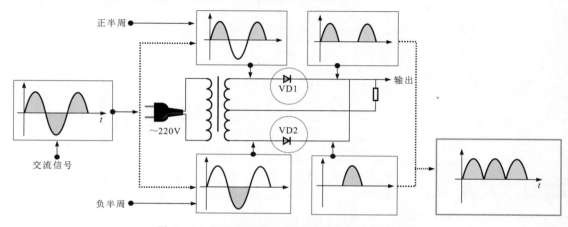

图 8-20　由两个整流二极管构成的全波整流电路

　　将四个整流二极管封装在一起构成的独立元件被称为桥式整流堆，如图 8-21 所示。

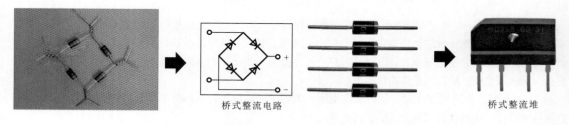

桥式整流电路　　　　　　　　　　　　　　　桥式整流堆

图 8-21　由四个整流二极管构成的桥式整流堆

资料与提示

　　整流二极管的整流作用利用的是二极管单向导通、反向截止的特性。打个比方，将整流二极管想象为一个只能单方向打开的闸门，将交流电流看作不同流向的水流，如图 8-22 所示。

　　交流电流是交替变化的电流，如用水流推动水车，交变的水流会使水车正向、反向交替运转。若在水流通道中设置一闸门，则当水流为正向时，闸门被打开，水流推动水车运转；当水流为反向时，闸门自动关闭，水不能反向流动，水车也不会反转。

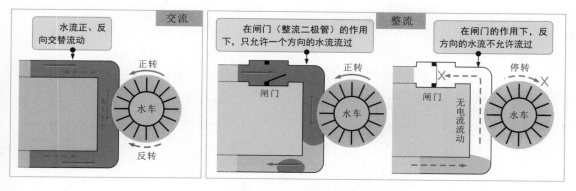

图 8-22　整流二极管的整流原理示意图

※ 2. 稳压二极管的稳压功能

稳压二极管的稳压功能是能够将电路中某一点的电压稳定为一个固定值。图 8-23 为由稳压二极管构成的稳压电路。

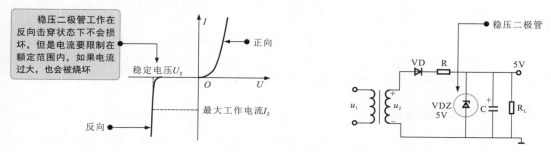

图 8-23　由稳压二极管构成的稳压电路

资料与提示

图 8-23 中，稳压二极管 VDZ 的负极接外加电压的高端，正极接外加电压的低端。当稳压二极管 VDZ 的反向电压接近击穿电压（5V）时，电流急剧增大，稳压二极管 VDZ 呈击穿状态。在该状态下，稳压二极管两端的电压保持不变（5V），从而实现稳定直流电压的功能。市场上有各种不同稳压值的稳压二极管。

※ 3. 发光二极管的指示功能

发光二极管可通过所发出的光亮指示电路的状态。图 8-24 为发光二极管在电池充电器电路中的应用。

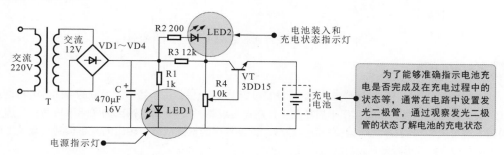

图 8-24　发光二极管在电池充电电路中的应用

✳ 4. 光敏二极管的光线感知功能

图 8-25 为光敏二极管在电子玩具电路中的应用。

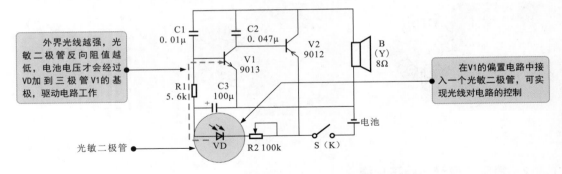

图 8-25　光敏二极管在电子玩具电路中的应用

资料与提示

图 8-25 是电子玩具"晨鸟"的电路图,是一种光控振荡电路,将其放在窗口,天亮时就会发出阵阵悦耳的鸟鸣声。

图中,V1 和 V2 可构成互补自激振荡电路,利用 RC 的充、放电模拟鸟鸣声。由于在 V1 的偏置电路中接入一个光敏二极管 VD,因此鸟鸣声受外界光线控制:无光线时,VD 的反向阻抗很大,V1 基极电压因较低而截止,电路不工作;有光线时,VD 的反向阻抗很小,V1 基极电压升高,电路启振,发出鸟鸣声。

✳ 5. 检波二极管的检波功能

检波二极管具有较高的检波效率和良好的频率特性,常用在收音机的检波电路中,如图 8-26 所示。

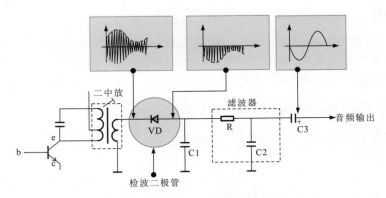

图 8-26　检波二极管在收音机检波电路中的应用

资料与提示

图 8-26 中,二中放输出的调幅波加到检波二极管 VD 的负极,由于检波二极管的单向导电特性,因此负半周调幅波通过检波二极管,正半周被截止,通过检波二极管 VD 后,输出的调幅波只有负半周。负半周的调幅波再由 RC 滤波器滤除其中的高频成分,输出其中的低频成分,输出的就是调制在载波上的音频信号。这个过程被称为检波。

⁂ **6. 变容二极管的电容器功能**

图 8-27 为变容二极管在 FM 调制发射电路中的应用。

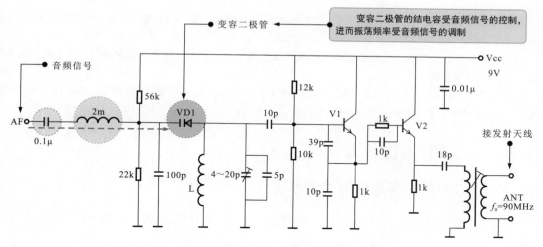

图 8-27 变容二极管在 FM 调制发射电路中的应用

资料与提示

图 8-27 是一种 FM 调制发射电路。音频信号（AF）经耦合电容（0.1μF）和电感（2mH）加到变容二极管的负极。在无信号输入时，变容二极管的结电容为初始值，振荡频率为 90MHz，当音频信号加到变容二极管时，其结电容会受音频信号的控制，于是振荡频率受音频信号的调制。

⁂ **7. 双向触发二极管的触发功能**

图 8-28 为双向触发二极管在自动控制电路中的应用。

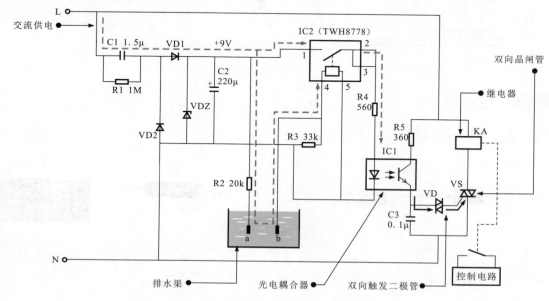

图 8-28 双向触发二极管在自动控制电路中的应用

资料与提示

图 8-28 是农田排灌自动控制电路中的检测控制电路。交流 220V 电压经降压、整流、稳压、滤波后输出 +9V 直流电压。

当排水渠中有水时，+9V 直流电压的一路直接加到 IC2 的 1 脚，另一路经电阻器 R2 和水位检测电极 a、b 加到 IC2 的 5 脚。IC2 内部的电子开关导通，由 2 脚输出 +9V 电压。

+9V 电压经电阻器 R4 加到光电耦合器 IC1 的发光二极管上，发光二极管导通发光后，照射到光敏三极管上，光敏三极管导通。

光敏三极管导通后，由发射极发出触发信号触发双向触发二极管 VD 导通，进而触发双向晶闸管 VS 导通，继电器 KA 线圈得电，常开触点闭合，控制电路动作。

8.2 二极管的检测方法

8.2.1 二极管引脚极性的检测方法

二极管的引脚有正、负极之分，检测前，准确区分引脚极性是检测二极管的关键环节。

二极管的引脚极性可以根据标识信息识别，对于一些没有明显标识信息的二极管，可以使用万用表的欧姆挡进行简单的检测判别，如图 8-29 所示。

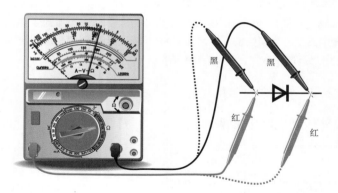

将万用表的量程旋钮调至 ×1k 欧姆挡，黑表笔搭在二极管的一侧引脚上，红表笔搭在另一侧引脚上，记录测量结果，调换表笔再次测量。在测得阻值较小的操作中，黑表笔所接引脚为二极管的正极，红表笔所接引脚为二极管的负极；如果使用数字万用表进行检测判别，则正好相反，在测得阻值较小的操作中，红表笔所接为二极管的正极，黑表笔所接为二极管的负极

图 8-29 二极管引脚极性的检测判别方法

资料与提示

二极管引脚极性的标注如图 8-30 所示。

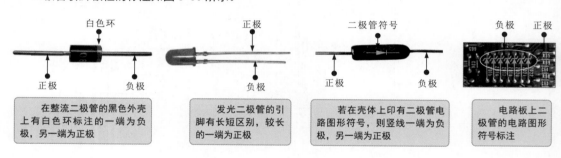

图 8-30 二极管引脚极性的标注

❖ 8.2.2 判别二极管制作材料的检测方法

二极管的制作材料有锗半导体材料和硅半导体材料，在对二极管进行选配、代换时，准确区分二极管的制作材料是十分关键的。

在判别二极管的制作材料时，主要依据不同材料二极管的导通电压有明显区别这一特点进行判别，通常使用数字万用表的二极管挡，如图8-31所示。

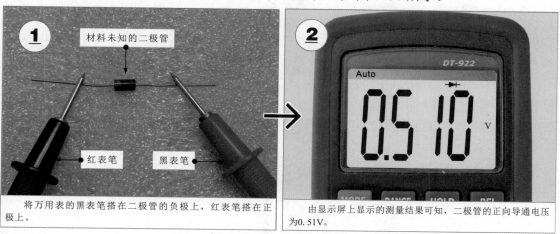

将万用表的黑表笔搭在二极管的负极上，红表笔搭在正极上。

由显示屏上显示的测量结果可知，二极管的正向导通电压为0.51V。

图8-31 判别二极管制作材料的检测方法

资料与提示

图8-31中，将万用表的功能旋钮调至"二极管"挡，红、黑表笔搭在二极管的两引脚上。若实测二极管的正向导通电压在0.2～0.3V范围内，则说明所测二极管为锗二极管；若实测数据在0.6～0.7V范围内，则说明所测二极管为硅二极管。

❖ 8.2.3 整流二极管的检测方法

整流二极管主要利用二极管的单向导电特性实现整流功能，判断整流二极管的好坏可利用这一特性进行检测，即用万用表检测整流二极管的正、反向阻值，如图8-32所示。

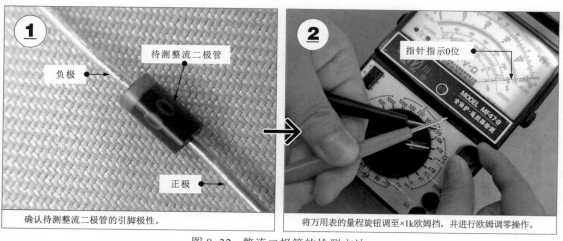

确认待测整流二极管的引脚极性。

将万用表的量程旋钮调至×1k欧姆挡，并进行欧姆调零操作。

图8-32 整流二极管的检测方法

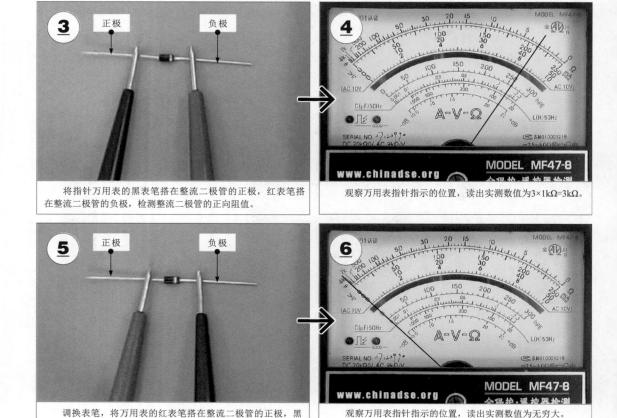

图 8-32　整流二极管的检测方法（续）

　　在正常情况下，整流二极管的正向阻值为几千欧姆，反向阻值趋于无穷大。

　　整流二极管的正、反向阻值相差越大越好，若测得正、反向阻值相近，则说明整流二极管已经失效。

　　若在使用指针万用表检测整流二极管时，表针一直不断摆动，不能停止在某一阻值上，则多为整流二极管的热稳定性不好。

8.2.4　稳压二极管的检测方法

　　检测稳压二极管主要就是检测稳压性能和稳压值。

　　检测稳压二极管的稳压值必须在外加偏压（提供反向电流）的条件下，即搭建检测电路，将稳压二极管（RD3.6E）与可调直流电源（3～10V）、限流电阻（220Ω）搭成如图 8-33 所示的电路，将万用表的量程旋钮调至直流电压挡，黑表笔搭在稳压二极管的正极，红表笔搭在稳压二极管的负极，观察万用表显示的电压值。

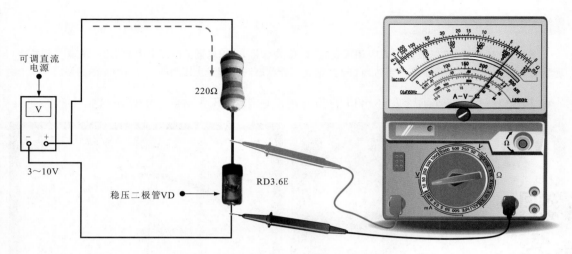

图 8-33 稳压二极管稳压值的检测方法

根据稳压二极管的特性，稳压二极管的反向击穿电流被限制在一定范围内时不会损坏。根据电路需要，厂商制造出了不同电流和不同稳压值的稳压二极管，如图 8-33 中的 RD3.6E。

当可调直流电源的输出电压较小时（<稳压值 3.6V），稳压二极管截止，测得的数值应等于电源电压值。

当可调直流电源的输出电压超过 3.6V 时，测得的数值应为 3.6V。

继续增加可调直流电源的输出电压，直到 10V，稳压二极管两端的电压值仍为 3.6V，则此值即为稳压二极管的稳压值。

RD3.6E 稳压二极管的稳压值为 3.47 ～ 3.83V。也就是说，测得数值在该范围内即为合格产品。

8.2.5 发光二极管的检测方法

发光二极管的型号不同，则规格也不同。例如，红色普通发光二极管的规格为 2V/20mA，高亮度白色发光二极管的规格为 3.5V/20mA，高亮度绿色发光二极管的规格为 3.6V/30mA。

检测发光二极管应根据参数特点搭建检测电路，如图 8-34 所示。

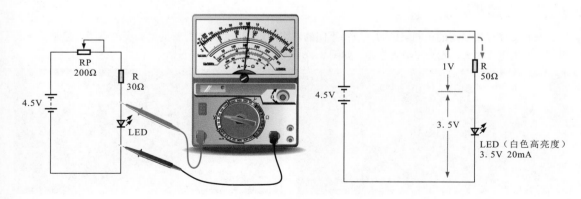

图 8-34 发光二极管检测电路

163

图 8-34 中，将发光二极管（LED）串接到电路中，电位器 RP 用来调节限流电阻的阻值。在调节过程中，观测 LED 的发光状态和管压降，当达到 LED 的额定工作状态时，理论上应为图 8-34（b）的关系。

检测发光二极管的性能还可以借助万用表电阻挡粗略测量，如图 8-35 所示。

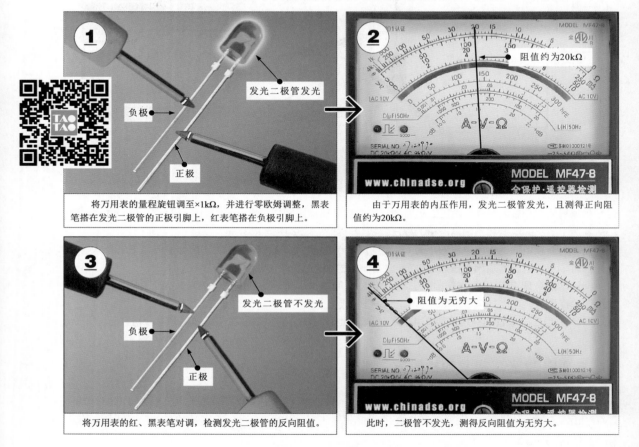

图 8-35 借助万用表电阻挡粗略测量发光二极管的性能

在检测发光二极管的正向阻值时，选择不同的欧姆挡量程，发光二极管的发光亮度不同。通常，所选量程的输出电流越大，发光二极管越亮，如图 8-36 所示。

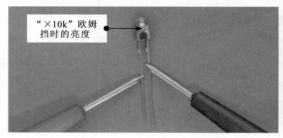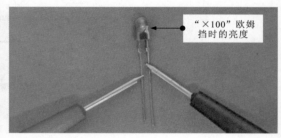

图 8-36 发光二极管的发光状态

8.2.6 光敏二极管的检测方法

光敏二极管通常作为光电传感器检测环境光信息。检测时，一般需要搭建测试电路测量环境光与电流的关系，如图 8-37 所示。

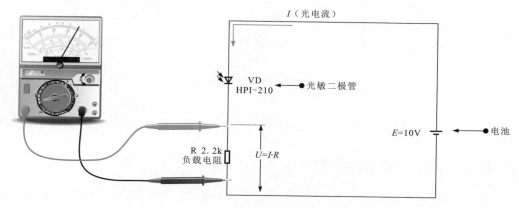

图 8-37　光敏二极管的检测方法

图 8-37 中，将光敏二极管反向偏置，光电流与环境光成比例，并可在负载电阻上进行测量，即测量 R 上的电压值 U，通过 $I=U/R$ 进行计算。改变环境光，光电流就会变化，U 也会变化。

光敏二极管的光电流很小，作用于负载的能力较差，因而可与三极管组合，将光电流放大后再驱动负载。

图 8-38 是由光敏二极管与三极管组成的集电极输出电路。

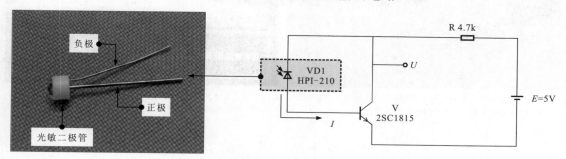

图 8-38　由光敏二极管与三极管组成的集电极输出电路

资料与提示

图 8-38 中，光敏二极管接在三极管的基极电路中，其光电流为三极管的基极电流，集电极电流等于放大 h_{FE} 倍的基极电流，通过检测集电极电阻的压降可计算出集电极电流；将光敏二极管与三极管的组合电路作为一个光敏传感器的单元电路来使用；三极管有足够的信号强度驱动负载。

图 8-39（a）是由光敏二极管与三极管组成的发射极输出的测试电路，采用光敏二极管与电阻器构成分压电路，为三极管的基极提供偏压，可有效抑制暗电流的影响。

图 8-39（b）是采用发射极输出的测试电路。

图 8-39（c）是采用集电极输出的测试电路。

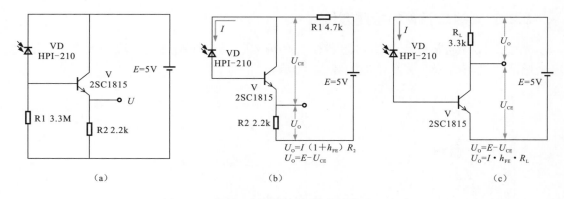

图 8-39　光敏二极管与三极管构成的测试电路

8.2.7　检波二极管的检测方法

检波二极管的检测方法比较简单，一般可直接用万用表检测检波二极管的正、反向阻值，如图 8-40 所示。

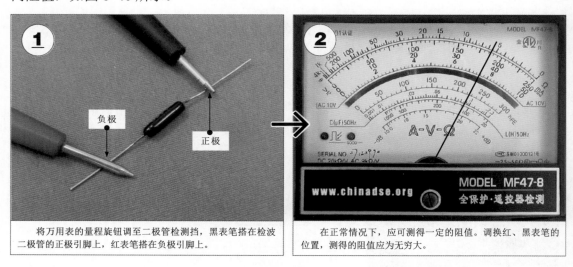

①	
将万用表的量程旋钮调至二极管检测挡，黑表笔搭在检波二极管的正极引脚上，红表笔搭在负极引脚上。	在正常情况下，应可测得一定的阻值。调换红、黑表笔的位置，测得的阻值应为无穷大。

图 8-40　检波二极管的检测方法

8.2.8　双向触发二极管的检测方法

双向触发二极管属于三层结构的两端交流元件，等效于基极开路、发射极与集电极对称的 NPN 型三极管，正、反向的伏安特性完全对称，当两端电压小于正向转折电压 $U_{(BO)}$ 时，呈高阻态；当两端电压大于转折电压时，被击穿（导通），进入负阻区；同样，当两端电压超过反向转折电压时，也进入负阻区。

不同型号双向触发二极管的转折电压是不同的，如 DB3 的转折电压约为 30V，DB4、DB5 的转折电压要高一些。

检测双向触发二极管主要是检测转折电压，可搭建如图 8-41 所示的检测电路。

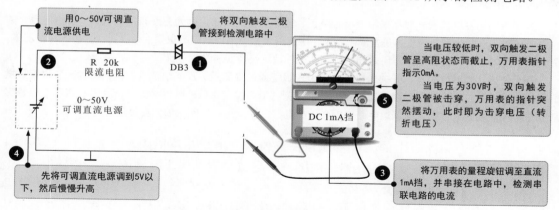

图 8-41　双向触发二极管转折电压的检测电路

　　将双向触发二极管接入电路中，通过检测电路的电压值可判断双向触发二极管有无开路情况，如图 8-42 所示。

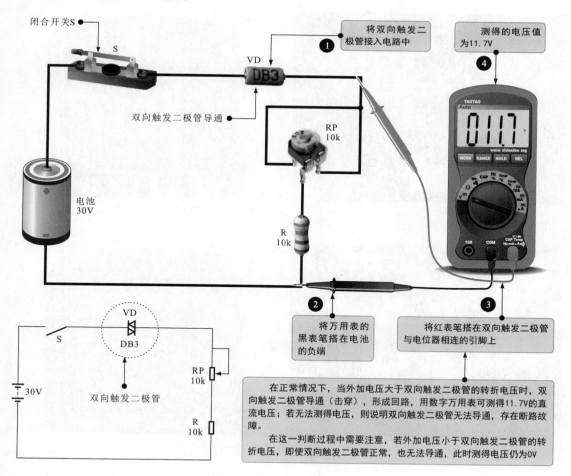

图 8-42　双向触发二极管的检测方法

　　检测双向触发二极管一般不采用直接检测正、反向阻值的方法，因为在没有足够（大于转折电压）的供电电压时，双向触发二极管本身呈高阻状态，用万用表检测阻值的结果也只能是无穷大，在这种情况下，无法判断双向触发二极管是正常还是开路，因此这种检测没有实质性的意义。

　　综上所述，整流二极管、开关二极管、检波二极管通过检测正、反向阻值进行判断；稳压二极管、发光二极管、光敏二极管和双向触发二极管需要搭建测试电路检测相应的特性参数进行判断；变容二极管实质就是电压控制的电容器，在调谐电路中相当于小电容，检测正、反向阻值无实际意义。

　　检测安装在电路板上的二极管属于在路检测，由于在路原因，二极管处于某种电路关系中，因此很容易受外围元器件的影响，导致检测结果不准确。

　　因此，一般若怀疑电路板上的二极管异常，可首先在路检测，当发现检测结果明显异常时，再将其从电路板上取下，开路再次检测，进一步确定是否正常。

　　使用数字万用表的二极管挡在路检测二极管基本不受外围元器件的影响，在正常情况下，正向导通电压为一个固定值，反向截止电压为无穷大，否则说明二极管损坏，如图 8-43 所示。

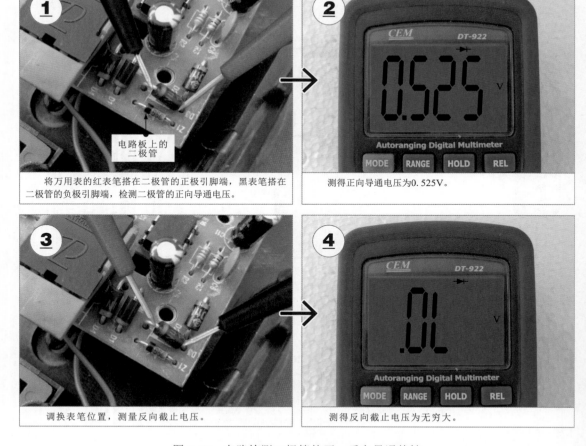

将万用表的红表笔搭在二极管的正极引脚端，黑表笔搭在二极管的负极引脚端，检测二极管的正向导通电压。

测得正向导通电压为0.525V。

调换表笔位置，测量反向截止电压。

测得反向截止电压为无穷大。

图 8-43　在路检测二极管的正、反向导通特性

8.3　二极管的选用与代换

8.3.1　整流二极管的选用与代换

选用与代换整流二极管时，应根据电路的工作频率和工作电压选择反向峰值电压、最大整流电流、最大反向工作电流、截止频率、反向恢复时间等符合电路设计要求的整流二极管进行代换。

整流二极管的选用与代换如图 8-44 所示。

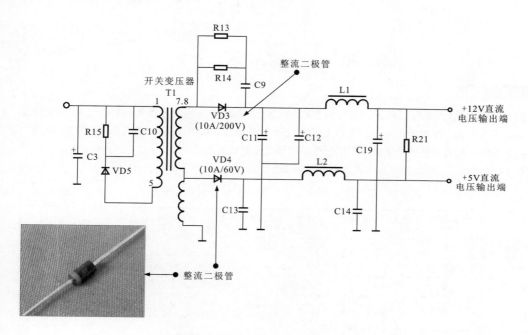

图 8-44　整流二极管的选用与代换

资料与提示

图 8-44 中，VD3 和 VD4 为整流二极管，额定电流为 10A。其中，VD3 的额定电压为 200V，VD4 的额定电压为 60V。若损坏，则在选用与代换时，应选择额定电流、额定电压大于或等于上述参数的整流二极管进行代换。

8.3.2　稳压二极管的选用与代换

选用与代换稳压二极管时，要注意所选稳压二极管的稳定电压值应与应用电路的基准电压值相同，最大稳定电流应高于应用电路最大负载电流的 50% 左右，动态电阻尽量较小，动态电阻越小，稳压性能越好，功率应符合电路的设计要求。

图 8-45 为稳压二极管的选用与代换。

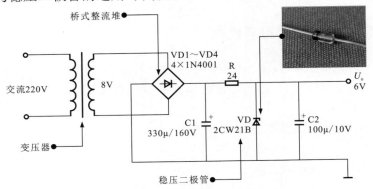

图 8-45 稳压二极管的选用与代换

资料与提示

在图 8-45 中，VD 为稳压二极管，型号为 2CW21B。交流 220V 电压经变压器降压后输出 8V 交流低压，经桥式整流堆输出约 11V 的直流电压，再经 C1 滤波，R、VD 稳压，C2 滤波后，输出 6V 直流稳定电压。若稳压二极管损坏，则应尽量选择同类型、同型号的稳压二极管进行代换。

常用 1N 系列稳压二极管型号及可代换型号见表 8-5。

表 8-5　常用 1N 系列稳压二极管型号及可代换型号

型号	额定电压（V）	最大工作电流（mA）	可代换型号
1N708	5.6	40	BWA54、2CW28（5.6 V）
1N709	6.2	40	2CW55/B（硅稳压二极管）、BWA55/E
1N710	6.8	36	2CW55A、2CW105（硅稳压二极管：6.8 V）
1N711	7.5	30	2CW56A（硅稳压二极管）、2CW28（硅稳压二极管）、2CW106（稳压范围为7.0～8.8V：选7.5 V）
1N712	8.2	30	2CW57/B、2CW106（稳压范围为7.0～8.8V：选8.2 V）
1N713	9.1	27	2CW58A/B、2CW74
1N714	10	25	2CW18、2CW59/A/B
1N715	11	20	2CW76、2DW 12F、BS31-12
1N716	12	20	2CW61/A、2CW77/A
1N717	13	18	2CW62/A、2DW21G
1N718	15	16	2CW112（稳压范围为13.5～17 V：选15 V）、2CW78A
1N719	16	15	2CW63/A/B、2DW12H
1N720	18	13	2CW20B、2CW64/B、2CW68（稳压范围为18～21 V：选18 V）
1N721	20	12	2CW65（稳压范围为20～24 V：选20 V）、2DW12I、BWA65
1N722	22	11	2CW20C、2DW12J
1N723	24	10	WCW116、2DW13A
1N724	27	9	2CW20D、2CW68、BWA68/D
1N725	30	13	2CW119（稳压范围为29～33 V：选30V）
1N726	33	12	2CW120（稳压范围为32～36 V：选33V）
1N727	36	11	2CW120（稳压范围为32～36 V：选36V）

（续表）

型号	额定电压 （V）	最大工作电流 （mA）	可代换型号
1N728	39	10	2CW121（稳压范围为35～40 V：选39V）
1N748	3.8～4.0	125	HZ4B2
1N752	5.2～5.7	80	HZ6A
1N753	5.8～6.1	80	2CW132（稳压范围为5.5～6.5 V）
1N754	6.3～6.8	70	H27A
1N755	7.1～7.3	65	HZ7.5EB
1N757	8.9～9.3	52	HZ9C
1N962	9.5～11	45	2CW137（稳压范围为10.0～11.8 V）
1N963	11～11.5	40	2CW138（稳压范围为11.5～12.5 V）、HZ12A-2
1N964	12～12.5	40	HZ12C-2、MA1130TA
1N969	21～22.5	20	RD245B
1N4240A	10	100	2CW108（稳压范围为9.2～10.5 V：选10 V）、 2CW109（稳压范围为10.0～11.8 V）、2DW5
1N4724A	12	76	2DW6A、2CW110（稳压范围为11.5～12.5 V：选12 V）
1N4728	3.3	270	2CW101（稳压范围为2.5～3.6V：选3.3 V）
1N4729	3.6	252	2CW101（稳压范围为2.5～3.6 V：选3.6 V）
1N4729A	3.6	252	2CW101（稳压范围为2.5～3.6 V：选3.6 V）
1N4730A	3.9	234	2CW102（稳压范围为3.2～4.7 V：选3.9 V）
1N4731	4.3	217	2CW102（稳压范围为3.2～4.7 V：选4.3 V）
1N4731A	4.3	217	2CW102（稳压范围为3.2～4.7 V：选4.3 V）
1N4732/A	4.7	193	2CW102（稳压范围为3.2～4.7 V：选4.7 V）
1N4733/A	5.1	179	2CW103（稳压范围为4.0～5.8 V：选5.1 V）
1N4734/A	5.6	162	2CW103（稳压范围为4.0～5.8 V：选5.6 V）
1N4735/A	6.2	146	1W6V2、2CW104（稳压范围为5.5～6.5 V：选6.2 V）
1N4736/A	6.8	138	1W6V8、2CW104（稳压范围为5.5～6.5 V：选6.5 V）
1N4737/A	7.5	121	1W7V5、2CW105（稳压范围为6.2～7.5 V：选7.5 V）
1N4738/A	8.2	110	1W8V2、2CW106（稳压范围为7.0～8.8 V：选8.2 V）
1N4739/A	9.1	100	1W9V1、2CW107（稳压范围为8.5～9.5 V：选9.1 V）
1N4740/A	10	91	2CW286-10 V、B563-10
1N4741/A	11	83	2CW109（稳压范围为10.0～11.8 V：选11 V）、2DW6
1N4742/A	12	76	2CW110（稳压范围为11.5～12.5 V：选12 V）、2DW6A
1N4743/A	13	69	2CW111（稳压范围为12.2～14 V：选13 V）、2DW6B、BWC114D
1N4744/A	15	57	2CW112（稳压范围为13.5～17 V：选15 V）、2DW6D
1N4745/A	16	51	2CW112（稳压范围为13.5～17 V：选16 V）、2DW6E
1N4746/A	18	50	2CW113（稳压范围为16～19 V：选18 V）、1W18V
1N4747/A	20	45	2CW114（稳压范围为18～21 V：选20 V）、BWC115E
1N4748/A	22	41	2CW115（稳压范围为20～24 V：选22 V）、1W22V

（续表）

型号	额定电压（V）	最大工作电流（mA）	可代换型号
1N4749/A	24	38	2CW116（稳压范围为23～26 V：选24 V）、1W24V
1N4750/A	27	34	2CW117（稳压范围为25～28 V：选27 V）、1W27V
1N4751/A	30	30	2CW118（稳压范围为27～30 V：选30 V）、1W30V、2DW19F
1N4752/A	33	27	2CW119（稳压范围为29～33 V：选33 V）、1W33V
1N4753	36	13	2CW120（稳压范围为32～36 V：选36 V）、1/2W36V
1N4754	39	12	2CW121（稳压范围为35～40 V：选39 V）、1/2W39V
1N4755A	43	12	2CW122（43 V）、1/2W43V
1N4756	47	10	2CW122（47 V）、1/2W47V
1N4757	51	9	2CW123（51 V）、1/2W51V
1N4758	56	8	2CW124（56 V）、1/2W56V
1N4759	62	8	2CW124（62 V）、1/2W62 V
1N4760	68	7	2CW125（68 V）、1/2W68V
1N4761	75	6.7	2CW126（75 V）、1/2W75V
1N4762	82	6	2CW126（82 V）、1/2W82V
1N4763	91	5.6	2CW127（91 V）、1/2W91V
1N4764	100	5	2CW128（100 V）、1/2W100V
1N5226/A	3.3	138	2CW51（稳压范围为2.5～3.6V：选3.3 V）、2CW5226
1N5227/A/B	3.6	126	2CW51（稳压范围为2.5～3.6V：选3.6 V）、2CW5227
1N5228/A/B	3.9	115	2CW52（稳压范围为3.2～4.5V：选3.9 V）、2CW5228
1N5229/A/B	4.3	106	2CW52（稳压范围为3.2～4.5V：选4.3 V）、2CW5229
1N5230/A/B	4.7	97	2CW53（稳压范围为4.0～5.8V：选4.7 V）、2CW5230
1N5231/A/B	5.1	89	2CW53（稳压范围为4.0～5.8V：选5.1 V）、2CW5231
1N5232/A/B	5.6	81	2CW103（稳压范围为4.0～5.8 V：选5.6 V）、2CW5232
1N5233/A/B	6	76	2CW104（稳压范围为5.5～6.5V：选6 V）、2CW5233
1N5234/A/B	6.2	73	2CW104（稳压范围为5.5～6.5 V：选6.2 V）、2CW5234
1N5235/A/B	6.8	67	2CW105（稳压范围为6.2～7.5 V：选6.8 V）、2CW5235

8.3.3 检波二极管的选用与代换

选用与代换检波二极管时，应根据电路的具体要求选择工作频率高、反向电流小、正向电流足够大的检波二极管。

图 8-46 为收音机检波电路中检波二极管的选用与代换。

资料与提示

图 8-46 中，高频放大电路输出的调幅波加到检波二极管 1N60 的正极，正半周调幅波通过，负半周调幅波被截止，再经滤波器滤除高频成分、低频放大电路放大后，输出调制在载波上的音频信号。若 1N60 损坏，应尽量选择同类型、同型号的检波二极管进行代换。

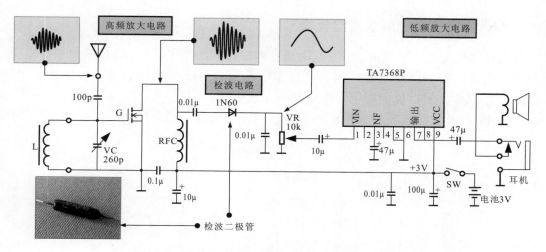

图 8-46　收音机检波电路中检波二极管的选用与代换

8.3.4 发光二极管的选用与代换

选用与代换发光二极管时，所选用发光二极管的额定电流应大于电路中的最大允许电流，并应根据要求选择发光颜色，同时根据安装位置选择形状和尺寸。

图 8-47 为发光二极管的选用与代换。

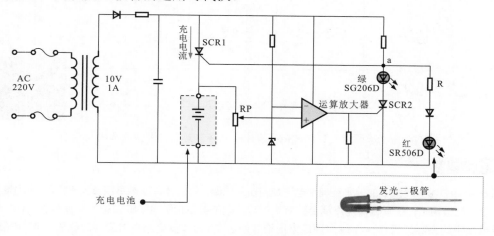

图 8-47　发光二极管的选用与代换

资料与提示

图 8-47 中，交流 220V 电压经变压器后输出 10V 交流电压，经整流滤波后形成直流电压，分别加到晶闸管 SCR1 和显示控制电路，触发晶闸管给充电电池充电，a 点电压上升，红色发光二极管有电流，发光表示开始充电。当充电到达额定值时，充电电池两端的电压上升，使电位器 RP 的滑片电压上升，运算放大器的正（+）端电压上升，输出高电平使晶闸管 SCR2 导通，绿色发光二极管发光，a 点电压下降，停止充电，红色发光二极管熄灭。通常，发光二极管是可以通用的，在选用与代换时，应注意外形、尺寸及发光颜色要与设计要求相匹配。

一般普通绿色、黄色、红色、橙色发光二极管的工作电压为 2V 左右；白色发光二极管的工作电压通常大于 2.4V；蓝色发光二极管的工作电压通常大于 3.3V。

8.3.5 变容二极管的选用与代换

选用与代换变容二极管时，应注意所选变容二极管的工作频率、最高反向工作电压、最大正向电流、零偏压结电容、电容变化范围等应符合应用电路的要求，尽量选用结电容变化大、高 Q 值、反向漏电流小的变容二极管进行代换。

图 8-48 为电子调谐式 U 频段电视机接收电路中变容二极管的选用与代换。

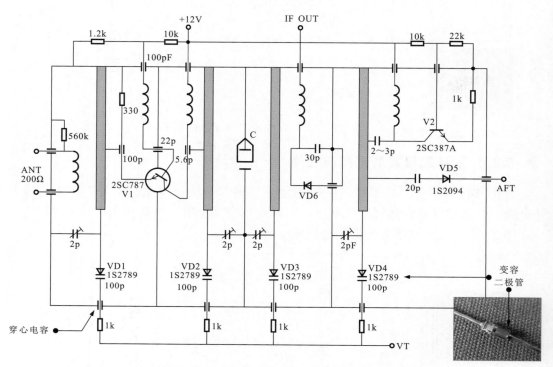

图 8-48 电子调谐式 U 频段电视机接收电路中变容二极管的选用与代换

资料与提示

图 8-48 中，由天线接收的信号经扁平电缆加到输入线圈，经腔体谐振电路耦合到三极管 V1 的发射极，放大后由集电极输出，经双调谐电路耦合到 VD6，与本振信号混频后，由 IF 端输出中频信号。VD1 ～ VD4 为谐振电路中的变容二极管，VT 端为调谐电压输入端。VD5 为本振电路中的变容二极管，AFT 电压加到 VD5 对本振频率进行微调。在代换变容二极管时，应尽量选择同型号的变容二极管，并注意极性，以确保电路的性能。

8.3.6 开关二极管的选用与代换

选用与代换开关二极管时，应注意所选开关二极管的正向电流、最高反向电压、反向恢复时间等应满足应用电路的要求。例如，在收录机、电视机及其他电子设备的开关电路中（包括检波电路），常选用 2CK、2AK 系列小功率开关二极管；在彩色电视机高速开关电路中，可选用 1N4148、1N4151、1N4152 等开关二极管；在录像机、彩色电视机的电子调谐器等开关电路中，可选用 MA165、MA166、MA167 型高速开关二极管。

图 8-49 为电视机调谐器及中频电路中开关二极管的选用与代换。

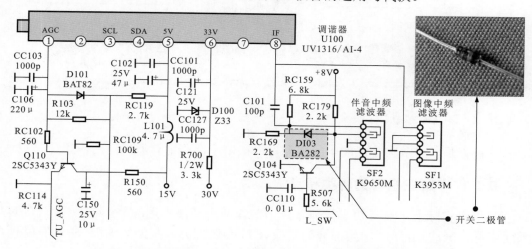

图 8-49 电视机调谐器及中频电路中开关二极管的选用与代换

资料与提示

在图 8-49 中，D103 为 BA282 型号的开关二极管。经查表，BA282 为 P 型锗材料高频大功率管（$F >$ 3MHz，$P_C > 1W$）。在声表面波滤波器前级，通常会选用一个开关二极管作为开关控制器件，代换时应注意极性，以保证电路的性能。

代换时，应尽量选用同型号、同类型的开关二极管。若没有同型号的开关二极管，则应选用各项参数均匹配的开关二极管。若选用不当，则不仅会损坏新代换的开关二极管，还可能对应用电路或设备造成损伤。

第9章
三极管的识别、检测、选用与代换

9.1 认识三极管

三极管是具有放大功能的半导体元件，在电子电路中有着广泛的应用。

9.1.1 了解三极管的种类特点

三极管实际上是在一块半导体基片上制作两个距离很近的 PN 结。这两个 PN 结把整块半导体分成三部分，中间部分为基极（b），两侧部分分别为集电极（c）和发射极（e），排列方式有 NPN 和 PNP 两种，如图 9-1 所示。

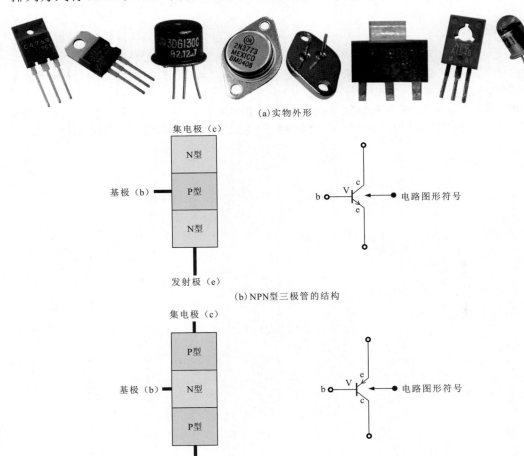

(a)实物外形

(b)NPN型三极管的结构

(c)PNP型三极管的结构

图 9-1 常见三极管的实物外形及结构

三极管的应用十分广泛，种类繁多，分类方式多种多样。

※ 1. 小功率、中功率和大功率三极管

根据功率不同，三极管可分为小功率三极管、中功率三极管和大功率三极管。图 9-2 为三种不同功率三极管的实物外形。

图 9-2　三种不同功率三极管的实物外形

资料与提示

小功率三极管的功率一般小于 0.3W；中功率三极管的功率一般在 0.3～1W 之间；大功率三极管的功率一般在 1W 以上，通常需要安装在散热片上。

※ 2. 低频三极管和高频三极管

根据工作频率不同，三极管可分为低频三极管和高频三极管，如图 9-3 所示。

图 9-3　不同工作频率三极管的实物外形

资料与提示

低频三极管的特征频率小于 3MHz，多用于低频放大电路；高频三极管的特征频率大于 3MHz，多用于高频放大电路、混频电路或高频振荡电路等。

※ 3. 塑料封装三极管和金属封装三极管

根据封装形式的不同，三极管的外形结构和尺寸有很多种。根据封装材料的不同，三极管有金属封装型和塑料封装型。金属封装型主要有 B 型、C 型、D 型、E 型、F 型和 G 型；塑料封装型主要 S-1 型、S-2 型、S-4 型、S-5 型、S-6A 型、S-6B 型、S-7 型、S-8 型、F3-04 型、F3-04B 型，如图 9-4 所示。

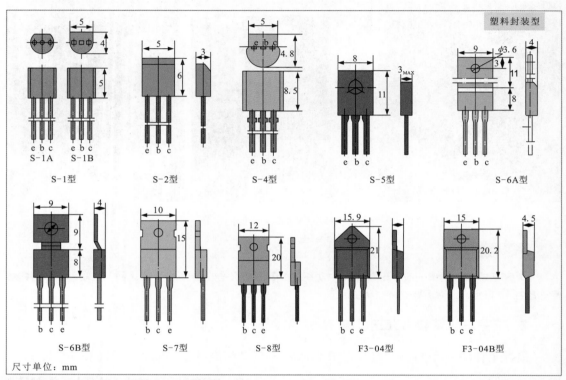

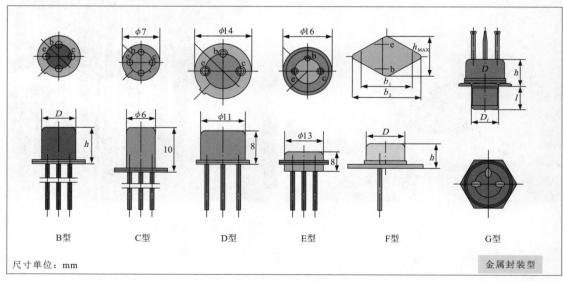

图 9-4 三极管的封装形式

4. 锗三极管和硅三极管

三极管是由两个 PN 结构成的，根据 PN 结材料的不同可分为锗三极管和硅三极管，如图 9-5 所示。从外形上看，这两种三极管并没有明显的区别。

图 9-5　不同制作材料三极管的实物外形

资料与提示

不论锗三极管还是硅三极管，其工作原理完全相同，都有 PNP 型和 NPN 型两种结构类型，都有高频管和低频管、大功率管和小功率管，但由于制造材料不同，因此电气性能有一定的差异。

◇　锗材料 PN 结的正向导通电压为 0.2～0.3V，硅材料 PN 结的正向导通电压为 0.6～0.7V，锗三极管发射极与基极之间的起始工作电压低于硅三极管。

◇　锗三极管比硅三极管具有更低的饱和压降。

5. 其他类型的三极管

三极管除上述几种类型外，根据安装形式的不同还有分立式三极管和贴片式三极管，此外还有一些特殊三极管，如达林顿管是一种复合三极管、光敏三极管是受光控制的三极管等，如图 9-6 所示。

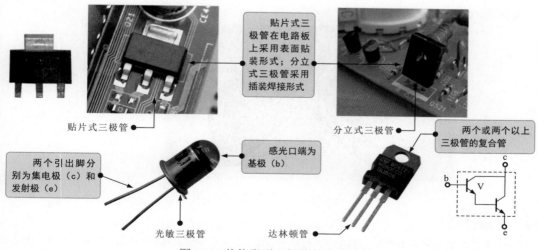

图 9-6　其他类型三极管的实物外形

❖ 9.1.2 厘清三极管的参数标识

三极管的参数标识，即型号命名根据国家、地区及生产厂商的不同而不同。

☀ 1. 国产三极管的型号命名

图 9-7 为国产三极管的型号命名。

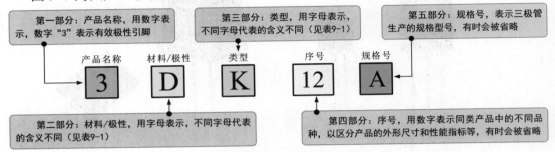

图 9-7 国产三极管的型号命名

资料与提示

表 9-1 国产三极管型号命名中不同字母的含义

第二部分			
字母	含义	字母	含义
A	锗材料，PNP型	D	硅材料、NPN型
B	锗材料，NPN型	E	化合物材料
C	硅材料，PNP型		
第三部分			
字母	含义	字母	含义
G	高频小功率管	V	微波管
X	低频小功率管	B	雪崩管
A	高频大功率管	J	阶跃恢复管
D	低频大功率管	U	光敏管（光电管）
T	闸流管	J	结型场效应晶体管
K	开关管		

图 9-8 为国产三极管的参数标识。

图 9-8 国产三极管的参数标识

资料与提示

图 9-8 中的参数标识为 3AD50C。其中，3 表示三极管；A 表示为锗材料、PNP 型；D 表示为低频大功率管；50 表示序号；C 表示规格。因此，该三极管为低频大功率 PNP 型锗三极管。

2. 日产三极管的型号命名

图 9-9 为日产三极管的型号命名。

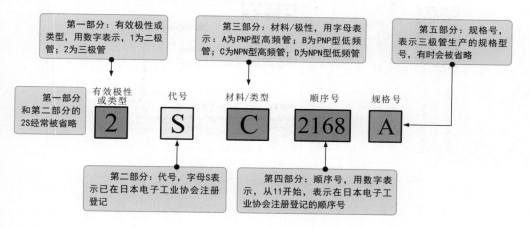

图 9-9 日产三极管的型号命名

3. 美产三极管的型号命名

图 9-10 为美产三极管的型号命名。

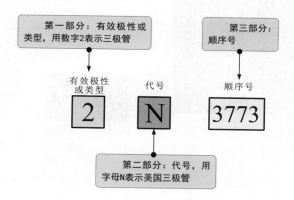

图 9-10 美产三极管的型号命名

资料与提示

三极管有三个引脚，分别是基极 b、集电极 c 和发射极 e。三极管的引脚排列位置根据品种、型号及功能的不同而不同，识别三极管的引脚极性在测试、安装、调试等各个应用场合都十分重要。

图 9-11 为根据型号标识识别三极管引脚极性的方法。

图 9-12 为根据电路板上的标注信息或电路图形符号识别三极管引脚极性的方法。

图 9-13 为根据一般规律识别金属封装型三极管引脚极性的方法。

图 9-14 为根据一般规律识别塑料封装型三极管引脚极性的方法。

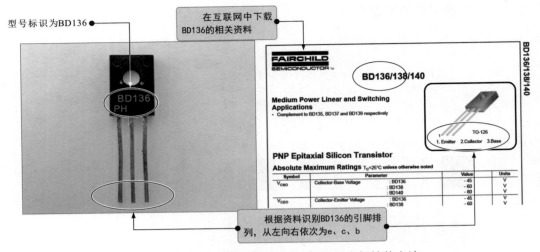

图 9-11　根据型号标识识别三极管引脚极性的方法

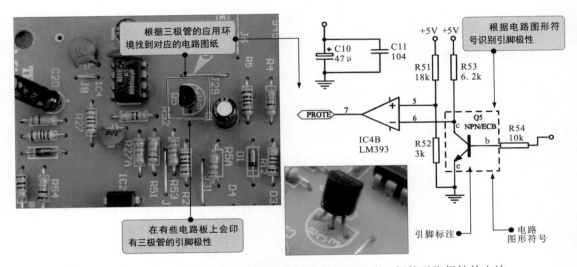

图 9-12　根据电路板上的标注信息或电路图形符号识别三极管引脚极性的方法

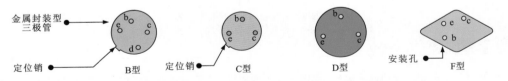

图 9-13　根据一般规律识别金属封装型三极管引脚极性的方法

资料与提示

图 9-13 中，B 型三极管的外壳上有一个凸起的定位销，将引脚朝上，从定位销开始顺时针依次为 e、b、c、d。其中，d 为外壳引脚。

C 型、D 型三极管的三个引脚呈等腰三角形，将引脚朝上，三角形底边的两个引脚分别为 e、c，顶角引脚为 b。

F 型三极管只有两个引脚，将引脚朝上，按图中方式放置，上面的引脚为 e，下面的引脚为 b，管壳为集电极。

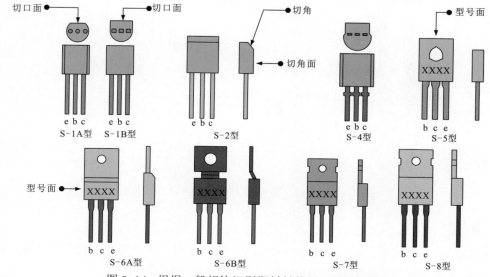

图 9-14　根据一般规律识别塑料封装型三极管引脚极性的方法

　　S-1（S-1A、S-1B）型都有半圆形底面，识别时，将引脚朝下，切口面朝向自己，此时三极管的引脚从左向右依次为 e、b、c。

　　S-2 型的顶面有切角块状外形，识别时，将引脚朝下，切角朝向自己，此时三极管的引脚从左向右依次为 e、b、c。

　　S-4 型引脚识别较特殊，识别时，将引脚朝上，圆面朝向自己，此时三极管的引脚从左向右依次为 e、b、c。

　　S-5 型三极管的中间有一个三角形孔，识别时，将引脚朝下，印有型号的一面朝向自己，此时从左向右依次为 b、c、e。

　　S-6A 型、S-6B 型、S-7 型、S-8 型一般都有散热面，识别时，将引脚朝下，印有型号的一面朝向自己，此时从左向右依次为 b、c、e。

9.1.3　知晓三极管的功能特点

1. 三极管的电流放大功能

　　三极管是一种电流放大器件，可制成交流或直流信号放大器，由基极输入一个很小的电流可控制集电极输出很大的电流，如图 9-15 所示。

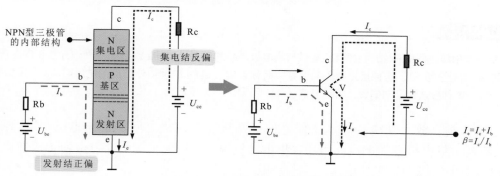

图 9-15　三极管的电流放大功能

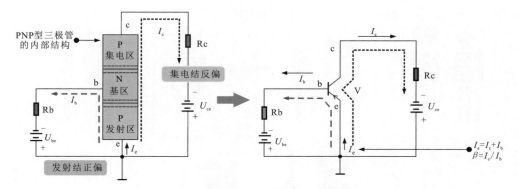

图 9-15 三极管的电流放大功能（续）

资料与提示

　　三极管的基极（b）电流最小，且远小于另两个引脚的电流；发射极（e）电流最大（等于集电极电流和基极电流之和）；集电极（c）电流与基极（b）电流之比为三极管的放大倍数。

　　三极管的放大作用可以理解为一个水闸。水闸上方储存有水，存在水压，相当于集电极上的电压。当水闸侧面有水流流过，冲击水闸时，水闸便会开启，水闸侧面很小的水流（相当于电流 I_b）与水闸上方的大水流（相当于电流 I_c）汇集到一起流下（相当于电流 I_e），如图 9-16 所示。

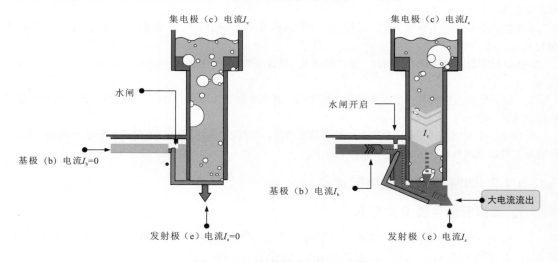

图 9-16 三极管放大原理示意图

资料与提示

　　基极与发射极之间的 PN 结为发射结，基极与集电极之间的 PN 结为集电结。当 PN 结两边外加正向电压时，P 区接正极，N 区接负极，这种接法称正向偏置，简称正偏。当 PN 结两边外加反向电压时，P 区接负极，N 区接正极，这种接法称反向偏置，简称反偏。

　　三极管具有放大功能的基本条件是保证基极和发射极之间加正向电压（发射结正偏），基极与集电极之间加反向电压（集电结反偏）。基极相对于发射极为正极性电压，基极相对于集电极为负极性电压。

　　三极管的特性曲线如图 9-17 所示。

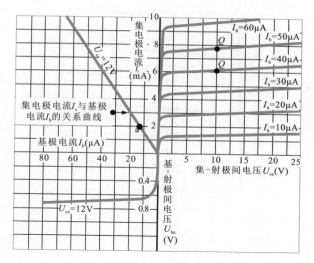

图 9-17　三极管的特性曲线

　　输入特性曲线是当集—射极间电压 U_{ce} 为某一常数时，输入回路中的基极（b）电流 I_b 与加在基—射极间电压 U_{be} 之间的关系曲线。在放大区，集电极电流与基极电流的关系如图 9-18 所示。

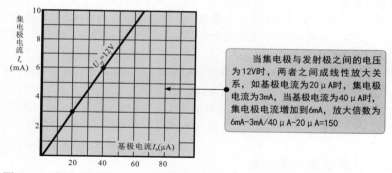

　　当集电极与发射极之间的电压为12V时，两者之间成线性放大关系，如基极电流为20μA时，集电极电流为3mA，当基极电流为40μA时，集电极电流增加到6mA，放大倍数为 6mA-3mA/40μA-20μA=150

图 9-18　集电极电流（I_c）与基极电流（I_b）的关系

　　在三极管内部，U_{ce} 的主要作用是保证集电结反偏。当 U_{ce} 很小，不能使集电结反偏时，三极管完全等同于二极管。

　　当 U_{ce} 使集电结反偏后，集电结内电场很强，能将扩散到基区的自由电子中的绝大部分拉入集电区，与 U_{ce} 很小（或不存在）相比，I_b 增大了。因此，U_{ce} 并不能改变特性曲线的形状，只能使曲线下移一段距离。

　　输出特性曲线是指当基极（b）电流 I_b 为常数时，输出电路中的集电极（c）电流 I_c 与集—射极间电压 U_{ce} 之间的关系曲线。集电极电流与 U_{ce} 的关系曲线如图 9-19 所示。

　　根据三极管的特性曲线，若测得 NPN 型三极管上各电极的对地电位分别为 U_e = 2.1V，U_b = 2.8V，U_c = 4.4V，则根据数据推算，$U_b > U_e$，U_{be} 处于正偏，$U_b < U_c$，U_{bc} 处于反偏，NPN 型三极管发射结正偏，集电结反偏，符合三极管的放大条件，处于放大状态。

　　若三极管三个电极的静态电流分别为 0.06mA、3.66mA 和 3.6mA，则根据三极管三个引脚静态电流之间的关系 $I_e > I_c > I_b$ 可知，I_c 为 3.6 mA，I_b 为 0.06mA。因此，该三极管的放大系数 $\beta = I_c / I_b$ =3.6/0.06=60。

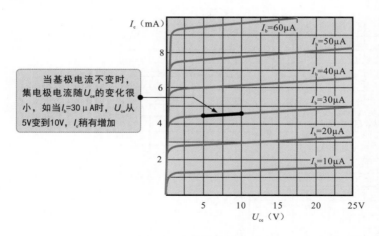

图 9-19 集电极电流（I_c）与 U_{ce} 的关系曲线

资料与提示

根据三极管不同的工作状态，输出特性曲线分为 3 个工作区。

◇ 截止区：$I_b=0$ 曲线以下的区域被称为截止区。当 $I_b=0$ 时，$I_c=I_{CEO}$，该电流被称为穿透电流，数值极小，通常忽略不计，故认为此时 $I_c=0$，三极管无电流输出，说明三极管已截止。对于 NPN 型硅管，当 $U_{be}<0.5V$，即在死区电压以下时，三极管就已经开始截止。为了可靠截止，常使 $U_{be}<0$。这样，发射结和集电结都处于反偏状态。此时的 U_{ce} 近似等于集电极（c）电源电压 U_c，意味着集电极（c）与发射极（e）之间开路。

◇ 放大区：在放大区内，三极管的发射结正偏，集电结反偏，$I_c=I_b$，集电极（c）电流 I_c 与基极（b）电流 I_b 成正比。放大区又称线性区。

◇ 饱和区：特性曲线上升和弯曲部分的区域被称为饱和区，集电极与发射极之间的电压趋近于零。I_b 对 I_c 的控制作用已达最大值，三极管的放大作用消失，这种工作状态被称为临界饱和；若 $U_{ce}<U_{be}$，则发射结和集电结都处在正偏状态，这时的三极管处于过饱和状态。在过饱和状态下，因为 U_{be} 本身小于 1V，而 U_{ce} 比 U_{be} 更小，于是可以认为 U_{ce} 近似于零，集电极（c）与发射极（e）短路。

2. 三极管的开关功能

三极管的集电极电流在一定范围内随基极电流呈线性变化，当基极电流高过此范围时，三极管的集电极电流达到饱和值（导通）；当基极电流低于此范围时，三极管进入截止状态（断路）。三极管的这种导通或截止特性在电路中还可起到开关作用，如图 9-20 所示。

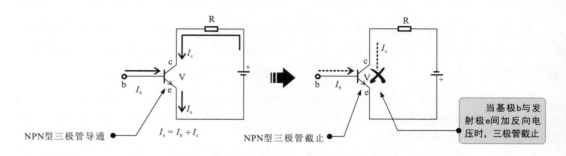

图 9-20 三极管的开关功能

❋ 3. 三极管功能实验电路

图 9-21 为三极管功能实验电路。

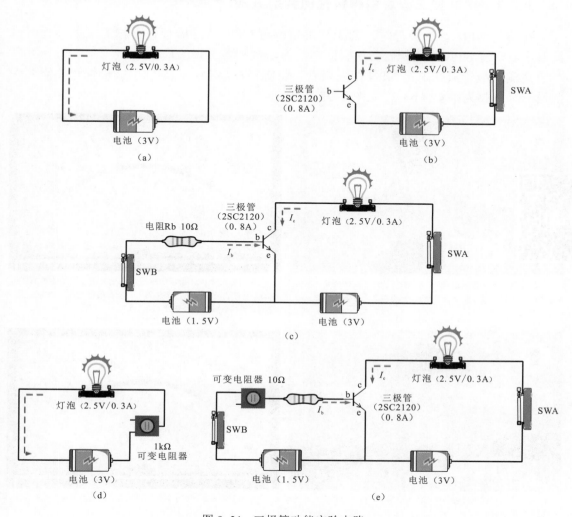

图 9-21　三极管功能实验电路

资料与提示

图 9-21（a）用电池为灯泡供电，电池电流流过灯泡，灯泡发光。

图 9-21（b）是在灯泡供电电路中串入三极管，当三极管无控制电压时，接通开关 SWA，由于三极管处于截止状态，无电流，灯泡不亮。

图 9-21（c）是在三极管的基极设置一个电池、一个开关 SWB 和一个电阻 Rb，当接通开关 SWB 时，电池经电阻 Rb 将电压加到三极管的基极，基极有电流 I_b，三极管就会产生集电极电流 I_c，并流过灯泡，灯泡发光。如果断开 SWB，三极管基极失电，三极管截止，灯泡熄灭。这样就可以通过基极控制灯泡的亮、灭。

图 9-21（d）是在灯泡的供电电路中串入可变电阻器。该电阻器会消耗一定的电能，并有限流作用，电阻越大，电路中的电流越小，灯泡会变暗。

图 9-21（e）是在三极管的基极电路中串入可变电阻器，调节可变电阻器可改变基极电流 I_b，基极电流 I_b 变化会使三极管的集电极电流 I_c 发生变化，使灯泡亮度发生变化。

9.2 三极管的检测方法

9.2.1 NPN 型三极管引脚极性的判别方法

在检测 NPN 型三极管时，若无法确定待测 NPN 型三极管各引脚的极性，则可借助万用表检测 NPN 型三极管各引脚阻值的方法判别各引脚的极性。

待测三极管只知道是 NPN 型三极管，引脚极性不明，在判别引脚极性时，需要先假设一个引脚为基极（b），如图 9-22 所示。

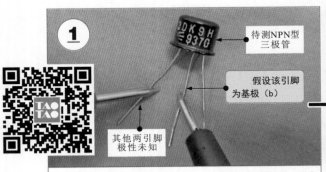

将万用表的量程旋钮调至 $R×1k\Omega$，并进行欧姆调零，黑表笔搭在NPN型三极管假设的基极（b）引脚上，红表笔搭在三极管另外任意一个引脚上。

观察万用表指针指示的位置，识读当前测量值为 $7×1k\Omega=7k\Omega$。将红表笔搭在另一个引脚上，测得的阻值也为8kΩ左右，说明假设的引脚确实为基极（b）。

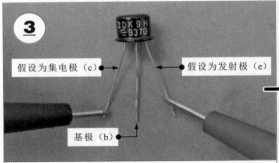

将黑表笔搭在三极管基极左侧的引脚上，红表笔搭在三极管基极右侧的引脚上。

观察万用表指针指示的位置，识读当前的测量值为无穷大。

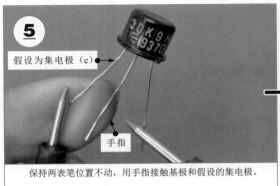

保持两表笔位置不动，用手指接触基极和假设的集电极。

观察万用表指针指示的位置，测量值由无穷大开始减小，阻值变化量计为 R_1。

图 9-22 NPN 型三极管引脚极性的判别方法

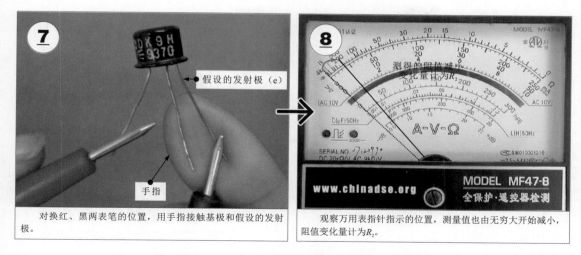

对换红、黑两表笔的位置，用手指接触基极和假设的发射极。

观察万用表指针指示的位置，测量值也由无穷大开始减小，阻值变化量计为R_2。

图 9-22　NPN 型三极管引脚极性的判别方法（续）

资料与提示

图 9-22 中，根据检测结果 $R_1 > R_2$ 可知：

在测得 R_1 时，万用表黑表笔所搭引脚为集电极，红表笔所搭引脚为发射极；

在测得 R_2 时，万用表黑表笔所搭引脚为发射极，红表笔所搭引脚为集电极。

当三极管基极无偏压（手指无触碰）时，c、b 间正、反向阻值很大；当手指触碰两个引脚时，相当于给基极加了一个偏压，c、b 间阻值变小，有电流流过。

图 9-23 为 NPN 型三极管引脚极性的检测判别机理。

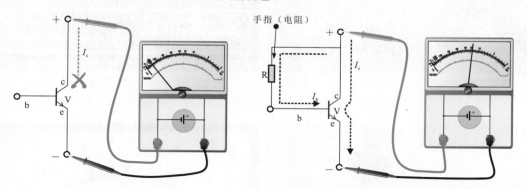

图 9-23　NPN 型三极管引脚极性的检测判别机理

❖ 9.2.2 PNP 型三极管引脚极性的判别方法

在检测 PNP 型三极管时，若无法确定待测 PNP 型三极管各引脚的极性，则可通过万用表对 PNP 型三极管各引脚阻值的测量判别各引脚的极性。

若待测三极管只知道是 PNP 型三极管，引脚极性不明，则在判别引脚极性时，需要先假设一个引脚为基极（b），如图 9-24 所示。

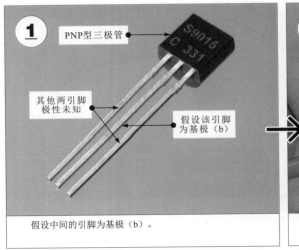

① PNP型三极管

其他两引脚
极性未知

假设该引脚
为基极（b）

假设中间的引脚为基极（b）。

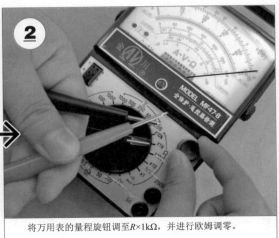

② A·V·Ω MODEL MF47-8

将万用表的量程旋钮调至R×1kΩ，并进行欧姆调零。

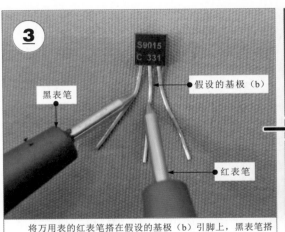

③ 黑表笔

假设的基极（b）

红表笔

将万用表的红表笔搭在假设的基极（b）引脚上，黑表笔搭
在左侧引脚上。

④ 测得的阻值为9.5kΩ

MODEL MF47-8
www.chinadse.org 全保护·遥控器检测

识读万用表指针指示的数值，实测数值为9.5×1kΩ＝9.5kΩ。

⑤ 假设的基极（b）

将万用表的红表笔搭在假设的基极（b）引脚上，黑表笔搭
在右侧引脚上。

⑥ 测得的阻值为9kΩ

MODEL MF47-8
www.chinadse.org 全保护·遥控器检测

识读万用表指针指示的数值，实测数值为9×1kΩ＝9kΩ。

图 9-24　PNP 型三极管引脚极性的判别方法

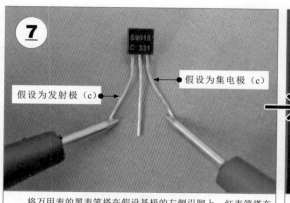

将万用表的黑表笔搭在假设基极的左侧引脚上，红表笔搭在假设基极的右侧引脚上。

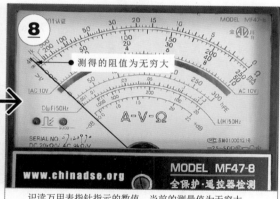

识读万用表指针指示的数值，当前的测量值为无穷大。

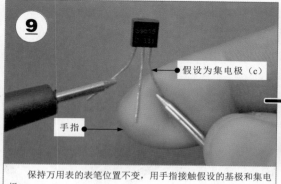

保持万用表的表笔位置不变，用手指接触假设的基极和集电极。

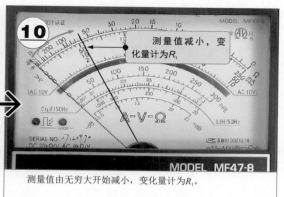

测量值由无穷大开始减小，变化量计为R_1。

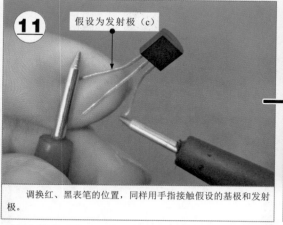

调换红、黑表笔的位置，同样用手指接触假设的基极和发射极。

测量值也由无穷大开始减小，变化量计为R_2。

图 9-24　PNP 型三极管引脚极性的判别方法（续）

资料与提示

　　图 9-24 中，根据测量结果可知，两次测量值都有一个较小的数值，对照前述关于 PNP 型三极管引脚间阻值的检测结果可知，假设的引脚确实为基极（b）。

　　根据测量结果 $R_1 > R_2$ 可知，在测得 R_1 时，万用表黑表笔所搭引脚为发射极，红表笔所搭引脚为集电极；在测得 R_2 时，万用表黑表笔所搭引脚为集电极，红表笔所搭引脚为发射极。

对于 NPN 型三极管，比较两次测量中万用表指针的摆动幅度，以摆动幅度大的一次为准，黑表笔所接引脚为集电极（c），另一只引脚为发射极（e）。

对于 PNP 型三极管，比较两次测量中万用表指针的摆动幅度，以摆动幅度大的一次为准，红表笔所接引脚为集电极（c），另一只引脚为发射极（e）。

对三极管的集电极和发射极的判别还可以用舌头舔触基极的方法进行区分。

具体做法是将红、黑表笔分别搭在除基极以外的两个引脚上，用舌头舔触一下基极引脚，观察万用表指针的摆动情况，如图 9-25 所示。对调红、黑表笔后，再次用舌头舔触一下基极引脚，观察万用表指针的摆动情况。

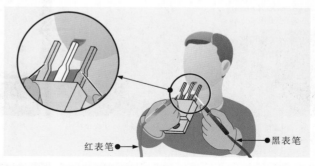

图 9-25　三极管集电极和发射极引脚的另一种判别方法

9.2.3 NPN 型三极管好坏的判断方法

NPN 型三极管的好坏可以通过万用表的欧姆挡分别检测引脚间的阻值进行判断，如图 9-26 所示。

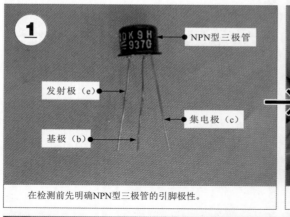

① NPN型三极管　发射极（e）　集电极（c）　基极（b）

在检测前先明确NPN型三极管的引脚极性。

② 红、黑表笔短接

将万用表的量程旋钮调至 $R×1k\Omega$，并进行欧姆调零。

③ 发射极（e）　基极（b）　集电极（c）

将万用表的黑表笔搭在基极（b）引脚上，红表笔搭在集电极（c）引脚上，检测b、c之间的正向阻值。

④

测得b、c极之间的正向阻值为4.5kΩ。调换表笔位置，测得b、c极之间的反向阻值应为无穷大。

图 9-26　NPN 型三极管好坏的判断方法

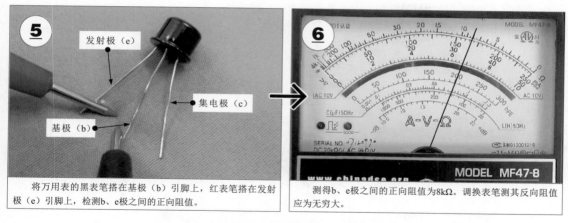

将万用表的黑表笔搭在基极（b）引脚上，红表笔搭在发射极（e）引脚上，检测b、e极之间的正向阻值。

测得b、e极之间的正向阻值为8kΩ。调换表笔测其反向阻值应为无穷大。

图 9-26 NPN 型三极管好坏的判断方法（续）

资料与提示

通常，NPN 型三极管的基极与集电极之间有一定的正向阻值，反向阻值为无穷大；基极与发射极之间有一定的正向阻值，反向阻值为无穷大；集电极与发射极之间的正、反向阻值均为无穷大。

◆ 9.2.4 PNP 型三极管好坏的判断方法

判断 PNP 型三极管好坏的方法与 NPN 型三极管的方法相同，也是通过万用表的欧姆挡分别检测引脚间阻值的方法进行判断，如图 9-27 所示。

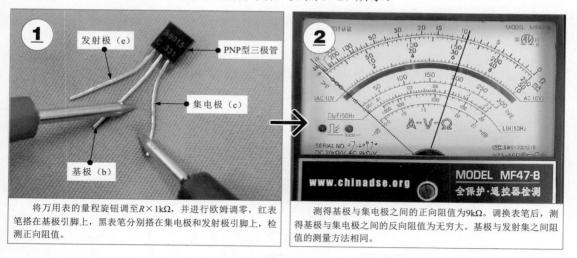

将万用表的量程旋钮调至R×1kΩ，并进行欧姆调零，红表笔搭在基极引脚上，黑表笔分别搭在集电极和发射极引脚上，检测正向阻值。

测得基极与集电极之间的正向阻值为9kΩ。调换表笔后，测得基极与集电极之间的反向阻值为无穷大。基极与发射集之间阻值的测量方法相同。

图 9-27 PNP 型三极管好坏的判断方法

资料与提示

图 9-27 中，将黑表笔搭在集电极（c）引脚上，红表笔搭在基极（b）引脚上，测得 b、c 极之间的正向阻值为 $9 \times 1k\Omega = 9k\Omega$；调换表笔后，测得反向阻值为无穷大。

将黑表笔搭在发射极（e）引脚上，红表笔搭在基极（b）引脚上，测得 b、e 极之间的正向阻值为 $9.5 \times 1k\Omega = 9.5k\Omega$；调换表笔后，测得反向阻值为无穷大。

将红、黑表笔分别搭在集电极（c）和发射极（e）引脚上，测得 c、e 极之间的正、反向阻值均为无穷大。

三极管性能好坏的检测机理如图 9-28 所示。

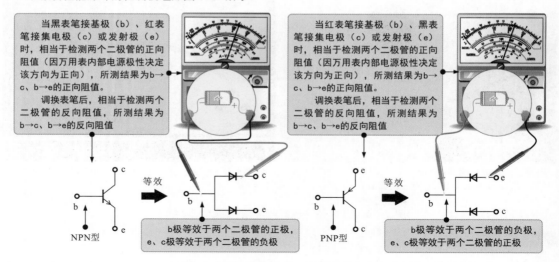

当黑表笔接基极（b）、红表笔接集电极（c）或发射极（e）时，相当于检测两个二极管的正向阻值（因万用表内部电源极性决定该方向为正向），所测结果为b→c、b→e的正向阻值

调换表笔后，相当于检测两个二极管的反向阻值，所测结果为b→c、b→e的反向阻值

当红表笔接基极（b）、黑表笔接集电极（c）或发射极（e）时，相当于检测两个二极管的正向阻值（因万用表内部电源极性决定该方向为正向），所测结果为b→c、b→e的正向阻值

调换表笔后，相当于检测两个二极管的反向阻值，所测结果为b→c、b→e的反向阻值

NPN型　等效　b极等效于两个二极管的正极，e、c极等效于两个二极管的负极

PNP型　等效　b极等效于两个二极管的负极，e、c极等效于两个二极管的正极

图 9-28　三极管性能好坏的检测机理

（1）用指针万用表检测 NPN 型三极管

①当黑表笔接基极（b）、红表笔分别接集电极（c）和发射极（e）时，检测基极与集电极之间的正向阻值、基极与发射极之间的正向阻值；调换表笔检测反向阻值。

②基极与集电极、基极与发射极之间的正向阻值均为 3～10kΩ，阻值较接近，其他引脚之间的阻值均为无穷大。

（2）用指针万用表检测 PNP 型三极管

①当红表笔接基极（b）、黑表笔分别接集电极（c）和发射极（e）时，检测基极与集电极之间的正向阻值、基极与发射极之间的正向阻值；调换表笔检测反向阻值。

②基极与集电极、基极与发射极之间的正向阻值均为 3～8kΩ，阻值较接近，其他引脚之间的阻值均为无穷大。

◆ 9.2.5　三极管放大倍数的检测方法

放大倍数是三极管的重要参数，可借助万用表检测放大倍数判断三极管的放大性能是否正常，如图 9-29 所示。

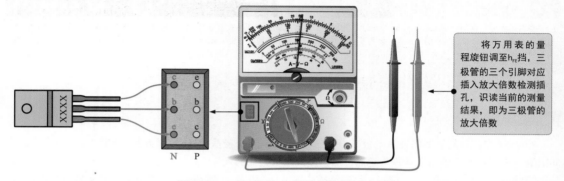

将万用表的量程旋钮调至 h_{FE} 挡，三极管的三个引脚对应插入放大倍数检测插孔，识读当前的测量结果，即为三极管的放大倍数

图 9-29　三极管放大倍数的检测示意图

图 9-30 为三极管放大倍数的检测方法。

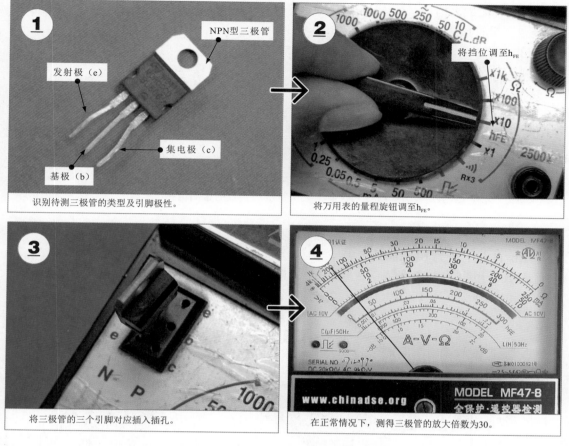

图 9-30　三极管放大倍数的检测方法

资料与提示

除可借助指针万用表检测三极管的放大倍数外，还可借助数字万用表的附加测试器进行检测。图 9-31 为使用数字万用表检测三极管的放大倍数。

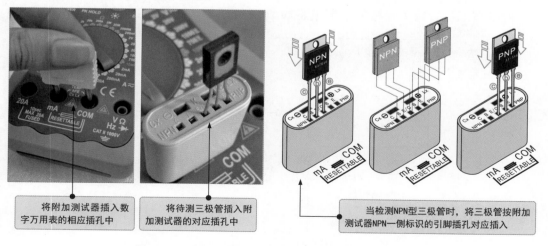

图 9-31　使用数字万用表检测三极管的放大倍数

三极管的放大倍数（h_{FE}）是在放大状态下集电极电流与基极电流之比，即 $h_{FE}=I_c/I_b$。NPN 型三极管放大倍数的检测电路如图 9-32 所示。

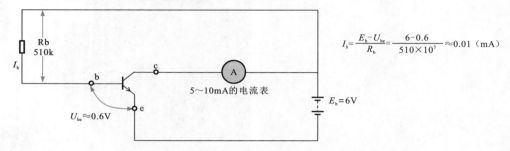

$$I_b=\frac{E_b-U_{be}}{R_b}=\frac{6-0.6}{510\times10^3}\approx0.01\text{（mA）}$$

图 9-32　NPN 型三极管放大倍数的检测电路

一般小信号放大用三极管的基极—发射极电压 U_{be}=0.6V，电源电压为 6V，基极电阻 Rb 的电压降为 6V-0.6V=5.4V，由此可求出基极电流 I_b=5.4V/510kΩ≈0.01mA。用电流表或万用表的电流挡测量三极管的集电极电流，若测得的集电极电流为 2mA，则 h_{FE}=2/0.01=200。三极管放大倍数检测电路的连接方法如图 9-33 所示。

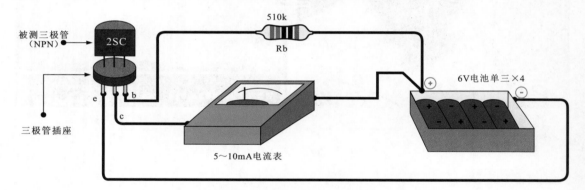

图 9-33　三极管放大倍数检测电路的连接方法

PNP 型三极管放大倍数的检测电路如图 9-34 所示，与图 9-32 相比，电池极性相反。

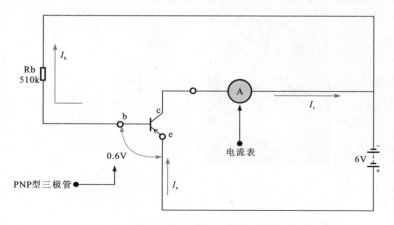

图 9-34　PNP 型三极管放大倍数的检测电路

9.2.6 三极管特性曲线的检测方法

使用万用表检测三极管引脚间的阻值只能大致判断三极管的好坏，若要了解一些具体特性参数，则需要使用专用的半导体特性图示仪测试特性曲线。

根据待测三极管确定半导体特性图示仪的旋钮和按键的设定范围，将待测三极管按照极性插入半导体特性图示仪的检测插孔，显示屏上即可显示相应的特性曲线，如图 9-35 所示。

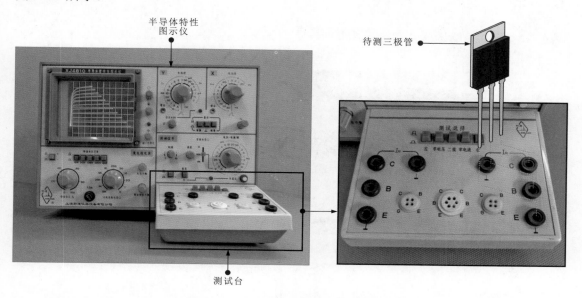

图 9-35 三极管特性曲线的检测方法

资料与提示

在使用半导体特性图示仪检测前，需要根据待测三极管的型号查找技术手册，并按相应的参数确定旋钮和按键的设定范围，以便能够检测出正确的特性曲线。

NPN型三极管与PNP型三极管特性曲线的检测方法相同，只是特性曲线的方向正好相反，如图9-36所示。

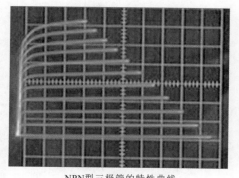
NPN型三极管的特性曲线

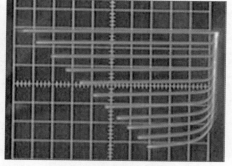
PNP型三极管的特性曲线

图 9-36 NPN 型三极管和 PNP 型三极管的特性曲线

图 9-37 为三极管特性曲线的检测实例。

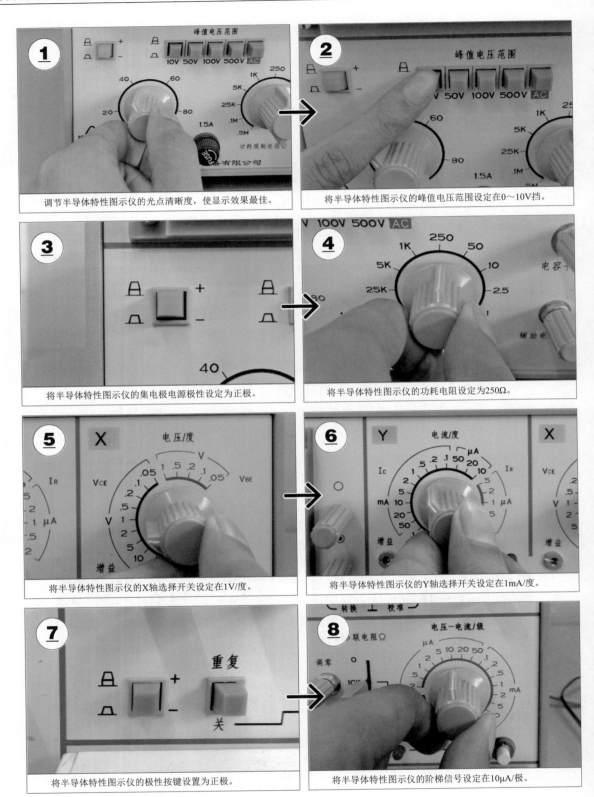

图 9-37　三极管特性曲线的检测实例

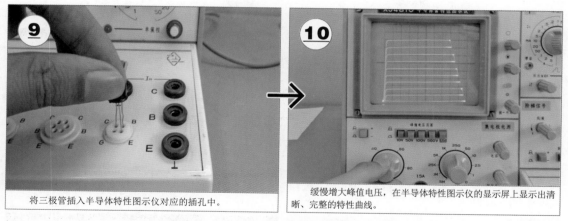

将三极管插入半导体特性图示仪对应的插孔中。

缓慢增大峰值电压，在半导体特性图示仪的显示屏上显示出清晰、完整的特性曲线。

图 9-37 三极管特性曲线的检测实例（续）

资料与提示

将检测出的特性曲线与三极管技术手册中的特性曲线对比，即可确定三极管的性能是否良好。此外，根据特性曲线也能计算出三极管的放大倍数，如图 9-38 所示。

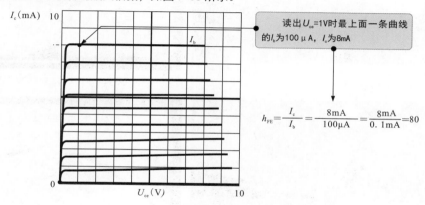

读出 U_{ce}=1V时最上面一条曲线的 I_b 为100 μA，I_c 为8mA

$$h_{FE} = \frac{I_c}{I_b} = \frac{8mA}{100\mu A} = \frac{8mA}{0.1mA} = 80$$

图 9-38 三极管特性曲线中信息的识读

9.2.7 光敏三极管的检测方法

光敏三极管受光照时引脚间阻值会发生变化，因此可根据在不同光照条件下阻值发生变化的特性判断性能好坏，如图 9-39 所示。

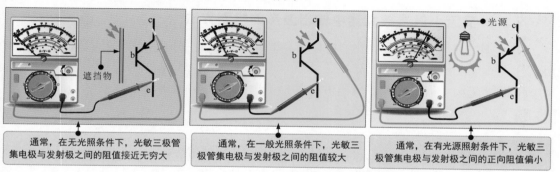

通常，在无光照条件下，光敏三极管集电极与发射极之间的阻值接近无穷大

通常，在一般光照条件下，光敏三极管集电极与发射极之间的阻值较大

通常，在有光源照射条件下，光敏三极管集电极与发射极之间的正向阻值偏小

图 9-39 光敏三极管的检测示意图

图 9-40 为光敏三极管的检测实例。

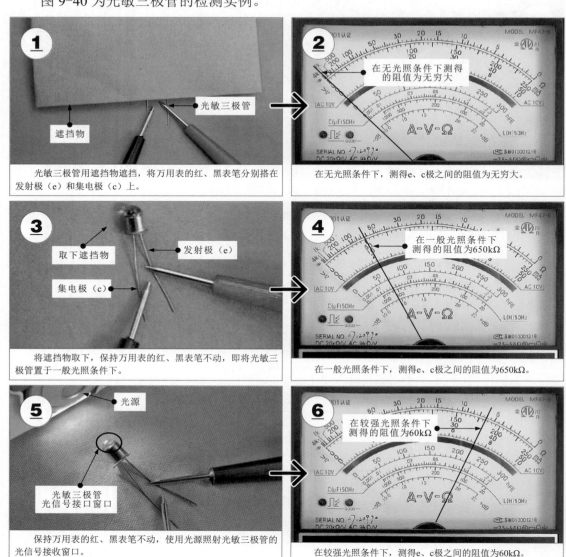

1 遮挡物 / 光敏三极管

光敏三极管用遮挡物遮挡，将万用表的红、黑表笔分别搭在发射极（e）和集电极（c）上。

2 在无光照条件下测得的阻值为无穷大

在无光照条件下，测得e、c极之间的阻值为无穷大。

3 取下遮挡物 / 发射极（e） / 集电极（c）

将遮挡物取下，保持万用表的红、黑表笔不动，即将光敏三极管置于一般光照条件下。

4 在一般光照条件下测得的阻值为650kΩ

在一般光照条件下，测得e、c极之间的阻值为650kΩ。

5 光源 / 光敏三极管光信号接口窗口

保持万用表的红、黑表笔不动，使用光源照射光敏三极管的光信号接收窗口。

6 在较强光照条件下测得的阻值为60kΩ

在较强光照条件下，测得e、c极之间的阻值为60kΩ。

图 9-40 光敏三极管的检测实例

❖ 9.2.8 交流小信号放大器中输出波形的检测方法

NPN 型三极管（如 2SC1815）与外围元器件可以构成交流小信号放大器，如图 9-41 所示。

三极管交流小信号放大器输出波形的检测电路如图 9-42 所示。

资料与提示

放大器的检测方法可分为静态检测法和动态检测法。

静态检测法是在电路中加电源、不加交流输入信号的情况下，检测三极管各极直流电压。

动态检测法是将低频信号（音频信号）发生器输出的 1kHz、$1V_{P-P}$ 信号加到放大器的输入端，用示波器检测输出端的信号幅度和波形（不失真信号波形）。

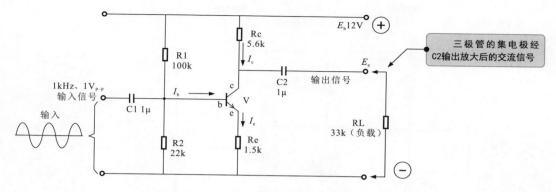

图 9-41　由 NPN 型三极管构成的交流小信号放大器

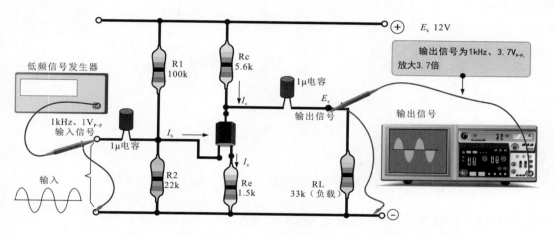

图 9-42　三极管交流小信号放大器输出波形的检测电路

❖ 9.2.9 交流小信号放大器中三极管性能的检测方法

交流小信号放大器的电路结构如图 9-43 所示。该电路中具有放大功能的是 NPN 型三极管 V（2SC1815）。

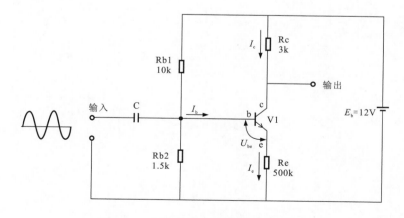

图 9-43　交流小信号放大器的电路结构

交流小信号放大器中三极管性能的检测电路如图 9-44 所示。

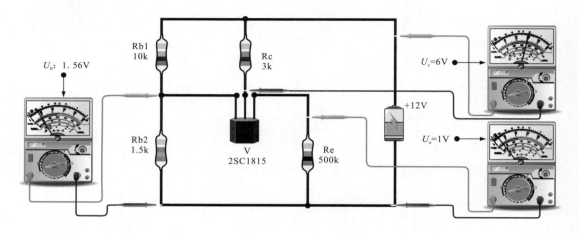

图 9-44　交流小信号放大器中三极管性能的检测电路

资料与提示

图 9-44 中，三极管放大器的电源供电电压应为 12V。

①测得三极管的基极电压应为 1.56V。

②测得三极管的集电极电压为 6V。

如果所测电压偏低，则可能为三极管不良或三极管放大倍数太低，应更换三极管。

❖ 9.2.10　三极管直流电压放大器的检测方法

图 9-45 为三极管直流电压放大器的电路结构。

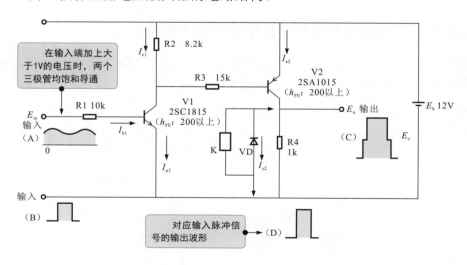

图 9-45　三极管直流电压放大器的电路结构

三极管直流电压放大器的检测电路如图 9-46 所示。

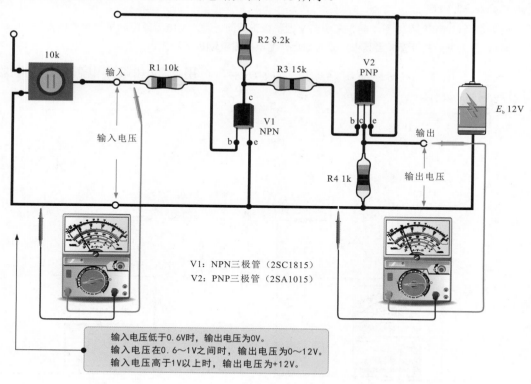

V1：NPN三极管（2SC1815）
V2：PNP三极管（2SA1015）

输入电压低于0.6V时，输出电压为0V。
输入电压在0.6～1V之间时，输出电压为0～12V。
输入电压高于1V以上时，输出电压为+12V。

图 9-46 三极管直流电压放大器的检测电路

9.2.11 三极管驱动电路的检测方法

图 9-47 为由 NPN 型或 PNP 型三极管构成的驱动电路。

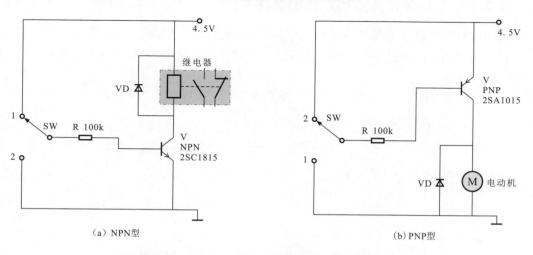

（a）NPN型

（b）PNP型

图 9-47 由 NPN 型或 PNP 型三极管构成的驱动电路

图 9-47 中，当开关 SW 置 1 时，三极管 V 因基极正偏而导通，继电器或电动机得电动作；当 SW 置 2 时，三极管 V 因基极反偏而截止，继电器或电动机不动作。

三极管驱动电路的检测电路如图 9-48 所示，可用 LED 和限流电阻取代继电器，便于观测驱动功能。

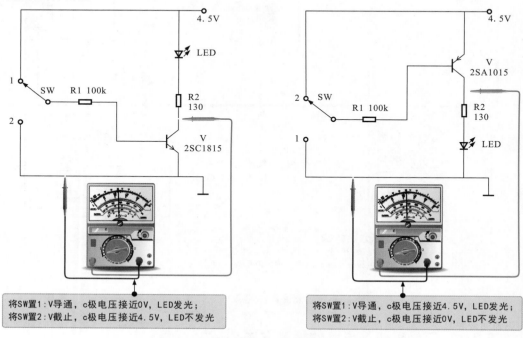

将SW置1：V导通，c极电压接近0V，LED发光；
将SW置2：V截止，c极电压接近4.5V，LED不发光

将SW置1：V导通，c极电压接近4.5V，LED发光；
将SW置2：V截止，c极电压接近0V，LED不发光

图 9-48 三极管驱动电路的检测电路

9.2.12 三极管光控照明电路的检测方法

图 9-49 为三极管光控照明电路，当环境光变暗时，电路自动启动，点亮发光二极管，控制元件采用光敏电阻（cds），型号为 MKY-54C48L，发光二极管采用白色 LED（NSPW500CS）。

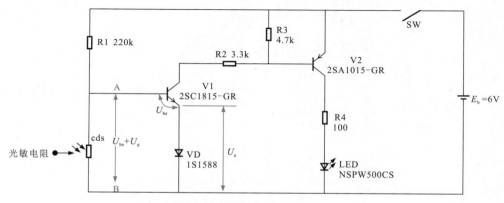

图 9-49 三极管光控照明电路

资料与提示

图 9-49 中，光敏电阻接在 V1 的基极电路中，与 R1（220kΩ）构成分压电路，为 V1 提供基极电压。当光线较暗时，V1 基极电压（A 点）大于 $U_{be}+U_e$，V1 导通，V2 也导通，V2 集电极输出 +6V 电压，发光二极管 LED 得电发光，R4（100Ω）为限流电阻；当环境光变亮时，光敏电阻的阻值变小，V1 的基极电压降低，V1 截止，V2 也截止，LED 熄灭。

三极管光控照明电路的检测电路如图 9-50 所示。

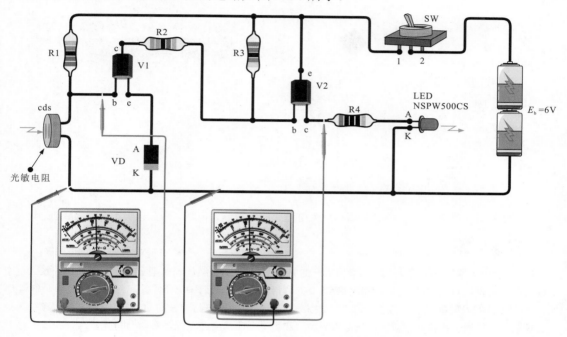

图 9-50 三极管光控照明电路的检测电路

资料与提示

对图 9-50 的检测可设置两种状态：

①用手电筒或照明灯照射光敏电阻，同时用万用表检测 V1 的基极电压和 V2 的集电极电压，并观察 LED 的状态。当 V1 基极电压 U_b 小于 $U_{be}+U_e$ 时，V1、V2 截止，V2 集电极电压为 0V，LED 不发光。

②遮住光敏电阻，检测 V1 的基极电压和 V2 的集电极电压，并观察 LED 的状态。此时，$U_b \geqslant U_{be}+U_e$，V1、V2 饱和导通，V2 的集电极电压为 6V，LED 发光。

9.3 三极管的选用与代换

三极管是电子设备中应用最广泛的元器件之一。损坏时，应尽量选用型号、类型完全相同的三极管代换，或者选择各种参数能够与应用电路相匹配的三极管代换。

在选用三极管时，在能满足整机要求放大参数的前提下，不要选用直流放大系数 h_{EF} 过大的三极管，以防产生自激；需要区分 NPN 型还是 PNP 型；根据使用场合和电路性能选用合适类型的三极管，如应用于前置放大电路，多选用放大倍数较大的三极管，集电极最大允许电流 I_{cm} 应大于 2～3 倍的工作电流，集电极与发射极反向击穿电压应至少大于等于电源电压，集电极最大允许耗散功率（P_{cm}）应至少大于等于电路的输出功率（P_O），特征频率 f_T 应满足 $f_T \geq 3f$（工作频率）：中波收音机振荡器的最高频率为 2MHz 左右，则三极管的特征频率应不低于 6MHz；调频收音机的最高振荡频率为 120Hz 左右，则三极管的特征频率不应低于 360MHz；电视机中 VHF 频段的最高振荡频率为 250MHz 左右，则三极管的特征频率不应低于 750 MHz。

图 9-51 为调频（FM）收音机高频放大电路（共基极放大电路）中三极管的选用与代换。

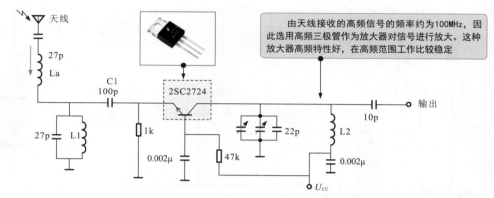

图 9-51　调频（FM）收音机高频放大电路（共基极放大电路）中三极管的选用与代换

资料与提示

图 9-51 中选用的三极管 2SC2724 是日本产的有三个或两个 PN 结的 NPN 型三极管。由天线接收天空中的信号后，分别经 LC 组成的串联谐振电路和 LC 并联谐振电路调谐后输出所需的高频信号，经耦合电容 C1 后送入三极管的发射极，由三极管 2SC2724 放大，在集电极输出电路中设有 LC 谐振电路，与高频输入信号谐振起选频作用。代换时，应注意三极管的类型和型号，所选用的三极管必须为同类型。

另外，若所选用的三极管为光敏三极管，除应注意电参数，如最高工作电压、最大集电极电流和最大允许功耗不超过最大值外，还应注意光谱响应范围必须与入射光的光谱类型相匹配，以获得最佳的特性。

图 9-52 为音频放大电路中三极管的选用与代换。

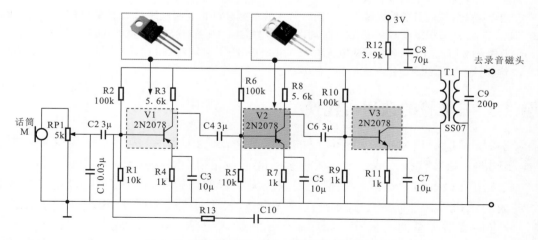

图 9-52　音频放大电路中三极管的选用与代换

资料与提示

图 9-52 中，选用的三极管 2N2078 为美国产的有两个 PN 结的三极管。其中，V1 和 V2 为 PNP 型三极管，V3 为 NPN 型三极管。该放大电路是小型录音机的音频信号放大电路，话筒信号经电位器 RP1 后加到 V1 上，经三级放大后加到变压器 T1 的一次侧绕组上，经变压器后送往录音磁头。同时，V3 的集电极输出经 R13、C10 反馈到 V1 的基极，可改善放大电路的频率特性。代换时，应注意选用同类型、同性能参数的三极管。

不同种类三极管的内部参数不同，代换时，应尽量选用同型号的三极管，若代换时无法找到同型号的三极管，则可用其他型号的三极管进行代换。

资料与提示

常用三极管的代换型号见表 9-2。

表 9-2　常用三极管的代换型号

型号	类型	I_{cm}(A)	U_{beo}(V)	代换型号
3DG9011	NPN	0.3	50	2N4124、CS9011、JE9011
9011	NPN	0.1	50	LM9011、SS9011
9012	PNP	0.5	25	LM9012
9013	NPN	0.5	40	LM9013
3DG9013	NPN	0.5	40	CS9013、JE9013
9013LT1	NPN	0.5	40	C3265
9014	NPN	0.1	50	LM9014、SS9014
9015	PNP	0.1	50	LM9015、SS9015
TEC9015	PNP	0.15	50	BC557、2N3906
9016	NPN	0.25	30	SS9016
3DG9016	NPN	0.025	30	JE9016
8050	NPN	1.5	40	SS8050
8050LT1	NPN	1.5	40	KA3265
ED8050	NPN	0.8	50	BC337
8550	PNP	15	40	LM8550、SS8550
SDT85501	PNP	10	60	3DK104C
SDT85502	PNP	10	80	3DK104D
8550LT1	PNP	1.5	40	KA3265
2SA1015	PNP	0.15	50	BC117、BC204、BC212、BC213、BC251、BC257、BC307、BC512、BC557、CG1015、CG673
2SC1815	NPN	0.15	60	BC174、BC182、BC184、BC190、BC384、BC414、BC546、DG458、DG1815
2SC945	NPN	0.1	50	BC107、BC171、BC174、BC182、BC183、BC190、BC207、BC237、BC382、BC546、BC547、BC582、DG945、2N2220、2N2221、2N2222、3DG120B、3DG4312
2SA733	NPN	0.1	50	BC177、BC204、BC212、BC213、BC251、BC257、BC307、BC513、BC557、3CG120C、3CG4312

（续表）

型号	类型	I_{cm}(A)	U_{beo}(V)	代换型号
2SC3356	NPN	0.1	20	2SC3513、2SC3606、2SC3829
2SC3838K	NPN	0.1	20	BF517、BF799、2SC3015、2SC3016、2SC3161
BC807	PNP	0.5	45	BC338、BC537、BC635、3DK14B
BC817	NPN	0.5	45	BCX19、BCW65、BCX66
BC846	NPN	0.1	65	BCV71、BCV72
BC847	NPN	0.1	45	BCW71、BCW72、BCW81
BC848	NPN	0.1	30	BCW31、BCW32、BCW33、BCW71、BCW72、BCW81
BC848-W	NPN	0.1	30	BCW31、BCW32、BCW33、BCW71、BCW72、BCW81、2SC4101、2SC4102、2SC4117
BC856	PNP	0.1	50	BCW89
BC856-W	PNP	0.1	50	BCW89、2SA1507、2SA1527
BC857	PNP	0.1	50	BCW69、BCW70、BCW89
BC857-W	PNP	0.1	50	BCW69、BCW70、BCE89、2SA1507、2SA1527
BC858	PNP	0.1	30	BCW29、BCW30、BCW69、BCW70、BCW89
BC858-W	PNP	0.1	30	BCW29、BCW30、BCW69、BCW70、BCW89、2SA1507、2SA1527
MMBT3904	NPN	0.1	60	BCW72、3DG120C
MMBT3906	PNP	0.2	60	BCW70、3DG120C
MMBT2222	NPN	0.6	60	BCX19、3DG120C
MMBT2222A	NPN	0.6	60	3DK10C
MMBT5401	PNP	0.5	150	3CA3F
MMBTA92	PNP	0.1	300	3CG180H
MMUN2111	NPN	0.1	50	UN2111
MMUN2112	NPN	0.1	50	UN2112
MMUN2113	NPN	0.1	50	UN2113
MMUN2211	NPN	0.1	50	UN2211
MMUN2212	NPN	0.1	50	UN2212
MMUN2213	NPN	0.1	50	UN2213
UN2111	NPN	0.1	50	FN1A4M、DTA114EK、RN2402、2SA1344
UN2112	NPN	0.1	50	FN1F4M、DTA124EK、RN2403、2SA1342
UN2113	NPN	0.1	50	FN1L4M、DTA144EK、RN2404、2SA1341
UN2211	NPN	0.1	50	DTC114EK、FA1A4M、RN1402、2SC3398
UN2212	NPN	0.1	50	DTC124EK、FA1F4M、RN1403、2SC3396
UN2213	NPN	0.1	50	DTC144EK、FA1L4M、RN1404、2SC3395

第10章
场效应晶体管的识别、检测、选用与代换

10.1 认识场效应晶体管

场效应晶体管（Field-Effect Transistor，FET）是一种典型的电压控制型半导体元件，具有输入阻抗高、噪声小、热稳定性好、便于集成等特点，容易被静电击穿。

10.1.1 了解场效应晶体管的种类特点

场效应晶体管有三个引脚，分别为漏极（D）、源极（S）、栅极（G）。根据结构的不同，场效应晶体管可分为两大类：结型场效应晶体管（JFET）和绝缘栅型场效应晶体管（MOSFET），如图10-1所示。

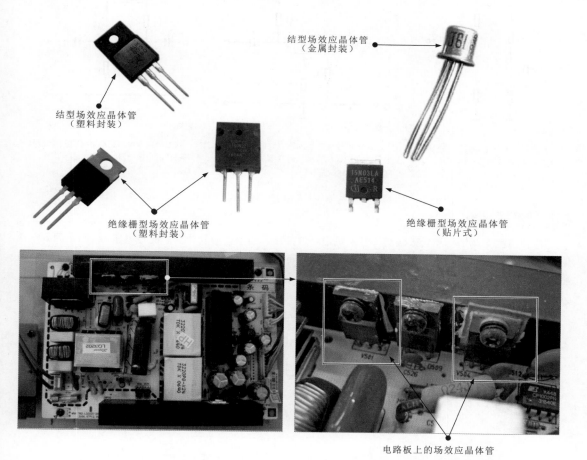

结型场效应晶体管
（金属封装）

结型场效应晶体管
（塑料封装）

绝缘栅型场效应晶体管
（塑料封装）

绝缘栅型场效应晶体管
（贴片式）

电路板上的场效应晶体管

图10-1 常见场效应晶体管的实物外形

✻ 1. 结型场效应晶体管

结型场效应晶体管（JFET）是在一块 N 型或 P 型半导体材料的两边制作 P 区或 N 区形成 PN 结所构成的，根据导电沟道的不同可分为 N 沟道和 P 沟道。结型场效应晶体管的外形特点、内部结构及应用电路如图 10-2 所示。

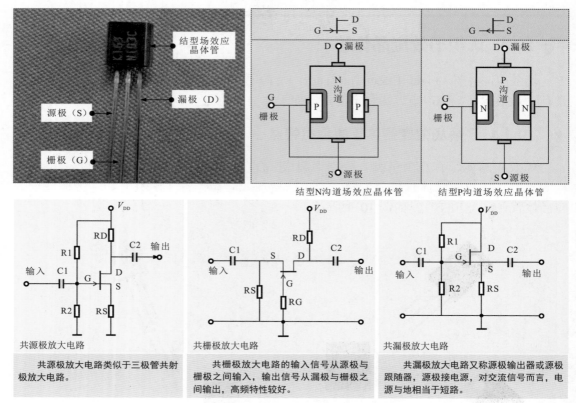

图 10-2　结型场效应晶体管的外形特点、内部结构及应用电路

资料与提示

图 10-3 为 N 沟道结型场效应晶体管的输出特性曲线。当场效应晶体管的栅极电压 U_{GS} 为不同的电压值时，漏极电流 I_D 将随之改变；当 $I_D=0$ 时，U_{GS} 为场效应晶体管的夹断电压 U_P；当 $U_{GS}=0$ 时，I_D 为场效应晶体管的饱和漏极电流 I_{DSS}。在 U_{GS} 一定时，反映 I_D 与 U_{GS} 之间的关系曲线为场效应晶体管的输出特性曲线，分为 3 个区：饱和区、击穿区和非饱和区。

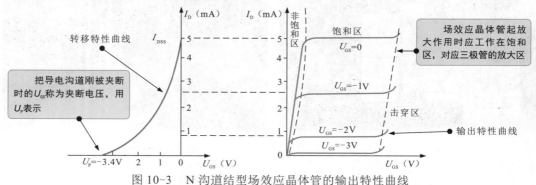

图 10-3　N 沟道结型场效应晶体管的输出特性曲线

※ 2. 绝缘栅型场效应晶体管

绝缘栅型场效应晶体管（MOSFET）简称 MOS 场效应晶体管，由金属、氧化物、半导体材料制成，因栅极与其他电极完全绝缘而得名。绝缘栅型场效应晶体管除可分为 N 沟道和 P 沟道外，还可根据工作方式的不同分为增强型和耗尽型。绝缘栅型场效应晶体管的外形特点及内部结构如图 10-4 所示。

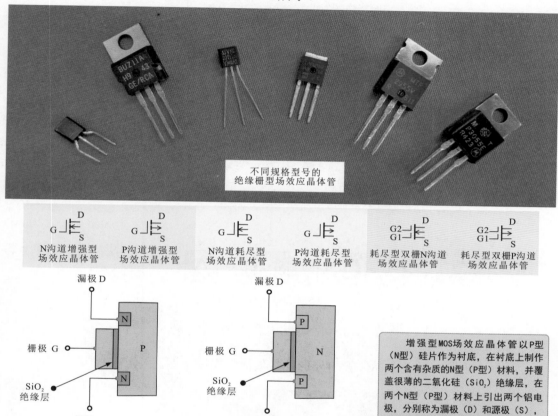

（a）N沟道增强型MOS场效应晶体管　　（b）P沟道增强型MOS场效应晶体管

图 10-4　绝缘栅型场效应晶体管的外形特点及内部结构

资料与提示

图 10-5 为 N 沟道增强型 MOS 场效应晶体管的特性曲线。

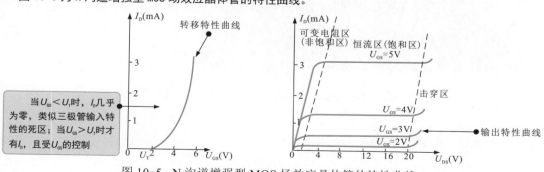

图 10-5　N 沟道增强型 MOS 场效应晶体管的特性曲线

10.1.2 厘清场效应晶体管的参数标识

场效应晶体管的参数标识，即命名方式因国家、地区及生产厂家的不同而不同。国产场效应晶体管的命名方式如图 10-6 所示。

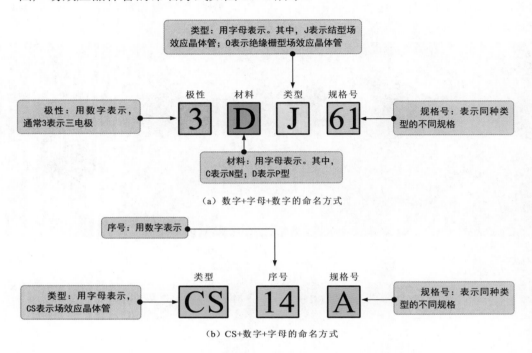

（a）数字+字母+数字的命名方式

（b）CS+数字+字母的命名方式

图 10-6　国产场效应晶体管的命名方式

图 10-7 为国产场效应晶体管的外形及参数标识识读实例。

图 10-7　国产场效应晶体管的外形及参数标识识读实例

日产场效应晶体管的命名方式如图 10-8 所示。

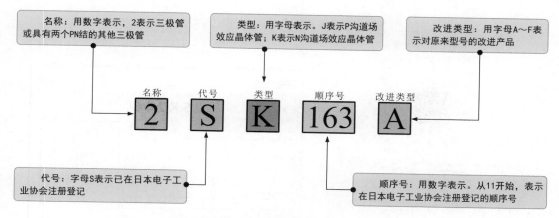

名称：用数字表示，2表示三极管或具有两个PN结的其他三极管

类型：用字母表示。J表示P沟道场效应晶体管；K表示N沟道场效应晶体管

改进类型：用字母A～F表示对原来型号的改进产品

名称　代号　类型　顺序号　改进类型

2 S K 163 A

代号：字母S表示已在日本电子工业协会注册登记

顺序号：用数字表示。从11开始，表示在日本电子工业协会注册登记的顺序号

图 10-8　日产场效应晶体管的命名方式

图 10-9 为日产场效应晶体管的外形及参数标识识读实例。

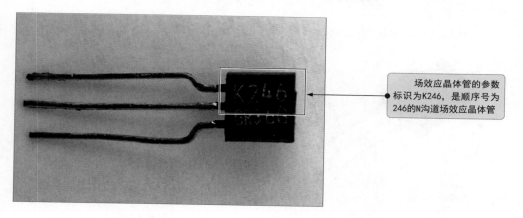

场效应晶体管的参数标识为K246，是顺序号为246的N沟道场效应晶体管

图 10-9　日产场效应晶体管的外形及参数标识识读实例。

资料与提示

与三极管一样，场效应晶体管也有三个电极，分别是栅极 G、源极 S 和漏极 D。场效应晶体管的引脚排列根据品种、型号及功能的不同而不同，识别场效应晶体管的引脚极性在测试、安装、调试等各个应用场合都十分重要。

（1）根据参数标识查阅引脚极性

根据场效应晶体管参数标识在互联网上查阅引脚极性的操作方法如图 10-10 所示。

（2）根据一般排列规律识别引脚极性

对于大功率场效应晶体管，在一般情况下，将印有参数标识的一面朝上放置，引脚从左到右依次为 G、D、S（散热片接 D 极）；对于采用贴片封装的场效应晶体管，将印有参数标识的一面朝上放置，散热片（上面的宽引脚）为 D 极，下面的三个引脚从左到右依次为 G、D、S，如图 10-11 所示。

（3）根据电路板上的标识信息或电路图形符号识别引脚极性

识别安装在电路板上的场效应晶体管引脚极性时，可观察场效应晶体管的周围或背面焊接面上有无标识信息，根据标识信息可以很容易识别引脚极性，也可以根据场效应晶体管所在电路，找到对应的电路图纸，根据电路图纸中的电路图形符号识别引脚极性，如图 10-12 所示。

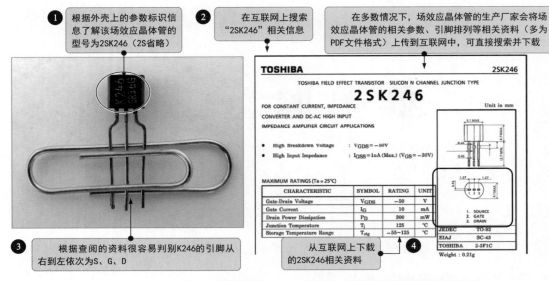

① 根据外壳上的参数标识信息了解该场效应晶体管的型号为2SK246（2S省略）

② 在互联网上搜索"2SK246"相关信息

在多数情况下，场效应晶体管的生产厂家会将场效应晶体管的相关参数、引脚排列等相关资料（多为PDF文件格式）上传到互联网中，可直接搜索并下载

③ 根据查阅的资料很容易判别K246的引脚从右到左依次为S、G、D

④ 从互联网上下载的2SK246相关资料

图 10-10　根据场效应晶体管参数标识在互联网上查阅引脚极性的操作方法

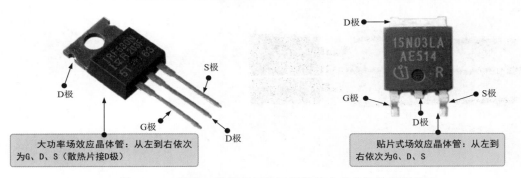

大功率场效应晶体管：从左到右依次为G、D、S（散热片接D极）

D极　　S极

贴片式场效应晶体管：从左到右依次为G、D、S

图 10-11　根据一般排列规律识别场效应晶体管的引脚极性

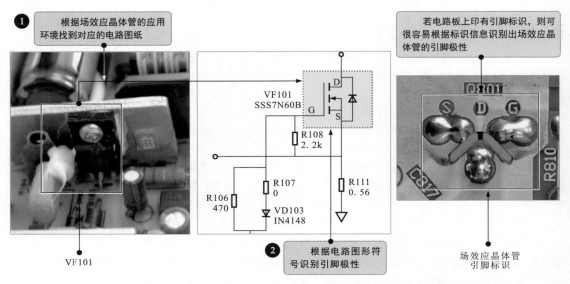

① 根据场效应晶体管的应用环境找到对应的电路图纸

若电路板上印有引脚标识，则可很容易根据标识信息识别出场效应晶体管的引脚极性

VF101
SSS7N60B

R108
2.2k

R106
470

R107
0

VD103
IN4148

R111
0.56

VF101

② 根据电路图形符号识别引脚极性

场效应晶体管引脚标识

图 10-12　根据电路板上的标识信息或电路图形符号识别场效应晶体管的引脚极性

◆ 10.1.3 知晓场效应晶体管的功能特点

场效应晶体管是一种电压控制元件，栅极不需要控制电流，只需要有一个控制电压就可以控制漏极和源极之间的电流，在电路中常用作放大元件。

❋ 1. 结型场效应晶体管的功能特点

结型场效应晶体管是利用沟道两边耗尽层的宽窄改变沟道导电特性来控制漏极电流实现放大功能的，如图 10-13 所示。

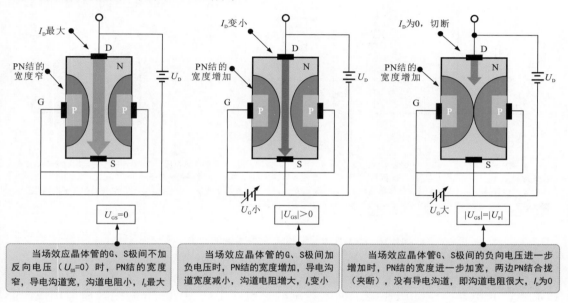

图 10-13　结型场效应晶体管的放大功能

结型场效应晶体管一般用于音频放大器的差分输入电路及调制、放大、阻抗变换、稳流、限流、自动保护等电路中。

图 10-14 为采用结型场效应晶体管构成的电压放大电路。在该电路中，结型场效应晶体管可实现对输出信号的放大。

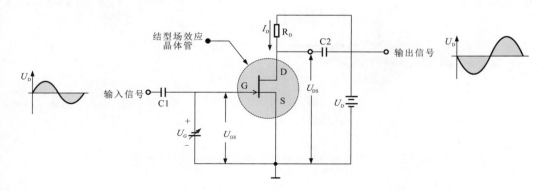

图 10-14　采用结型场效应晶体管构成的电压放大电路

❋ 2. 绝缘栅型场效应晶体管的功能特点

绝缘栅型场效应晶体管是利用 PN 结之间感应电荷的多少改变沟道导电特性来控制漏极电流实现放大功能的，如图 10-15 所示。

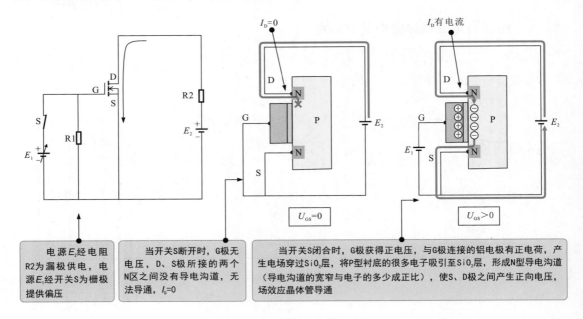

图 10-15　绝缘栅型场效应晶体管的放大功能

绝缘栅型场效应晶体管常用在音频功率放大、开关电源、逆变器、电源转换器、镇流器、充电器、电动机驱动、继电器驱动等电路中。图 10-16 为绝缘栅型场效应晶体管在收音机高频放大电路中的应用，可实现高频放大作用。

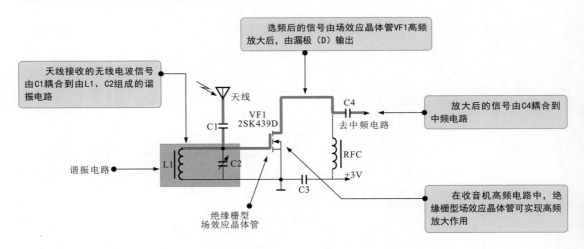

图 10-16　绝缘栅型场效应晶体管在收音机高频放大电路中的应用

10.2 场效应晶体管的检测方法

场效应晶体管是一种常见的电压控制元件，易被静电击穿，原则上不能用万用表直接检测各引脚之间的正、反向阻值，可以在电路板上在路检测或根据在电路中的功能搭建相应的电路后进行检测。

10.2.1 结型场效应晶体管放大能力的检测方法

场效应晶体管的放大能力是最基本的性能之一，一般可使用指针万用表粗略测量场效应晶体管是否具有放大能力。

图 10-17 为结型场效应晶体管放大能力的检测方法。

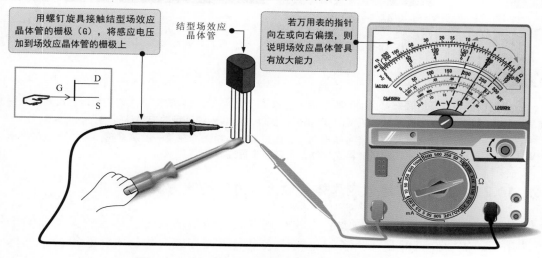

图 10-17 结型场效应晶体管放大能力的检测方法

根据结型场效应晶体管放大能力的检测方法和判断依据，选取一个已知性能良好的结型场效应晶体管，检测方法和判断步骤如图 10-18 所示。

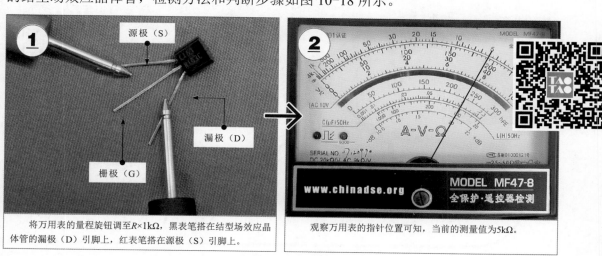

图 10-18 结型场效应晶体管放大能力的检测实例

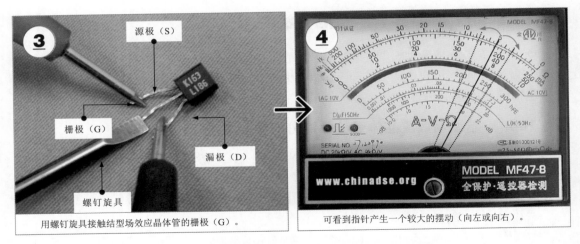

图 10-18　结型场效应晶体管放大能力的检测实例（续）

资料与提示

在正常情况下，万用表指针摆动的幅度越大，表明结型场效应晶体管的放大能力越好；反之，表明放大能力越差。若用螺钉旋具接触栅极（G）时指针不摆动，则表明结型场效应晶体管已失去放大能力。

在测量一次后再次测量时，表针可能不动，这是正常的，是因为在第一次测量时，G、S 之间的结电容积累了电荷。为能够使万用表的表针再次摆动，可在测量后短接一下 G、S。

❖ 10.2.2　绝缘栅型场效应晶体管放大能力的检测方法

绝缘栅型场效应晶体管放大能力的检测方法与结型场效应晶体管放大能力的检测方法相同。需要注意的是，为了避免人体感应电压过高或人体静电将绝缘栅型场效应晶体管击穿，检测时尽量不要用手触碰绝缘栅型场效应晶体管的引脚，可借助螺钉旋具碰触栅极引脚完成检测，如图 10-19 所示。

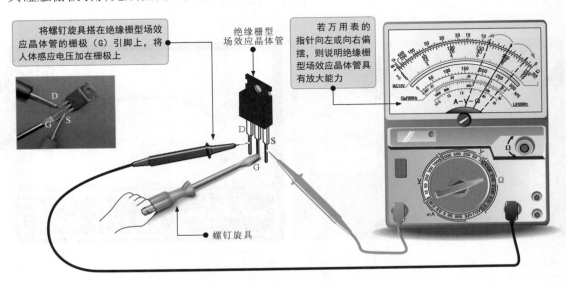

图 10-19　绝缘栅型场效应晶体管放大能力的检测方法

❖ 10.2.3 场效应晶体管驱动放大特性的检测方法

图 10-20 为场效应晶体管驱动放大特性的测试电路。图中，发光二极管是被驱动元件；场效应晶体管 VF 为控制元件。场效应晶体管 D、S 之间的电流受栅极 G 电压的控制，如图 10-20（b）所示。

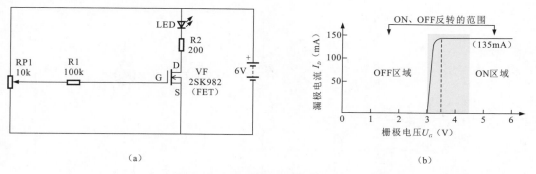

（a）　　　　　　　　　　　　　　　　　　　　（b）

图 10-20　场效应晶体管驱动放大特性的测试电路

图 10-20 中，当场效应晶体管的栅极电压低于 3V 时，场效应晶体管处于截止状态，发光二极管无电流，不亮；当场效应晶体管的栅极电压超过 3V、小于 3.5V 时，漏极电流开始线性增加，处于放大状态；当场效应晶体管的栅极电压大于 3.5V 时，场效应晶体管进入饱和导通状态。

可以使用万用表对场效应晶体管的驱动放大性能进行检测，搭建检测电路如图 10-21 所示。

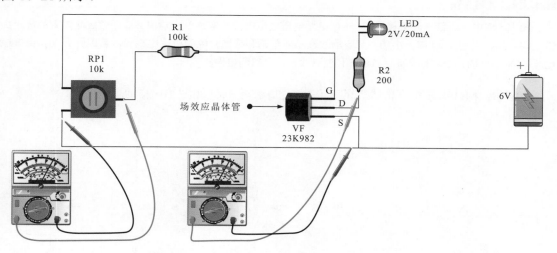

图 10-21　场效应晶体管驱动放大性能的检测电路

图 10-21 中，RP1 的动片经 R1 为场效应晶体管的栅极提供电压，微调 RP1 的阻值，场效应晶体管的漏极输出 0.2~6V 的电压，用万用表检测场效应晶体管漏极（D）的对地电压，即可了解导通情况，同时观察 LED 的发光状态。当场效应晶体管截止时，LED 不亮；当场效应晶体管处于放大状态时，LED 微亮；当场效应晶体管饱和导通时，LED 全亮，LED 的压降为 2V，R2 的压降为 4V，电流为 20mA。

❖ 10.2.4 场效应晶体管工作状态的检测方法

图 10-22 为采用小功率 MOS 场效应晶体管的直流电动机驱动电路。3 个小功率 MOS 场效应晶体管分别驱动 3 个直流电动机。3 个开关控制 3 个 MOS 场效应晶体管的栅极电压。

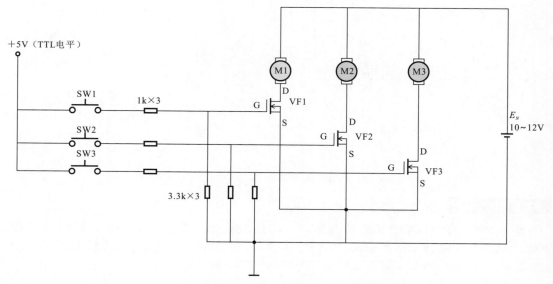

图 10-22　采用小功率 MOS 场效应晶体管的直流电动机驱动电路

资料与提示

图 10-22 中，当某一开关接通时，+5V 电源电压经电阻分压电路为小功率 MOS 场效应晶体管的栅极提供驱动电压，当为 3.5V 时，小功率 MOS 场效应晶体管饱和导通，电动机得电旋转，若断开开关，当栅极电压下降为 0V 时，小功率 MOS 场效应晶体管截止，电动机断电停转。

小功率 MOS 场效应晶体管的工作状态与等效电路如图 10-23 所示。

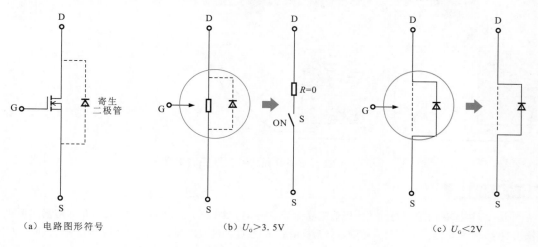

（a）电路图形符号　　　　　　（b）$U_G > 3.5V$　　　　　　（c）$U_G < 2V$

图 10-23　小功率 MOS 场效应晶体管的工作状态与等效电路

图 10-23 中，小功率 MOS 场效应晶体管的漏极和源极之间有一个寄生二极管，在漏极 D 有反向电压时可起保护作用。小功率 MOS 场效应晶体管漏极 D 与源极 S 之间的阻值受栅极电压的控制：当栅极电压 U_G 高于 3.5V 时，D、S 之间的阻值趋于 0，小功率 MOS 场效应晶体管饱和导通；当栅极电压 U_G 低于 2V 时，D、S 之间的阻值趋于无穷大，小功率 MOS 场效应晶体管相当于断路而截止。其关系曲线如图 10-24 所示。

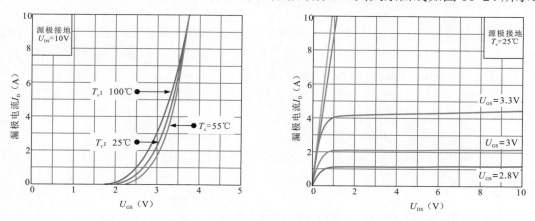

图 10-24　小功率 MOS 场效应晶体管漏极电流与 U_{GS} 和 U_{DS} 的关系曲线

小功率 MOS 场效应晶体管的检测电路如图 10-25 所示。

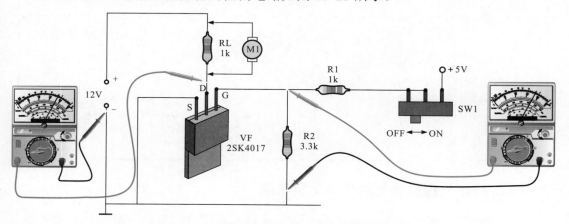

图 10-25　小功率 MOS 场效应晶体管的检测电路

为了方便检测，在电路中用负载电路取代直流电动机，使用指针万用表分别检测小功率 MOS 场效应晶体管的栅极电压和漏极电压，即可判别小功率 MOS 场效应晶体管的工作状态是否正常。

资料与提示

图 10-25 的具体检测方法如下：

当开关 SW1 置于 ON 位置时，小功率 MOS 场效应晶体管 VF 的栅极（G）电压上升为 3.5V，VF 导通，漏极（S）电压降为 0V。

当开关 SW1 置于 OFF 位置时，小功率 MOS 场效应晶体管 VF 的栅极（G）电压为 0V，VF 截止，漏极电压升为 12V。

10.3 场效应晶体管的选用与代换

检测时，若场效应晶体管损坏，则应对损坏的场效应晶体管进行代换。代换场效应晶体管时，要遵循基本的代换原则。

10.3.1 场效应晶体管的代换原则

场效应晶体管的代换原则就是在代换前，要保证所选用场效应晶体管的规格应符合产品要求；在代换过程中，要尽量采用最稳妥的代换方式，确保拆装过程安全可靠，不可造成二次故障，力求代换后的场效应晶体管能够良好、长久、稳定地工作。

① 场效应晶体管的种类比较多，在电路中的工作条件各不相同，在代换时要注意类别和型号的差异，不可任意代换。

② 场效应晶体管在保存和检测时应注意防静电，以免被击穿。

③ 代换时，应注意场效应晶体管的型号及引脚排列顺序。

资料与提示

不同类型场效应晶体管的适用电路和选用注意事项见表 10-1。

表 10-1　不同类型场效应晶体管的适用电路和选用注意事项

类　型	适用电路	选用注意事项
结型场效应晶体管	音频放大器的差分输入电路及调制、放大、阻抗变换、稳压、限流、自动保护等电路	◇ 选用场效应晶体管时应重点考虑主要参数应符合电路需求。 ◇ 当选用大功率场效应晶体管时，应注意最大耗散功率应达到放大器输出功率的0.5～1倍，漏—源极击穿电压应为放大器工作电压的2倍以上。 ◇ 场效应晶体管的高度、尺寸应符合电路需求。 ◇ 结型场效应晶体管的源极和漏极可以互换。 ◇ 音频功率放大器推挽输出用MOS大功率场效应晶体管的各项参数要匹配
MOS场效应晶体管	音频功率放大、开关电源、逆变器、电源转换器、镇流器、充电器、电动机驱动、继电器驱动等电路	
双栅型场效应晶体管	彩色电视机的高频调谐器电路、半导体收音机的变频器等高频电路	

10.3.2 场效应晶体管的代换注意事项

由于场效应晶体管的形态各异，安装方式也不相同，因此在代换时一定要注意方法，要根据电路特点及场效应晶体管的自身特性来选择正确、稳妥的代换方法。通常，场效应晶体管采用焊接的形式固定在电路板上，从焊接的形式上看，主要可以分为表面贴装和插接焊装两种形式，如图 10-26 所示。

【表面贴装场效应晶体管代换注意事项】	【插接焊装场效应晶体管代换注意事项】
表面贴装场效应晶体管的体积普遍较小，常用于元器件密集的数码电路中。在拆卸和焊接时，最好使用热风焊枪加热引脚，使用镊子实现对场效应晶体管的抓取、固定或挪动等操作	插接焊装场效应晶体管的引脚通常会穿过电路板，并在电路板的另一面（背面）进行焊接固定，代换时，通常使用普通电烙铁即可

图 10-26　场效应晶体管的代换注意事项

在拆卸场效应晶体管之前，应首先对操作环境进行检查，确保操作环境干燥、整洁，确保操作平台稳固、平整，确保待检修电路板或设备处于断电、冷却状态。

由于场效应晶体管比较容易被击穿，因此在操作前，操作者应对自身进行放电，最好在带有防静电手环的环境下操作，如图 10-27 所示。

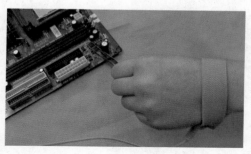

图 10-27　场效应晶体管在代换操作时的防静电要求

拆卸时，应确认场效应晶体管引脚处的焊锡被彻底清除，并小心地将场效应晶体管从电路板上取下。取下时，一定要谨慎，若在引脚焊点处还有焊锡粘连的现象，应再用电烙铁清除，直至场效应晶体管被稳妥取下，切不可硬拔。

拆下后，用酒精棉签清洁焊孔，若电路板上有氧化层或未去除的焊锡，则可用砂纸等打磨，去除氧化层或焊锡，为更换安装新的场效应晶体管做好准备。

焊接时，要保证焊点整齐、漂亮，不能有连焊、虚焊等现象，以免造成元器件损坏。在电烙铁被加热后，可以在电烙铁上沾一些松香后再焊接，使焊点不容易氧化。

此外，有些大功率场效应晶体管安装有散热片，在拆卸和焊接时，应首先将场效应晶体管从电路板和散热片上拆下，然后将同型号、良好的场效应晶体管用导热硅胶固定在散热片上，再焊接在电路板上。

10.3.3　场效应晶体管的代换方法

（1）插接焊装场效应晶体管的代换方法

对插接焊装的场效应晶体管进行代换时，应采用电烙铁、吸锡器和焊锡丝等进行拆焊和焊接操作，如图 10-28 所示。

图 10-28　插接焊装场效应晶体管的代换方法

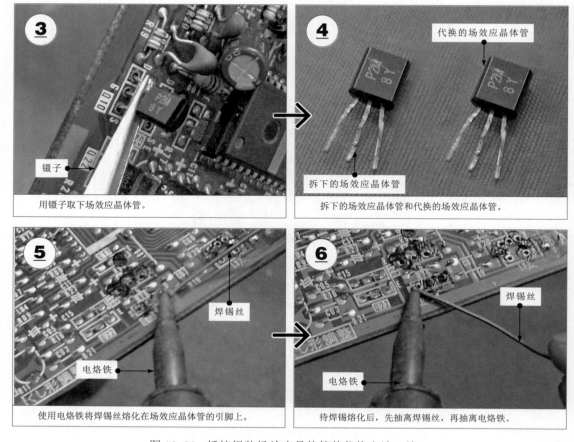

图 10-28　插接焊装场效应晶体管的代换方法（续）

（2）表面贴装场效应晶体管的代换方法

对于表面贴装的场效应晶体管，需使用热风焊枪、镊子等进行拆卸和焊装。将热风焊枪的温度调节旋钮调至 4～5 挡，风速调节旋钮调至 2～3 挡，打开电源开关预热后，即可进行拆卸和焊装操作，如图 10-29 所示。

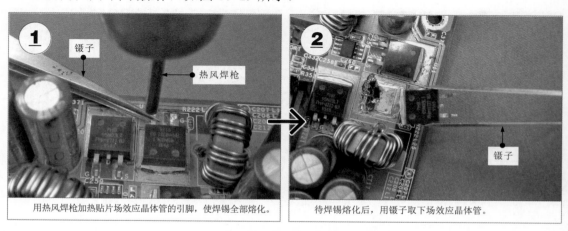

图 10-29　表面贴装场效应晶体管的代换方法

用镊子将新的场效应晶体管固定在电路板的焊点上。

用镊子按住场效应晶体管，用热风焊枪加热场效应晶体管的引脚焊点，待焊锡熔化后，移开热风焊枪即可。

图 10-29 表面贴装场效应晶体管的代换方法（续）

资料与提示

在更换场效应晶体管时，了解场效应晶体管的参数信息十分关键，常见场效应晶体管的型号及相关参数见表 10-2。

表 10-2 常见场效应晶体管的型号及相关参数

型 号	沟 道	$U_{(BR)DSS}$（V）	I_{DS}（A）	功率（W）	类 型
IRFU020	N	50	15	42	MOS场效应晶体管
IRFPG42	N	1000	4	150	MOS场效应晶体管
IRFPF40	N	900	4.7	150	MOS场效应晶体管
IRFP9240	P	200	12	150	MOS场效应晶体管
IRFP9140	P	100	19	150	MOS场效应晶体管
IRFP460	N	500	20	250	MOS场效应晶体管
IRFP450	N	500	14	180	MOS场效应晶体管
IRFP440	N	500	8	150	MOS场效应晶体管
IRFP353	N	350	14	180	MOS场效应晶体管
IRFP350	N	400	16	180	MOS场效应晶体管
IRFP340	N	400	10	150	MOS场效应晶体管
IRFP250	N	200	33	180	MOS场效应晶体管
IRFP240	N	200	19	150	MOS场效应晶体管
IRFP150	N	100	40	180	MOS场效应晶体管
IRFP140	N	100	30	150	MOS场效应晶体管
IRFP054	N	60	65	180	MOS场效应晶体管
IRFI744	N	400	4	32	MOS场效应晶体管

（续表）

型号	沟道	$U_{(BR)DSS}$（V）	I_{DS}（A）	功率（W）	类型
IRFI730	N	400	4	32	MOS场效应晶体管
IRFD9120	N	100	1	1	MOS场效应晶体管
IRFD123	N	80	1.1	1	MOS场效应晶体管
IRFD120	N	100	1.3	1	MOS场效应晶体管
IRFD113	N	60	0.8	1	MOS场效应晶体管
IRFBE30	N	800	2.8	75	MOS场效应晶体管
IRFBC40	N	600	6.2	125	MOS场效应晶体管
IRFBC30	N	600	3.6	74	MOS场效应晶体管
IRFBC20	N	600	2.5	50	MOS场效应晶体管
IRFS9630	P	200	6.5	75	MOS场效应晶体管
IRF9630	P	200	6.5	75	MOS场效应晶体管
IRF9610	P	200	1	20	MOS场效应晶体管
IRF9541	P	60	19	125	MOS场效应晶体管
IRF9531	P	60	12	75	MOS场效应晶体管
IRF9530	P	100	12	75	MOS场效应晶体管
IRF840	N	500	8	125	MOS场效应晶体管
IRF830	N	500	4.5	75	MOS场效应晶体管
IRF740	N	400	10	125	MOS场效应晶体管
IRF730	N	400	5.5	75	MOS场效应晶体管
IRF720	N	400	3.3	50	MOS场效应晶体管
IRF640	N	200	18	125	MOS场效应晶体管
IRF630	N	200	9	75	MOS场效应晶体管
IRF610	N	200	3.3	43	MOS场效应晶体管
IRF541	N	80	28	150	MOS场效应晶体管
IRF540	N	100	28	150	MOS场效应晶体管
IRF530	N	100	14	79	MOS场效应晶体管
IRF440	N	500	8	125	MOS场效应晶体管
IRF230	N	200	9	79	MOS场效应晶体管
IRF130	N	100	14	79	MOS场效应晶体管
BUZ20	N	100	12	75	MOS场效应晶体管
BUZ11A	N	50	25	75	MOS场效应晶体管
BS170	N	60	0.3	0.63	MOS场效应晶体管

第11章
晶闸管的识别、检测、选用与代换

11.1 认识晶闸管

晶闸管是晶体闸流管的简称，是一种可控整流元件，也称可控硅。晶闸管在一定的电压条件下，只要有一触发脉冲就可导通，触发脉冲消失，晶闸管仍然能维持导通状态。

11.1.1 了解晶闸管的种类特点

晶闸管常作为电动机驱动、电动机调速、电量通/断、调压、控温等的控制元件，广泛应用于电子产品、工业控制及自动化生产等领域，如图11-1所示。

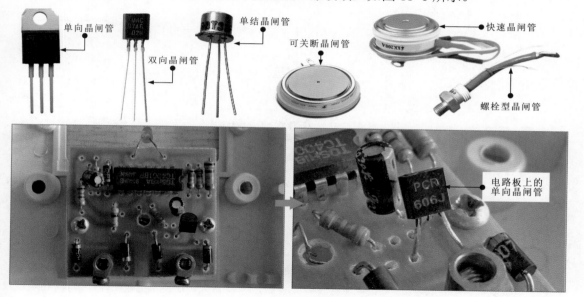

图11-1　常见晶闸管的实物外形

资料与提示

晶闸管的类型较多，分类方式多种多样：

◇ 按关断、导通及控制方式可分为普通单向晶闸管、双向晶闸管、逆导晶闸管、可关断晶闸管、BTG晶闸管、温控晶闸管及光控晶闸管等多种。

◇ 按引脚和极性可分为二极晶闸管、三极晶闸管和四极晶闸管。

◇ 按封装形式可分为金属封装晶闸管、塑封封装晶闸管及陶瓷封装晶闸管。其中，金属封装晶闸管分为螺栓型晶闸管、平板型晶闸管、圆壳型晶闸管等；塑封封装晶闸管分为带散热片型晶闸管和不带散热片型晶闸管。

◇ 按电流容量可分为大功率晶闸管、中功率晶闸管和小功率晶闸管。

◇ 按关断速度可分为普通晶闸管和快速晶闸管。

✳ 1. 单向晶闸管

单向晶闸管（SCR）是触发后只允许一个方向的电流流过的晶闸管，相当于一个可控的整流二极管，是由 P-N-P-N 共 4 层 3 个 PN 结组成的，广泛应用在可控整流、交流调压、逆变器和开关电源等电路中。

图 11-2 为单向晶闸管的实物外形及基本特性。

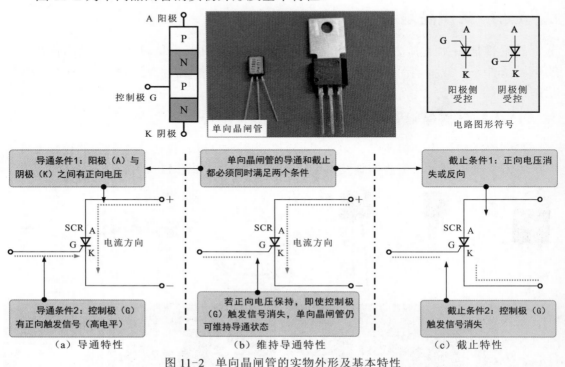

图 11-2　单向晶闸管的实物外形及基本特性

资料与提示

可以将单向晶闸管等效看成一个 PNP 型三极管和一个 NPN 型三极管的交错结构，如图 11-3 所示。当给单向晶闸管的阳极（A）加正向电压时，三极管 V1 和 V2 都承受正向电压，V2 发射极正偏，V1 集电极反偏。如果这时在控制极（G）加上较小的正向控制电压 U_g（触发信号），则有控制电流 I_g 送入 V1 的基极。经过放大，V1 的集电极便有 $I_{C1}=\beta_1 I_g$ 的电流，将此电流送入 V2 的基极，经 V2 放大，V2 的集电极便有 $I_{C1}=\beta_1\beta_2 I_g$ 的电流。该电流又送入 V1 的基极。如此反复，两个三极管便很快导通。导通后，V1 的基极始终有比 I_g 大得多的电流，即使触发信号消失，仍能保持导通状态。

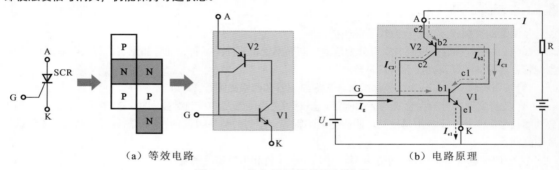

（a）等效电路　　　　　　　　　　　　　（b）电路原理

图 11-3　单向晶闸管的控制原理

☀ **2. 双向晶闸管**

双向晶闸管又称双向可控硅，是由 N-P-N-P-N 共 5 层 4 个 PN 结组成的，有第一电极（T1）、第二电极（T2）、控制极（G）3 个电极，在结构上相当于两个单向晶闸管反极性并联，常用在交流电路中调节电压、电流或作为交流无触点开关。

图 11-4 为双向晶闸管的实物外形及基本特性。

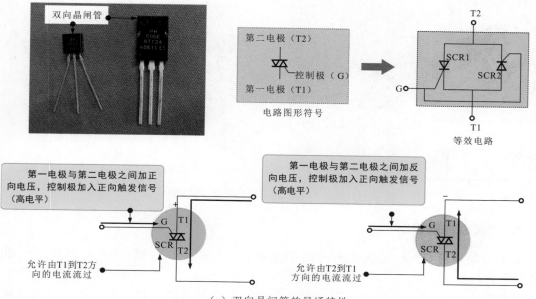

（a）双向晶闸管的导通特性

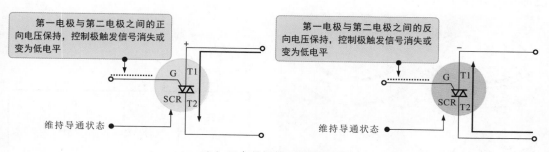

（b）双向晶闸管可维持导通特性

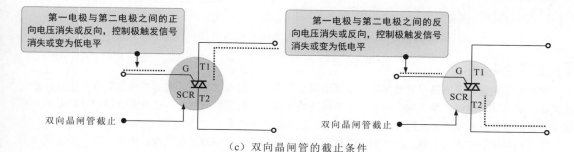

（c）双向晶闸管的截止条件

图 11-4　双向晶闸管的实物外形及基本特性

❈ 3. 单结晶闸管

单结晶闸管（UJT）也称双基极二极管，是由一个 PN 结和两个内电阻构成的，广泛应用在振荡、定时、双稳及晶闸管触发等电路中。

图 11-5 为单结晶闸管的实物外形及基本特性。

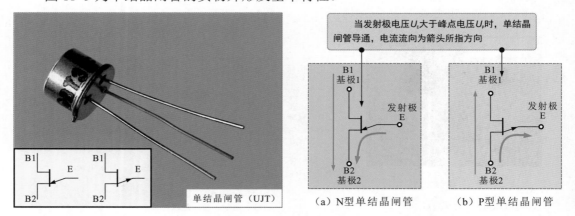

图 11-5　单结晶闸管的实物外形及基本特性

❈ 4. 可关断晶闸管

可关断晶闸管 GTO（Gate Turn-Off Thyristor）俗称门控晶闸管，是由 P-N-P-N 共 4 层 3 个 PN 结组成的。

可关断晶闸管的主要特点是当门极加负向触发信号时能自行关断，实物外形及电路图形符号如图 11-6 所示。

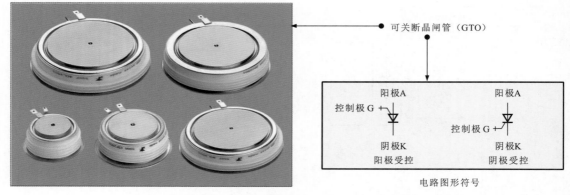

图 11-6　可关断晶闸管的实物外形及电路图形符号

资料与提示

可关断晶闸管与普通晶闸管的区别：普通晶闸管受门极正信号触发后，撤掉信号也能维持通态，欲使其关断，必须切断电源，使正向电流低于维持电流或施以反向电压强行关断。这就需要增加换向电路，不仅使设备的体积、重量增大，还会降低效率，产生波形失真和噪声。

可关断晶闸管克服了普通晶闸管的上述缺陷，既保留了普通晶闸管的耐压高、电流大等优点，又具有自关断能力，使用方便，是理想的高压、大电流开关元件。大功率可关断晶闸管已广泛用于斩波调速、变频调速、逆变电源等领域。

❈ **5. 快速晶闸管**

快速晶闸管是由 P-N-P-N 共 4 层 3 个 PN 结组成的，主要应用在较高频率的整流电路、斩波电路、逆变电路和变频电路中。图 11-7 为快速晶闸管的外形特点及电路图形符号。

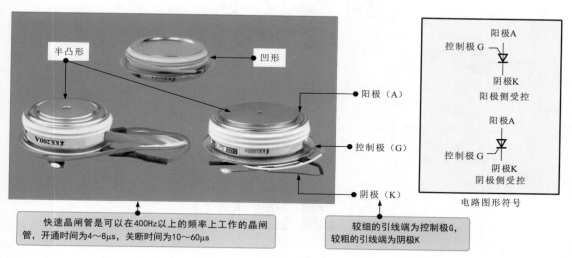

图 11-7 快速晶闸管的外形特点及电路图形符号

❈ **6. 螺栓型晶闸管**

螺栓型晶闸管与普通单向晶闸管相同，只是封装形式不同，安装在散热片上，工作电流较大时多采用这种结构形式。

图 11-8 为螺栓型晶闸管的外形特点及电路图形符号。

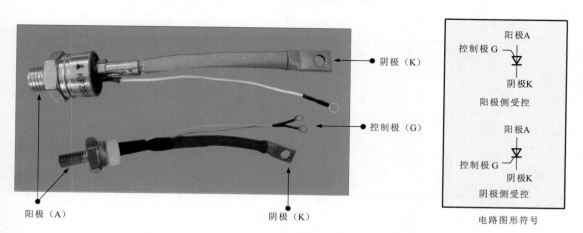

图 11-8 螺栓型晶闸管的外形特点及电路图形符号

❖ **11.1.2 厘清晶闸管的参数标识**

晶闸管的参数标识，即命名方式因国家和生产厂家的不同而不同。

国产晶闸管的命名方式如图11-9所示。

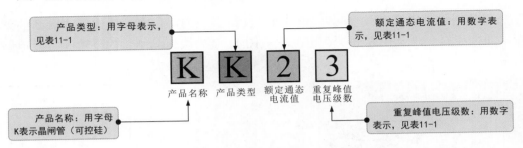

图11-9 国产晶闸管的命名方式

日产晶闸管的命名方式如图11-10所示。

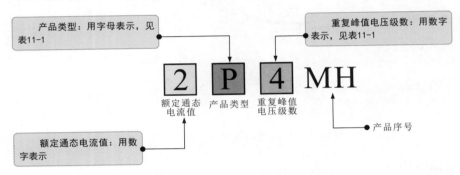

图11-10 日产晶闸管的命名方式

资料与提示

晶闸管的产品类型、额定通态电流值、重复峰值电压级数的字母或数字的含义见表11-1。

表11-1 晶闸管的产品类型、额定通态电流值、重复峰值电压级数的字母或数字的含义

额定通态电流值	含义	额定通态电流值	含义	重复峰值电压级数	含义	重复峰值电压级数	含义	产品类型	含义
1	1A	50	50A	1	100V	7	700V	P	普通反向阻断型
2	2A	100	100A	2	200V	8	800V		
5	5A	200	200A	3	300V	9	900V	K	快速反向阻断型
10	10A	300	300A	4	400V	10	1000V		
20	20A	400	400A	5	500V	12	1200V	S	双向型
30	30A	500	500A	6	600V	14	1400V		

国际电子联合会晶闸管的命名方式如图11-11所示。

晶闸管参数标识的识读实例如图11-12所示。

资料与提示

普通单向晶闸管、双向晶闸管的引脚外形无明显特征，主要根据参数标识，通过查阅相关资料识别引脚极性，如图11-13所示。

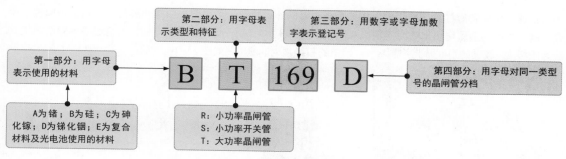

图 11-11　国际电子联合会晶闸管的命名方式

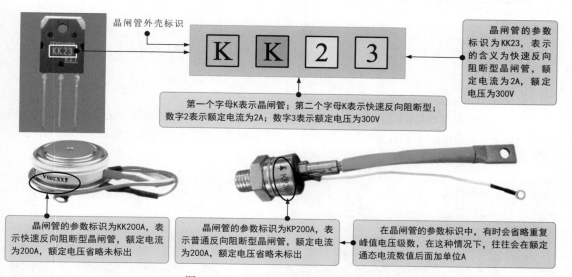

图 11-12　晶闸管参数标的识读实例

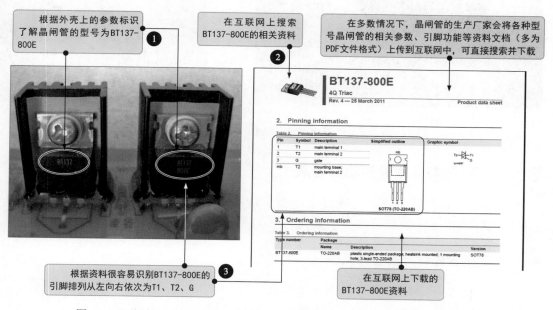

图 11-13　根据晶闸管的参数标识在互联网上查阅引脚极性的操作方法

快速晶闸管和螺栓型晶闸管的引脚具有很明显的外形特征，可以根据引脚外形特性识别引脚极性：快速晶闸管中间的金属环引出线为控制极 G，平面端为阳极 A，另一端为阴极 K；螺栓型普通晶闸管的螺栓一端为阳极 A，较细的引线端为控制极 G，较粗的引线端为阴极 K，如图 11-14 所示。

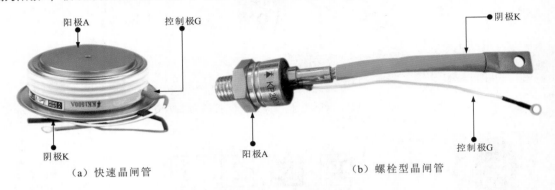

（a）快速晶闸管　　　　　　　　　　　　　　　（b）螺栓型晶闸管

图 11-14　根据引脚外形特征识别晶闸管的引脚极性

识别安装在电路板上晶闸管的引脚极性时，可观察晶闸管周围或背面焊接面上有无标识信息，根据标识信息可以很容易识别引脚极性，如图 11-15 所示；也可以根据晶闸管所在电路，找到对应的电路图纸，根据电路图纸中晶闸管的电路图形符号识别引脚极性。

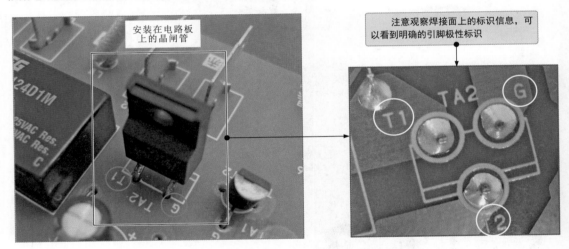

图 11-15　根据电路板上的标识信息识别晶闸管的引脚极性

11.1.3　知晓晶闸管的功能特点

晶闸管的主要功能特点是通过小电流实现高电压、高电流的控制，在实际应用中主要作为可控整流元件和可控电子开关。

1. 晶闸管作为可控整流元件

图 11-16 为由晶闸管构成的调压电路。

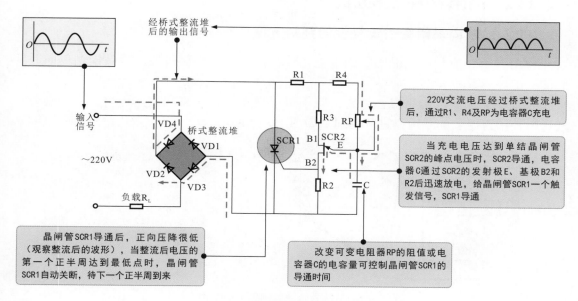

经桥式整流堆后的输出信号

输入信号

~220V

VD4 桥式整流堆 VD1

VD2 VD3

负载 R_L

R1 R4

R3 RP

SCR1 B1 SCR2 E

B2

R2 C

> 220V交流电压经过桥式整流堆后，通过R1、R4及RP为电容器C充电

> 当充电电压达到单结晶闸管SCR2的峰点电压时，SCR2导通，电容器C通过SCR2的发射极E、基极B2和R2后迅速放电，给晶闸管SCR1一个触发信号，SCR1导通

> 晶闸管SCR1导通后，正向压降很低（观察整流后的波形），当整流后电压的第一个正半周达到最低点时，晶闸管SCR1自动关断，待下一个正半周到来

> 改变可变电阻器RP的阻值或电容器C的电容量可控制晶闸管SCR1的导通时间

图 11-16　由晶闸管构成的调压电路

2. 晶闸管作为可控电子开关

图 11-17 为晶闸管作为可控电子开关的应用。

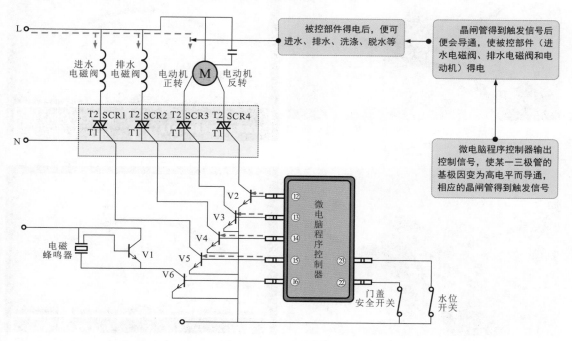

L

进水电磁阀　排水电磁阀　电动机正转　M　电动机反转

N

T2 SCR1 T2 SCR2 T2 SCR3 T2 SCR4
T1　　　T1　　　T1　　　T1

电磁蜂鸣器

V1 V2 V3 V4 V5 V6

微电脑程序控制器

12 13 14 15 16 23 22

门盖安全开关　水位开关

> 被控部件得电后，便可进水、排水、洗涤、脱水等

> 晶闸管得到触发信号后便会导通，使被控部件（进水电磁阀、排水电磁阀和电动机）得电

> 微电脑程序控制器输出控制信号，使某一三极管的基极因变为高电平而导通，相应的晶闸管得到触发信号

图 11-17　晶闸管作为可控电子开关的应用

235

11.2 晶闸管的检测方法

11.2.1 单向晶闸管引脚极性的判别方法

使用万用表检测单向晶闸管的性能，首先需要判别引脚极性，这是检测单向晶闸管的关键环节。

判别单向晶闸管的引脚极性时，除了可以根据标识信息和数据资料进行判别外，还可以使用万用表的欧姆挡进行判别，如图11-18所示。

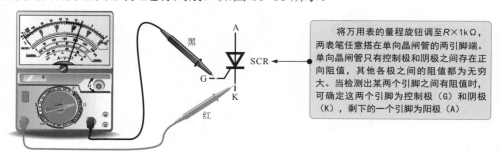

将万用表的量程旋钮调至$R \times 1k\Omega$，两表笔任意搭在单向晶闸管的两引脚端。单向晶闸管只有控制极和阴极之间存在正向阻值，其他各极之间的阻值都为无穷大。当检测出某两个引脚之间有阻值时，可确定这两个引脚为控制极（G）和阴极（K），剩下的一个引脚为阳极（A）

图 11-18　单向晶闸管引脚极性的判别方法

图11-19为单向晶闸管引脚极性的判别实例。

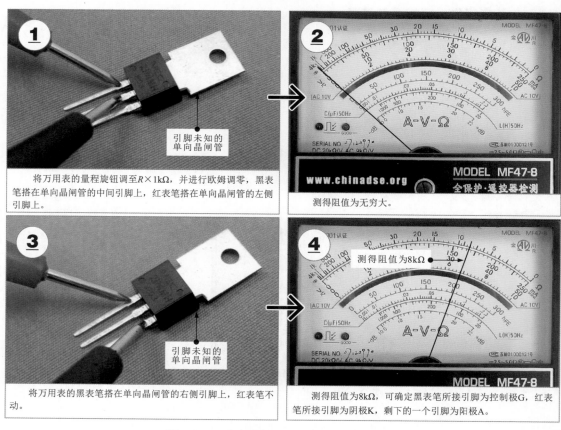

① 将万用表的量程旋钮调至$R \times 1k\Omega$，并进行欧姆调零，黑表笔搭在单向晶闸管的中间引脚上，红表笔搭在单向晶闸管的左侧引脚上。

② 测得阻值为无穷大。

③ 将万用表的黑表笔搭在单向晶闸管的右侧引脚上，红表笔不动。

④ 测得阻值为8kΩ，可确定黑表笔所接引脚为控制极G，红表笔所接引脚为阴极K，剩下的一个引脚为阳极A。

图 11-19　单向晶闸管引脚极性的判别实例

❖ 11.2.2 单向晶闸管触发能力的检测方法

单向晶闸管触发能力的检测方法如图 11-20 所示。

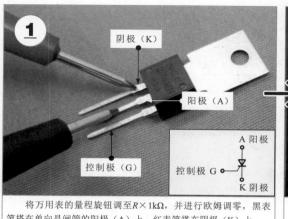

将万用表的量程旋钮调至 $R \times 1k\Omega$，并进行欧姆调零，黑表笔搭在单向晶闸管的阳极（A）上，红表笔搭在阴极（K）上。

测得阻值为无穷大。

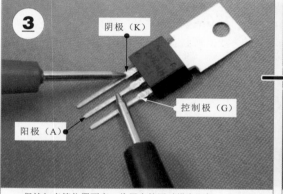

保持红表笔位置不变，将黑表笔同时搭在阳极（A）和控制极（G）上。

万用表的指针向右侧大范围摆动，表明晶闸管已经导通。

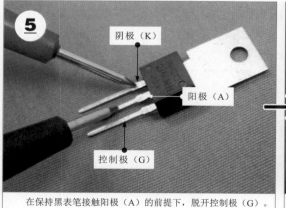

在保持黑表笔接触阳极（A）的前提下，脱开控制极（G）。

万用表的指针仍指示低阻值状态，说明晶闸管处于维持导通状态，触发能力正常。

图 11-20　单向晶闸管触发能力的检测方法

上述检测方法由指针万用表内电池产生的电流维持单向晶闸管的导通状态，但有些大电流单向晶闸管需要较大的电流才能维持导通状态，因此黑表笔脱离控制极（G）后，单向晶闸管不能维持导通状态是正常的。在这种情况下需要搭建电路进行检测。

图 11-21 为单向晶闸管的应用电路。

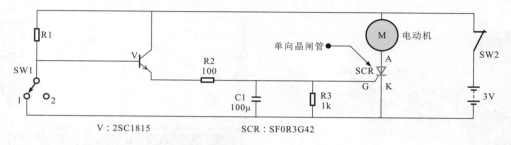

图 11-21　单向晶闸管的应用电路

资料与提示

由图 11-21 可知，当开关 SW1 置于 1 位置时，V 的基极电压升高，R1 为 V 提供基极电流，V 导通，V 的发射极电压上升，接近电源电压 3V，该电压经 R2 给电容 C1 充电，使 C1 上的电压上升并加到 SCR 的触发极，SCR 导通，电动机旋转。此时，若 SW1 回到 2 的位置，则 V 的基极电压因下降为 0V 而截止，触发信号消失，但 SCR 仍处于导通状态，电动机仍旋转。若断开 SW2，则直流电动机停转，SCR 截止，再接通 SW2，SCR 仍然处于截止状态，等待被触发。

搭建电路检测单向晶闸管的触发能力，为了观察和检测方便，可用接有限流电阻的发光二极管代替电动机，如图 11-22 所示。

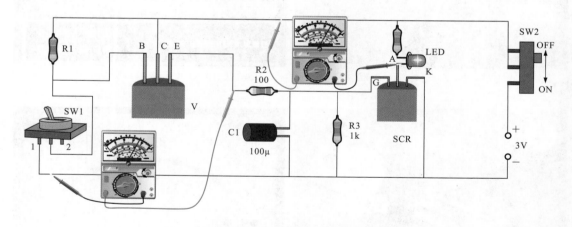

图 11-22　搭建电路检测单向晶闸管的触发能力

资料与提示

图 11-22 中，①将 SW2 置于 ON，SW1 置于 1 端，三极管 V 导通，其发射极（e）电压为 3V，单向晶闸管 SCR 导通，其阳极（A）电压为 3V，LED 发光；②保持上述状态，将 SW1 置于 2 端，三极管 V 截止，其发射极（e）电压为 0V，单向晶闸管 SCR 仍维持导通，其阳极（A）为 3V，LED 发光；③保持上述状态，将 SW2 置于 OFF，电路断开，LED 熄灭；④再将 SW2 置于 ON，电路处于等待状态，又可以重复上述工作状态。

这种情况表明，电路中的单向晶闸管工作正常。

❖ 11.2.3 双向晶闸管触发能力的检测方法

检测双向晶闸管的触发能力与检测单向晶闸管触发能力的方法基本相同，如图 11-23 所示。

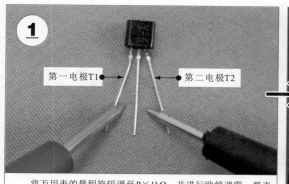

将万用表的量程旋钮调至 $R \times 1k\Omega$，并进行欧姆调零，黑表笔搭在双向晶闸管的第二电极（T2）上，红表笔搭在第一电极（T1）上。

测得的阻值为无穷大。

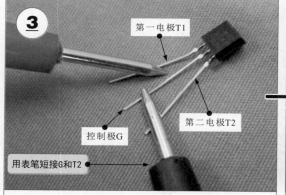

保持红表笔位置不动，将黑表笔同时搭在第二电极（T2）和控制极（G）上。

万用表的指针向右侧大范围摆动，表明双向晶闸管已经导通。

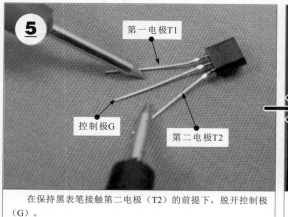

在保持黑表笔接触第二电极（T2）的前提下，脱开控制极（G）。

万用表的指针仍指示低阻值状态，说明双向晶闸管处于维持导通状态，触发能力正常。

图 11-23 双向晶闸管触发能力的检测方法

搭建电路检测双向晶闸管的触发能力，如图 11-24 所示。

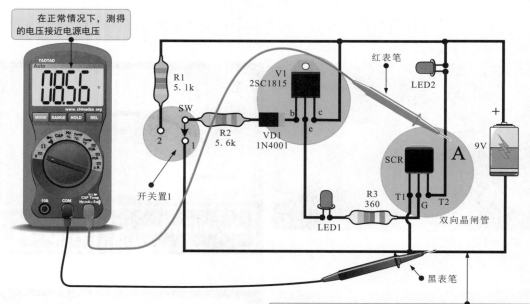

在正常情况下，测得的电压接近电源电压

将开关SW置于1端，接地，V1因基极为低电平而截止，无信号触发双向晶闸管SCR，SCR截止，发光二极管LED2不亮，万用表黑表笔搭在双向晶闸管的第一电极（T1）上，红表笔搭在第二电极（T2）上，测得的电压值接近电源电压（9V）

将开关SW置于2端，V1因基极电压升高而导通，LED1导通发光，为SCR提供触发信号，SCR导通，LED2发光，万用表可测得双向晶闸管的压降很低，约为0.31V

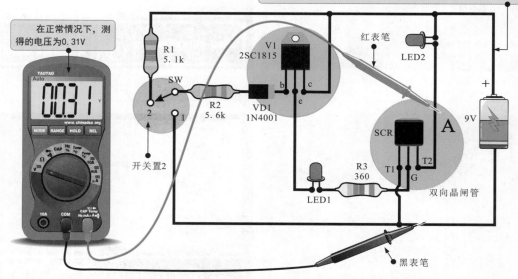

在正常情况下，测得的电压为0.31V

图 11-24　搭建电路检测双向晶闸管的触发能力

11.2.4 双向晶闸管正、反向导通特性的检测方法

除了使用数字万用表对双向晶闸管的触发能力进行检测外，还可以使用安装有附加测试器的数字万用表对双向晶闸管的正、反向导通特性进行检测。如图 11-25 所示，将双向晶闸管插入数字万用表附加测试器的三极管（NPN 管）检测插孔上，只插接 E、C 插孔，并在电路中串联限流电阻（330Ω）。

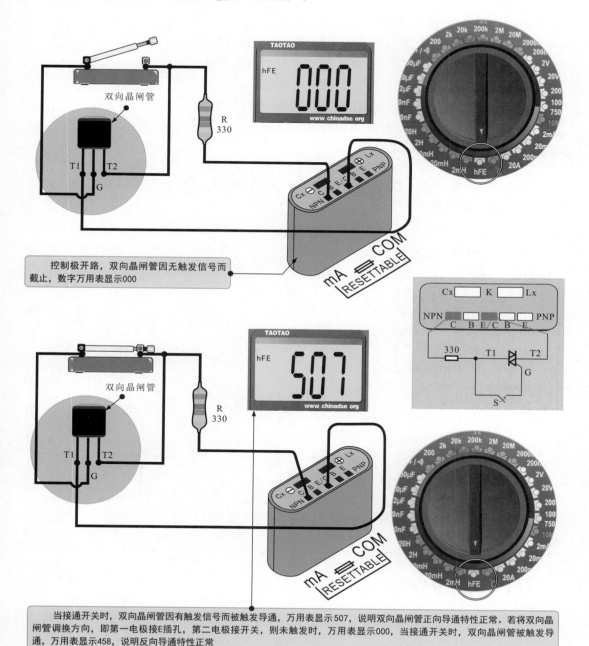

图 11-25 使用数字万用表检测双向晶闸管的正、反向导通特性

11.3 晶闸管的选用与代换

检测时，若发现晶闸管损坏，则应对损坏的晶闸管进行代换。代换时，要遵循晶闸管的代换原则及注意事项。

11.3.1 晶闸管的代换原则及注意事项

在代换晶闸管之前，要保证所代换晶闸管的规格符合要求；在代换过程中，要注意安全可靠，防止造成二次故障，力求代换后的晶闸管能够良好、长久、稳定地工作。

① 代换晶闸管时要注意反向耐压、允许电流和触发信号的极性。

② 反向耐压高的晶闸管可以代换反向耐压低的晶闸管。

③ 允许电流大的晶闸管可以代换允许电流小的晶闸管。

④ 触发信号的极性应与触发电路对应。

资料与提示

晶闸管的类型较多，不同类型晶闸管的参数不同，若晶闸管损坏，则最好选用同型号的晶闸管代换。不同类型晶闸管的适用电路和选用注意事项见表11-2。

表 11-2 不同类型晶闸管的适用电路和选用注意事项

类型	适用电路	选用注意事项
单向晶闸管	交/直流电压控制、可控硅整流、交流调压、逆变电源、开关电源保护等电路	① 选用晶闸管时应重点考虑额定峰值电压、额定电流、正向压降、门极触发电流及触发电压、控制极触发电压与触发电流、开关速度等参数。 ② 一般选用晶闸管的额定峰值电压和额定电流均应高于工作电路中的最大工作电压和最大工作电流的1.5～2倍。 ③ 所选用晶闸管的触发电压与触发电流一定要小于实际应用中的数值。 ④ 所选用晶闸管的尺寸、引脚长度应符合应用电路的要求。 ⑤ 选用双向晶闸管时，还应考虑浪涌电流参数应符合电路要求。 ⑥ 一般在直流电路中可以选用普通晶闸管或双向晶闸管；在用直流电源接通和断开来控制功率的直流电路中，开关速度快、频率高，需选用高频晶闸管。 ⑦ 值得注意的是，在选用高频晶闸管时，要特别注意高温下和室温下的耐压值，大多数高频晶闸管在额定高温下的关断时间为室温下关断时间的2倍多。
双向晶闸管	交流开关、交流调压、交流电动机线性调速、灯具线性调光及固态继电器、固态接触器等电路	
逆导晶闸管	电磁灶、电子镇流器、超声波、超导磁能存储系统及开关电源等电路	
光控晶闸管	光电耦合器、光探测器、光报警器、光计数器、光电逻辑电路及自动生产线的运行键控等电路	
门极关断晶闸管	交流电动机变频调速、逆变电源及各种电子开关等电路	

11.3.2 晶闸管的代换方法

晶闸管一般直接焊接在电路板上，代换时，可借助电烙铁、吸锡器、焊锡丝等进行拆卸和焊接操作。

图11-26为晶闸管的代换方法。由图可知，晶闸管的代换包括拆卸和焊接两个环节。代换时，首先将电烙铁通电，待预热完毕，再配合吸锡器、焊锡丝等进行拆卸和焊接操作。

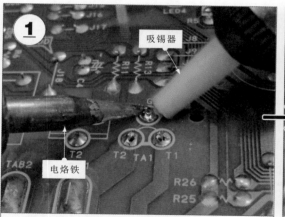

使用电烙铁加热晶闸管的引脚焊点，并用吸锡器吸走熔化的焊锡。

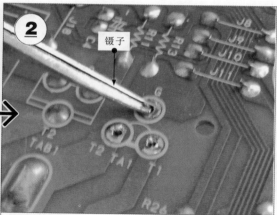

用镊子检查晶闸管的引脚焊点是否与电路板完全脱离。

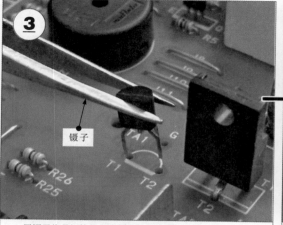

用镊子将晶闸管从电路板上取下。

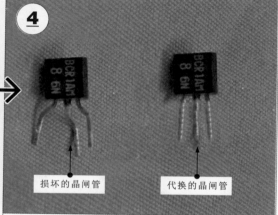

识别损坏晶闸管的型号及相关参数标识，选择同型号的晶闸管代换。

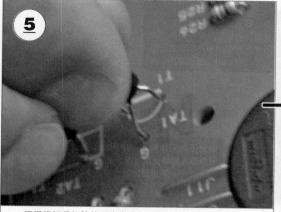

根据损坏晶闸管的引脚弯度加工代换晶闸管的引脚，并插在电路板上。

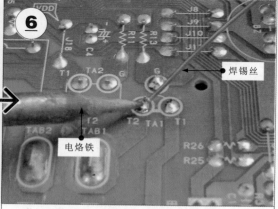

使用电烙铁将焊锡丝熔化在代换晶闸管的引脚上，待熔化后，先抽离焊锡丝，再抽离电烙铁，完成焊接。

图 11-26 晶闸管的代换方法

第12章

集成电路的识别、检测、选用与代换

12.1 认识集成电路

集成电路是利用半导体工艺将电阻器、电容器、晶体管及连线制作在很小的半导体材料或绝缘基板上，形成一个完整的电路，并封装在特制的外壳中，具有体积小、重量轻、电路稳定、集成度高等特点，在电子产品中应用十分广泛。

图 12-1 为集成电路的结构特点。

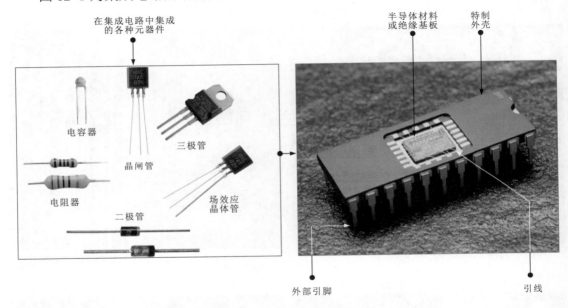

图 12-1 集成电路的结构特点

12.1.1 了解集成电路的种类特点

集成电路的种类繁多，分类方式多种多样，根据外形和封装形式的不同主要可分为金属壳封装（CAN）集成电路、单列直插式封装（SIP）集成电路、双列直插式封装（DIP）集成电路、扁平封装（PFP、QFP）集成电路、插针网格阵列封装（PGA）集成电路、球栅阵列封装（BGA）集成电路、无引线塑料封装（PLCC）集成电路、芯片缩放式封装（CSP）集成电路、多芯片模块封装（MCM）集成电路等。

※ 1. 金属壳封装（CAN）集成电路

金属壳封装（CAN）集成电路一般为金属圆帽形，功能较为单一，引脚数较少，如图 12-2 所示。

图 12-2　金属壳封装（CAN）集成电路的实物外形

※ 2. 单列直插式封装（SIP）集成电路

单列直插式封装集成电路的引脚只有一列，内部电路比较简单，引脚数较少，小型集成电路多采用这种封装形式，如图 12-3 所示。

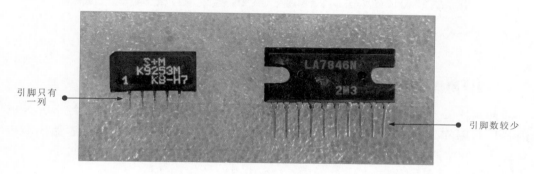

图 12-3　单列直插式封装（SIP）集成电路的实物外形

※ 3. 双列直插式封装（DIP）集成电路

双列直插式封装集成电路的引脚有两列，且多为长方形结构。大多数中小规模的集成电路均采用这种封装形式，引脚数一般不超过 100 个，如图 12-4 所示。

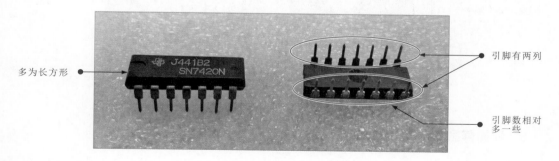

图 12-4　双列直插式封装（DIP）集成电路的实物外形

4. 扁平封装（PFP、QFP）集成电路

扁平封装集成电路的引脚从封装外壳侧面引出，呈 L 形，引脚间隙很小，引脚很细，一般大规模或超大型集成电路都采用这种封装形式，引脚数一般在 100 个以上，主要采用表面贴装技术安装在电路板上，如图 12-5 所示。

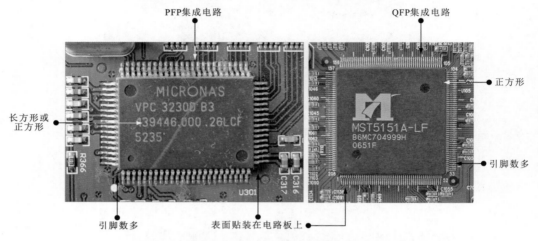

图 12-5　扁平封装（PFP、QFP）集成电路的实物外形

5. 插针网格阵列封装（PGA）集成电路

插针网格阵列封装（PGA）集成电路在芯片外有多个方阵形插针，每个方阵形插针沿芯片四周间隔一定的距离排列，根据引脚数目的多少可以围成 2 ～ 5 圈，多应用在高智能化数字产品中。

图 12-6 为插针网格阵列封装（PGA）集成电路的实物外形。

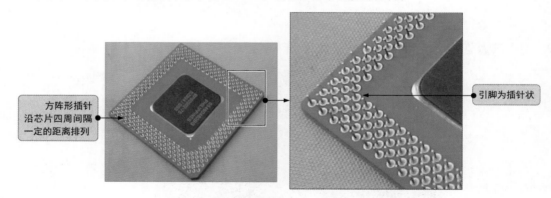

图 12-6　插针网格阵列封装（PGA）集成电路的实物外形

6. 球栅阵列封装（BGA）集成电路

球栅阵列封装集成电路的引脚为球形端子（见图 12-7），而不是针脚引脚，引脚数一般大于 208 个，采用表面贴装技术焊装，广泛应用在小型数码产品中，如新型手机的信号处理集成电路、主板上的南 / 北桥芯片、CPU 等。

图 12-7 球栅阵列封装（BGA）集成电路的实物外形

※ 7. 无引线塑料封装（PLCC）集成电路

PLCC 集成电路是在基板的四个侧面都设有电极焊盘，无引脚表面贴装型封装，如图 12-8 所示。

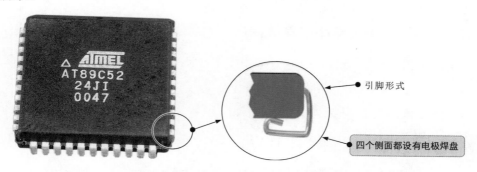

图 12-8 无引线塑料封装（PLCC）集成电路的实物外形

※ 8. 芯片缩放式封装（CSP）集成电路

芯片缩放式封装（CSP）集成电路是一种采用超小型表面贴装型封装形式的集成电路，减小了芯片封装的外形尺寸，封装后的尺寸不大于芯片尺寸的 1.2 倍。其引脚都在封装体下面，有球形端子、焊凸点端子、焊盘端子、框架引线端子等多种形式，如图 12-9 所示。

图 12-9 芯片缩放式封装集成电路的实物外形

9. 多芯片模块封装（MCM）集成电路

多芯片模块封装（MCM）集成电路是将多个高集成度、高性能、高可靠性的芯片封装在高密度多层互连基板上。

图 12-10 为多芯片模块封装集成电路的实物外形。

包含多个集成芯片

包含多个集成芯片

图 12-10　多芯片模块封装集成电路的实物外形

12.1.2 厘清集成电路的参数标识

集成电路的参数标识主要标注集成电路的型号、引脚功能、引脚起始端及排列顺序等。

1. 集成电路的型号标识

集成电路的型号标识如图 12-11 所示。

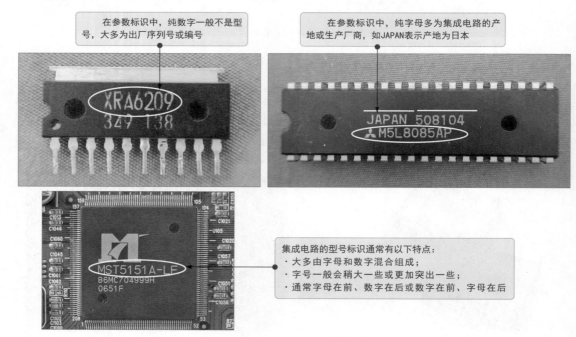

在参数标识中，纯数字一般不是型号，大多为出厂序列号或编号

在参数标识中，纯字母多为集成电路的产地或生产厂商，如JAPAN表示产地为日本

集成电路的型号标识通常有以下特点：
· 大多由字母和数字混合组成；
· 字号一般会稍大一些或更加突出一些；
· 通常字母在前、数字在后或数字在前、字母在后

图 12-11　集成电路的型号标识

国内外集成电路生产厂商对集成电路型号的命名方式不同。国产集成电路型号的命名方式如图 12-12 所示。

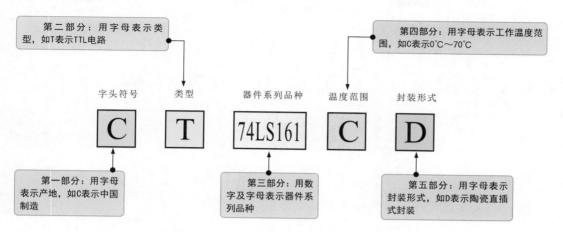

图 12-12 国产集成电路型号的命名方式

国产集成电路型号命名方式中不同字母所表示的含义见表 12-1。

表 12-1 国产集成电路型号命名方式中不同字母所表示的含义

第一部分		第二部分		第三部分	第四部分		第五部分	
字头符号		类型		器件系列品种	温度范围		封装形式	
字母	含义	字母	含义		字母	含义	字母	含义
C	中国制造	B C D E F H J M T W U	非线性电路 CMOS 音响、电视 ECL 放大器 HTL 接口器件 存储器 TTL 稳压器 微机	用数字及字母表示	C E R M	0℃～70℃ -40℃～+85℃ -55℃～+85℃ -55℃～+125℃	B D F J K T	塑料扁平 陶瓷直插 全密封扁平 黑陶瓷直插 金属菱形 金属圆形

索尼公司集成电路型号的命名方式如图 12-13 所示。

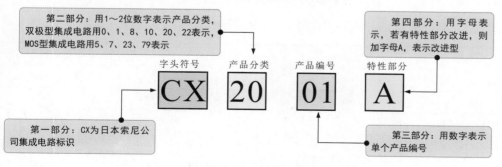

图 12-13 索尼公司集成电路型号的命名方式

日立公司集成电路型号的命名方式如图 12-14 所示。

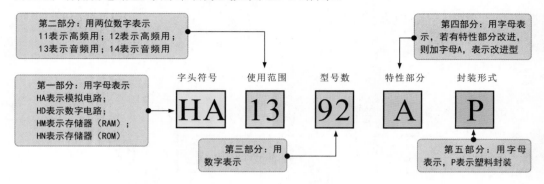

图 12-14　日立公司集成电路型号的命名方式

三洋公司集成电路型号的命名方式如图 12-15 所示。

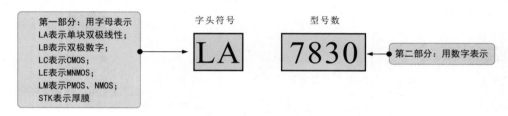

图 12-15　三洋公司集成电路型号的命名方式

东芝公司集成电路型号的命名方式如图 12-16 所示。

图 12-16　东芝公司集成电路型号的命名方式

资料与提示

常见集成电路公司型号命名方式中的字头符号见表 12-2。

表 12-2　常见集成电路公司型号命名方式中的字头符号

公司名称	字头符号	公司名称	字头符号
先进微器件公司（美国）	AM	富士通公司（日本）	MB、MBM
模拟器件公司（美国）	AD	松下电子公司（日本）	AN
仙童半导体公司（美国）	F、μA	三菱电气公司（日本）	M
摩托罗拉半导体公司（美国）	MC、MLM、MMS	日本电气（NEC）有限公司（日本）	μPA、μPB、μPC
英特尔公司（美国）	I	新日本无线电有限公司（日本）	NJM

2. 集成电路引脚的起始端和排列顺序的标识

集成电路的种类和型号繁多，不可能根据型号记忆引脚的起始端和排列顺序，这就需要找出各种集成电路的引脚分布规律。下面介绍几种常用集成电路的引脚分布。

（1）金属壳封装集成电路的引脚起始端和引脚分布

在金属壳封装集成电路的圆形金属帽上通常有一个凸起，将集成电路的引脚朝上，从凸起端起，顺时针方向依次对应引脚①②③④⑤……，如图 12-17 所示。

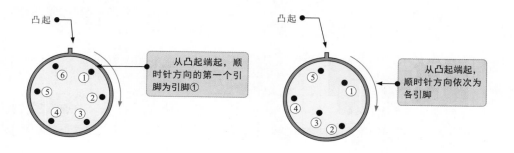

图 12-17　金属壳封装集成电路的引脚起始端和引脚分布

（2）单列直插式封装集成电路的引脚起始端和引脚分布

在通常情况下，单列直插式封装集成电路的左侧有特殊标识来明确引脚①的位置，特殊标识可能是一个缺角、一个凹坑、一个半圆缺、一个小圆点、一个色点等，如图 12-18 所示。

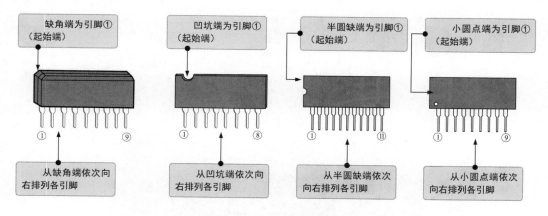

图 12-18　几种单列直插式封装集成电路的引脚起始端和引脚分布

（3）双列直插式封装集成电路的引脚起始端和引脚分布

双列直插式封装集成电路的左侧有特殊标识来明确引脚①的位置。在通常情况下，特殊标识下方的引脚就是引脚①，特殊标识上方的引脚往往是最后一个引脚。特殊标识可能是一个凹坑、一个半圆缺、一个色点、条状标记等，如图 12-19 所示。

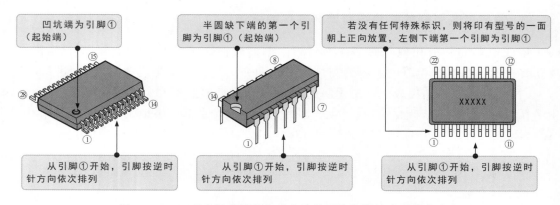

图 12-19　双列直插式封装集成电路的引脚起始端和引脚分布

（4）扁平封装集成电路的引脚起始端和引脚分布

扁平封装集成电路的左侧一角有特殊标识来明确引脚①的位置。在通常情况下，特殊标识下方的引脚就是引脚①。特殊标识可能是一个凹坑、一个色点等，如图 12-20 所示。

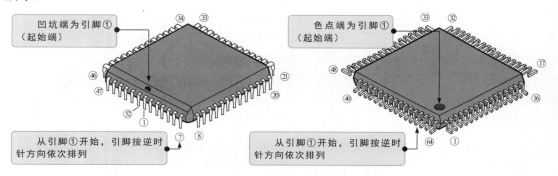

图 12-20　扁平封装集成电路的引脚起始端和引脚分布

图 12-21 为集成电路型号标识的识读实例。

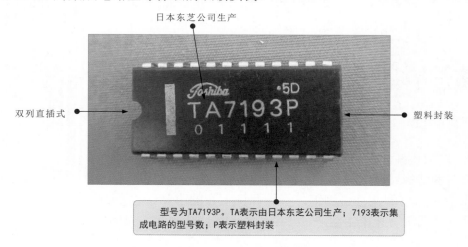

图 12-21　集成电路型号标识的识读实例

※ 3. 识别集成电路在电路中的标识信息

集成电路在电路中有特殊的标识信息，种类不同，标识信息也不同。

图 12-22 为集成电路在电路中的标识信息。

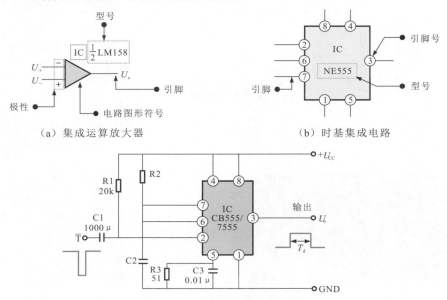

（a）集成运算放大器　　　　　　　　（b）时基集成电路

（c）时基集成电路的应用

图 12-22　集成电路在电路中的标识信息

资料与提示

图 12-22 中，电路图形符号表明集成电路的类别；引脚由电路图形符号两端引出，与电路连通，构成电路；在电路中的标识信息通常包括集成电路的类别、序号及型号等。

❖ 12.1.3　知晓集成电路的功能特点

集成电路的功能多种多样，具体功能根据内部结构的不同而不同。在实际应用中，集成电路具有控制、放大、转换（D/A 转换、A/D 转换）、信号处理及振荡等功能。

资料与提示

在实际应用中，集成电路多以功能命名，如常见的三端稳压器、运算放大器、音频功率放大器、视频解码器、微处理器等，如图 12-23 所示。

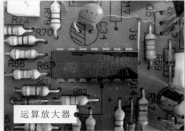

图 12-23　不同功能的集成电路

图 12-24 为具有放大功能集成电路的应用电路。

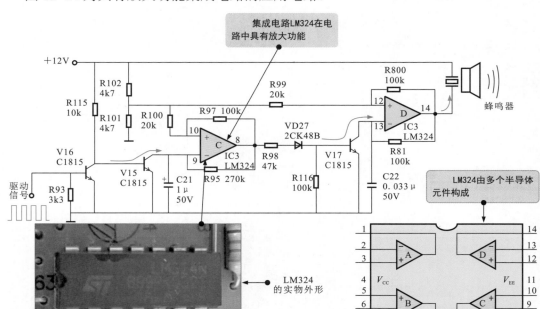

图 12-24　具有放大功能集成电路的应用电路

12.2　集成电路的检测方法

集成电路的检测方法主要有电阻检测法、电压检测法和信号检测法。下面以几种典型集成电路为例，分别采用不同的检测方法进行检测。

12.2.1　三端稳压器的检测方法

三端稳压器是一种具有三个引脚的直流稳压集成电路。图 12-25 为三端稳压器的实物外形。

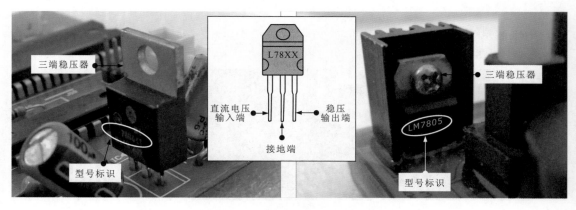

图 12-25　三端稳压器的实物外形

资料与提示

三端稳压器的外形与普通三极管十分相似，三个引脚分别为直流电压输入端、稳压输出端和接地端，在三端稳压器的表面印有型号标识，可直观体现三端稳压器的性能参数（稳压值）。

三端稳压器可将输入的直流电压稳压后输出一定值的直流电压。不同型号三端稳压器的稳压值不同。图 12-26 为三端稳压器的功能示意图。

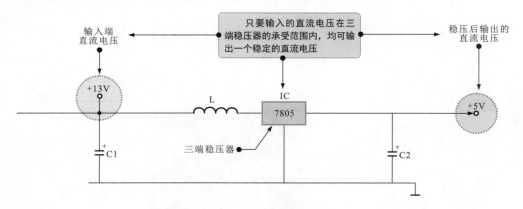

图 12-26　三端稳压器的功能示意图

一般来说，三端稳压器输入的直流电压可能偏高或偏低，只要在三端稳压器的承受范围内，都会输出稳定的直流电压。这是三端稳压器最突出的功能特性。

检测三端稳压器主要有两种方法：一种方法是将三端稳压器置于电路中，在工作状态下，用万用表检测三端稳压器输入端和输出端的电压值，与标准值比较，即可判别三端稳压器的性能；另一种方法是在三端稳压器未通电的状态下，通过检测输入端、输出端的对地阻值来判别三端稳压器的性能。

在检测之前，应首先了解待测三端稳压器各引脚的功能、电阻值及标准输入、输出电压值，为三端稳压器的检测提供参考，如图 12-27 所示。三端稳压器 AN7805 是一种 5V 三端稳压器，工作时，只要输入电压在承受范围内（9 ～ 14V），输出均为 5V。

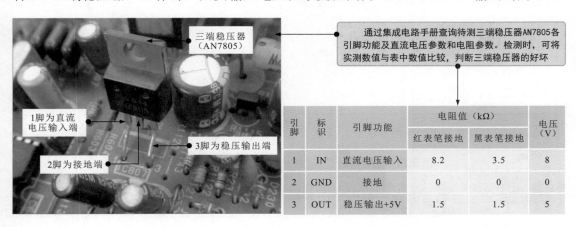

图 12-27　了解待测三端稳压器各引脚的功能、电阻值及标准输入、输出电压值

☀ 1. 借助万用表检测三端稳压器的输入、输出电压

借助万用表检测三端稳压器的输入、输出电压时，需要将三端稳压器置于实际工作环境中，如图12-28所示。

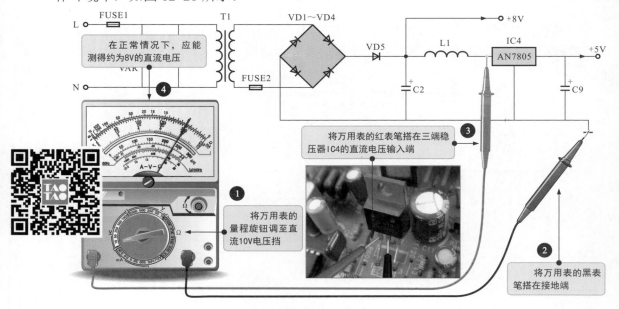

图 12-28　三端稳压器输入端供电电压的检测方法

图12-28中，在正常情况下，在三端稳压器的输入端应能够测得相应的直流电压值，根据电路标识，实测三端稳压器输入端的直流电压为8 V，表明输入正常。

保持万用表的黑表笔不动，将红表笔搭在三端稳压器的输出端，如图12-29所示，即可检测三端稳压器的输出电压。

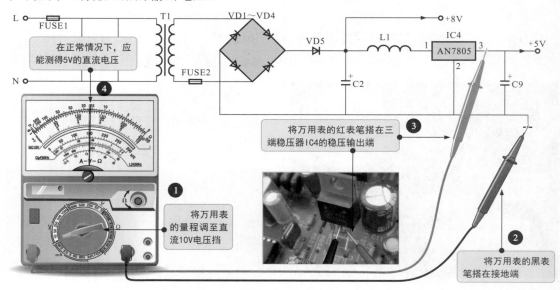

图 12-29　三端稳压器输出电压的检测方法

在正常情况下，若三端稳压器的直流电压输入正常，则应有正常的稳压输出；若输入电压正常，而无电压输出，则说明三端稳压器损坏。

2. 检测三端稳压器各引脚的阻值

判断三端稳压器的好坏还可以借助万用表检测三端稳压器各引脚的阻值，如图 12-30 所示。

将万用表的量程旋钮调至20k欧姆挡，黑表笔搭在三端稳压器的接地端，红表笔搭在三端稳压器的直流电压输入端。

测得三端稳压器直流电压输入端正向对地阻值为3.5kΩ。调换表笔，可测得三端稳压器直流输入端反向对地阻值为8.2kΩ。

将万用表的黑表笔搭在三端稳压器的接地端，红表笔搭在三端稳压器的稳压输出端。

测得三端稳压器稳压输出端的正向对地阻值为1.5kΩ。调换表笔，测得三端稳压器稳压输出端反向对地阻值也为1.5kΩ。

图 12-30 三端稳压器各引脚对地阻值的检测方法

在正常情况下，三端稳压器各引脚的阻值应与标准阻值近似或相同；若阻值相差较大，则说明三端稳压器性能不良。

在路检测三端稳压器引脚的正、反向对地阻值时，可能会受到外围元器件的影响导致检测结果不正确，此时可将三端稳压器从电路板上焊下后再进行检测。

12.2.2 运算放大器的检测方法

运算放大器是具有很高放大倍数的电路单元，早期应用于模拟计算机中实现数字运算，故而得名。图 12-31 为运算放大器的实物外形及结构特点。

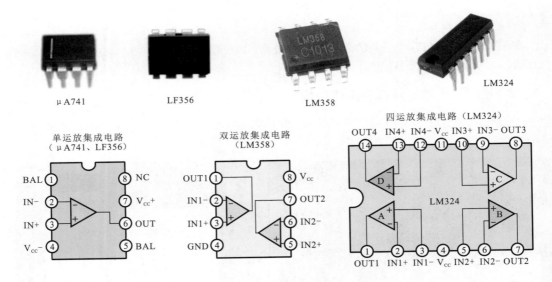

图 12-31　运算放大器的实物外形及结构特点

运算放大器简称运放，是一种集成化的、高增益的多级直接耦合放大器。图 12-32 为运算放大器的电路图形符号及内部结构。

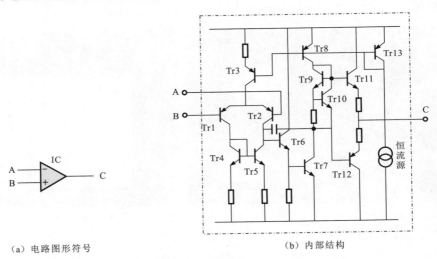

（a）电路图形符号　　　　　　　　　　（b）内部结构

图 12-32　运算放大器的电路图形符号及内部结构

标准运算放大器的内部电路从功能上来说是由三种放大器组成的，即差动放大器、电压放大器和推挽式放大器。三种放大器集成在一起并封装成集成电路的形式，如图 12-33 所示。

运算放大器与外部元器件配合可以制成交/直流放大器、高/低频放大器、正弦波或方波振荡器、高通/低通/带通滤波器、限幅器和电压比较器等，在放大、振荡、电压比较、模拟运算、有源滤波等各种电子电路中得到越来越广泛的应用。

图 12-34 为加法运算电路。

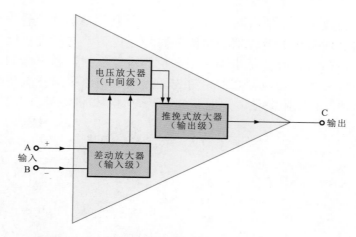

图 12-33 运算放大电路的基本构成

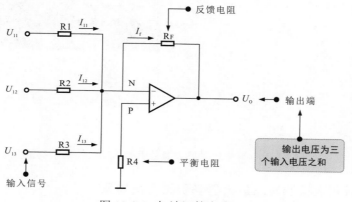

图 12-34 加法运算电路

图 12-35 为由运算放大器构成的电压比较电路，是通过两个输入电压或信号的比较结果决定输出端状态的一种放大器。

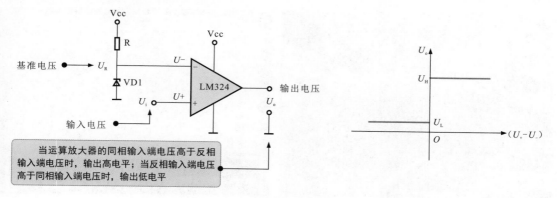

图 12-35 由运算放大器构成的电压比较电路

电压比较电路常应用于信号幅度比较、信号幅度选择、波形变换和整形等。其中，信号幅度比较就是将一个模拟量电压信号（比较信号）与一个基准电压信号相比较。

　　检测运算放大器主要有两种方法：一种是将运算放大器置于电路中，在工作状态下，用万用表检测运算放大器各引脚的对地电压值，与标准值比较，即可判别运算放大器的性能；另一种方法是借助万用表检测运算放大器各引脚的对地阻值，从而判别运算放大器的好坏。在检测之前，首先通过集成电路手册查询待测运算放大器各引脚的直流电压参数和电阻参数，为运算放大器的检测提供参考，如图 12-36 所示。

引脚	标识	功能	电阻（kΩ）		直流电压（V）
			红表笔接地	黑表笔接地	
①	OUT1	放大信号（1）输出	0.38	0.38	1.8
②	IN1-	反相信号（1）输入	6.3	7.6	2.2
③	IN1+	同相信号（1）输入	4.4	4.5	2.1
④	VCC	电源+5 V	0.31	0.22	5
⑤	IN2+	同相信号（2）输入	4.7	4.7	2.1
⑥	IN2-	反相信号（2）输入	6.3	7.6	2.1
⑦	OUT2	放大信号（2）输出	0.38	0.38	1.8
⑧	OUT3	放大信号（3）输出	6.7	23	0
⑨	IN3-	反相信号（3）输入	7.6	∞	0.5
⑩	IN3+	同相信号（3）输入	7.6	∞	0.5
⑪	GND	接地	0	0	0
⑫	IN4+	同相信号（4）输入	7.2	17.4	4.6
⑬	IN4-	反相信号（4）输入	4.4	4.6	2.1
⑭	OUT4	放大信号（4）输出	6.3	6.8	4.2

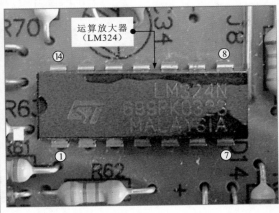

图 12-36　待测运算放大器各引脚功能及标准参数值

※ 1. 借助万用表检测运算放大器各引脚直流电压

　　在借助万用表检测运算放大器各引脚直流电压时，需要先将运算放大器置于实际的工作环境中，然后将万用表的量程旋钮调至电压挡，分别检测各引脚的电压值来判断运算放大器的好坏，如图 12-37 所示。

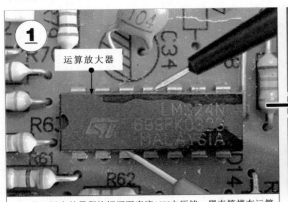

将万用表的量程旋钮调至直流10V电压挡，黑表笔搭在运算放大器的接地端（11脚），红表笔依次搭在运算放大器的各引脚上（以3脚为例），检测运算放大器各引脚的直流电压。

结合万用表量程旋钮的位置可知，实测运算放大器3脚的直流电压约为2.1V。

图 12-37　运算放大器各引脚直流电压的检测方法

在实际检测中，若检测电压与标准值比较相差较多，不能轻易认为运算放大器已损坏，应首先排除是否由外围元器件异常引起的；若输入信号正常，而无输出信号，则说明运算放大器已损坏。

另外需要注意的是，若运算放大器接地引脚的静态直流电压不为零，则一般有两种情况：一种是接地引脚上的铜箔线路开裂，造成接地引脚与接地线之间断开；另一种情况是接地引脚存在虚焊或假焊情况。

※ 2. 检测运算放大器各引脚的阻值

判断运算放大器的好坏还可以借助万用表检测运算放大器各引脚的正、反向对地阻值，并将实测结果与正常值比较，如图 12-38 所示。

1　将万用表的量程旋钮调至 R×1kΩ，黑表笔搭在运算放大器的接地端（11脚），红表笔依次搭在运算放大器的各引脚上（以2脚为例）。

2　实测2脚的正向对地阻值约为7.6kΩ。

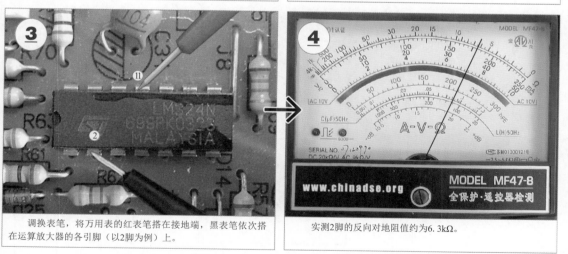

3　调换表笔，将万用表的红表笔搭在接地端，黑表笔依次搭在运算放大器的各引脚（以2脚为例）上。

4　实测2脚的反向对地阻值约为6.3kΩ。

图 12-38　运算放大器各引脚正、反向对地阻值的检测方法

在正常情况下，运算放大器各引脚的正、反向对地阻值应与正常值相近。若实测结果与标准值偏差较大或为零或为无穷大，则多为运算放大器内部损坏。

❖ 12.2.3 音频功率放大器的检测方法

音频功率放大器是一种用于放大音频信号输出功率的集成电路，能够推动扬声器音圈振荡发出声音，在各种影音产品中应用十分广泛。

图 12-39 为常见音频功率放大器的实物外形。

单列直插式封装
音频功率放大器　　双列直插式封装
音频功率放大器　　扁平封装
音频功率放大器

图 12-39　常见音频功率放大器的实物外形

图 12-40 为多声道音频功率放大器的应用电路。由于 AN7135 具有两个输入端、两个输出端，因此也称其为双声道音频功率放大器，特别适合大中型音响产品。

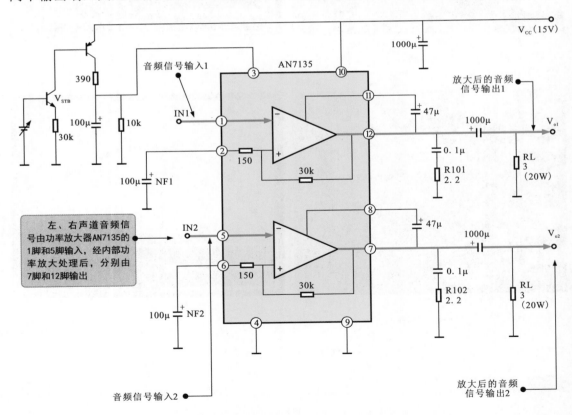

图 12-40　多声道音频功率放大器的应用电路

　　音频功率放大器也可以采用检测各引脚动态电压值及各引脚正、反向对地阻值，并与标准值比较的方法判断好坏，具体的检测方法和操作步骤与运算放大器相同。另外，根据音频功率放大器对信号放大处理的特点，还可以通过信号检测法进行判断，即将音频功率放大器置于实际工作环境中或搭建测试电路模拟实际工作条件，并向音频功率放大器输入指定信号，用示波器观测输入、输出端的信号波形判断好坏。

　　下面以彩色电视机中音频功率放大器（TDA8944J）为例，介绍音频功率放大器的检测方法。首先根据相关电路图纸或集成电路手册了解和明确待测音频功率放大器的各引脚功能，为音频功率放大器的检测做好准备，如图 12-41 所示。

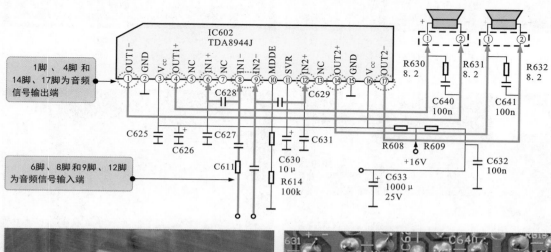

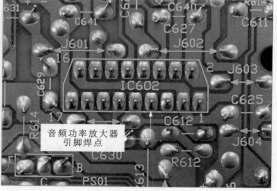

图 12-41　了解和明确待测音频功率放大器的各引脚功能

资料与提示

　　图 12-41 中，音频功率放大器（TDA8944J）的 3 脚和 16 脚为电源供电端；6 脚和 8 脚为左声道信号输入端；9 脚和 12 脚为右声道信号输入端；1 脚和 4 脚为左声道信号输出端；14 脚和 17 脚为右声道信号输出端。这些引脚是音频信号的主要检测点，除了检测输入、输出音频信号外，还需对电源供电电压进行检测。

　　采用信号检测法检测音频功率放大器（TDA8944J）需要明确音频功率放大器的基本工作条件正常，如供电电压、输入端信号等应满足工作条件。

　　音频功率放大器的检测方法如图 12-42 所示。

将万用表的黑表笔搭在音频功率放大器的接地端（2脚），红表笔搭在音频功率放大器的供电引脚端（以3脚为例）。

实测音频功率放大器3脚的直流电压约为16V（万用表的量程旋钮调至直流50V电压挡）。

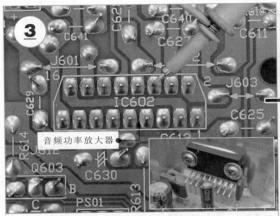

将示波器的接地夹接地，探头搭在音频功率放大器的音频信号输入端。

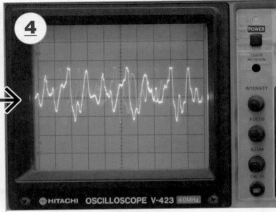

在正常情况下，可观测到音频信号波形。

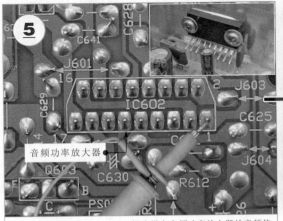

将示波器的接地夹接地，探头搭在音频功率放大器的音频信号输出端。

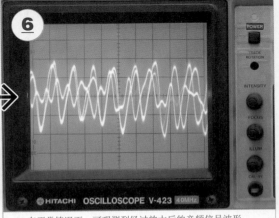

在正常情况下，可观测到经过放大后的音频信号波形。

图 12-42 音频功率放大器的检测方法

　　若经检测，音频功率放大器的供电正常，输入信号也正常，但无输出或输出信号异常，则多为音频功率放大器内部损坏。

　　需要注意的是，只有在明确音频功率放大器工作条件正常的前提下检测输出信号才有实际意义，否则，即使音频功率放大器本身正常、工作条件异常，也无法输出正常的音频信号，影响检测结果。

　　检测音频功率放大器也可采用检测各引脚对地阻值的方法，如图 12-43 所示。

将万用表的量程旋钮调至欧姆挡，黑表笔搭在接地端，红表笔依次搭在各引脚上，检测各引脚的正向阻值（在路检测阻值时，应确保音频功率放大器处于未通电状态）。

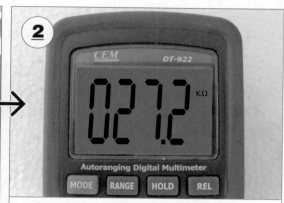

从万用表的显示屏上可读取实测各引脚的正向阻值。

调换表笔，将万用表的红表笔搭在接地端，黑表笔依次搭在各引脚上，检测各引脚的反向阻值。

从万用表的显示屏上可读取实测各引脚的反向阻值。

将实测结果与集成电路手册中的标准值比较

黑表笔接地	0.8	∞	27.2	40.2	150	0	0.8	30.2	0	30.2	30.2	0	30.2
引脚号	①	②	③	④	⑤	⑥	⑦	⑧	⑨	⑩	⑪	⑫	⑬
红表笔接地	0.8	∞	12.1	5	11.4	0	0.8	8.5	0	8.5	8.5	0	8.5

注：单位为kΩ。

← 实测结果

黑表笔接地	0.78	∞	27	40.2	150	0	0.78	30.1	0	30.1	30.2	0	30.1
引脚号	①	②	③	④	⑤	⑥	⑦	⑧	⑨	⑩	⑪	⑫	⑬
红表笔接地	0.78	∞	12	5	11.4	0	0.78	8.4	0	8.4	8.4	0	8.4

注：单位为kΩ。

← 标准值

图 12-43　音频功率放大器对地阻值的检测方法

根据比较结果可对音频功率放大器的好坏做出判断：

◇ 若实测结果与标准值相同或十分相近，则说明音频功率放大器正常。

◇ 若出现多组引脚正、反向阻值为零或无穷大，则表明音频功率放大器内部损坏。

用电阻法检测音频功率放大器需要与标准值比较才能做出判断，如果无法找到集成电路手册资料，则可以找一台与所测型号相同的、正常的机器作为对照，通过与相同部位各引脚阻值的比较进行判断，若相差很大，则多为音频功率放大器损坏。

❖ 12.2.4 微处理器的检测方法

微处理器简称 CPU，是将控制器、运算器、存储器、稳压电路、输入和输出通道、时钟信号产生电路等集成于一体的大规模集成电路，如图 12-44 所示。因其具有分析和判断功能，犹如人的大脑，故而又称为微电脑，广泛应用于各种电子产品中，为产品增添智能功能。

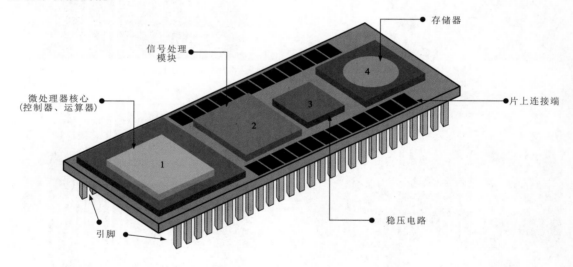

图 12-44　微处理器的实物外形

微处理器是一种智能化器件，可以根据所检测的信号进行分析和判断，其他的集成电路不具有此功能。微处理器是由几百万个甚至几千万个晶体管集成的，可以实现很多功能。

目前，大多数电子产品都具有自动控制功能，都是由微处理器实现的。由于不同电子产品的功能不同，因此微处理器所实现的具体控制功能也不同。

例如，空调器中的微处理器是实现自动制冷／制热功能的核心器件，内部集成运算器和控制器，主要用来对人工指令信号和传感器的检测信号进行识别，输出对控制器各电气部件的控制信号，实现制冷／制热功能控制。

图 12-45 为空调器中微处理器的实物外形及功能框图。

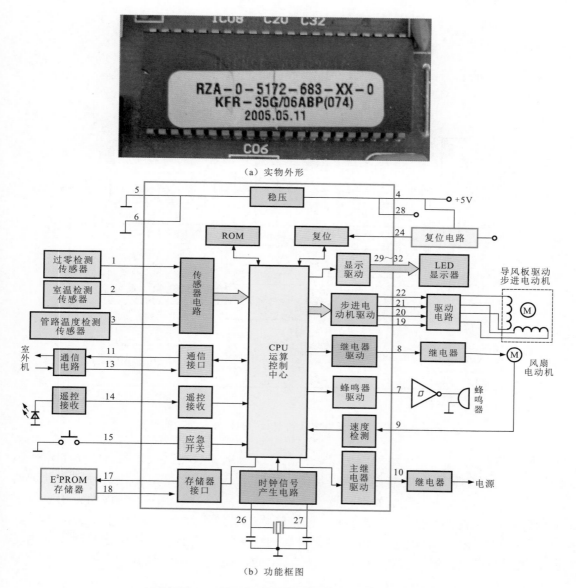

（a）实物外形

（b）功能框图

图 12-45　空调器中微处理器的实物外形及功能框图

　　彩色电视机中的微处理器主要用来接收由遥控器或操作按键送来的人工指令，并根据内部程序和数据信息将这些指令信息变为控制各单元电路的控制信号，实现对彩色电视机开 / 关机、选台、音量 / 音调、亮度、色度、对比度等功能和参数的调节和控制。

　　图 12-46 为彩色电视机中微处理器的实物外形及功能框图。

资料与提示

　　在彩色电视机中，微处理器外接晶体，与其内部电路构成时钟信号发生器，为整个微处理器提供同步脉冲。微处理器中的只读存储器（ROM）存储微处理器的基本工作程序。人工指令和遥控指令分别由操作按键和遥控接收电路送入微处理器的中央处理单元。中央处理单元会根据当前接收的指令，向彩色电视机各单元电路发送控制指令。

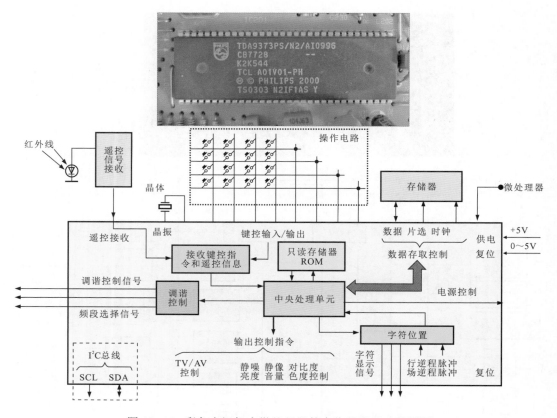

图 12-46 彩色电视机中微处理器的实物外形及功能框图

　　检测微处理器主要有两种方法：一种是借助万用表检测微处理器各引脚的电压值或正、反向对地阻值，根据实测结果与集成电路手册中的标准值比较，判别微处理器的性能；另一种方法是将微处理器置于工作环境中，在工作状态下，借助万用表及示波器检测关键引脚的电压或信号波形，根据检测结果判断微处理器的性能。

　　在检测之前，首先通过集成电路手册查询待测微处理器的相关性能参数作为与实际检测结果相比较的标准值。图 12-47 为 P87C52 微处理器的实物外形。

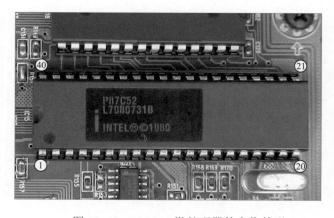

图 12-47　P87C52 微处理器的实物外形

表 12-3 为 P87C52 微处理器各引脚的功能及相关参数标准值。

表 12-3　P87C52 微处理器各引脚的功能及相关参数标准值

引脚	名　称	引脚功能	电阻（kΩ）		直流电压（V）
			红表笔接地	黑表笔接地	
1	HSEL0	地址选择信号（0）输出	9.1	6.8	5.4
2	HSEL1	地址选择信号（1）输出	9.1	6.8	5.5
3	HSEL2	地址选择信号（2）输出	7.2	4.6	5.3
4	DS	主数据信号输出	7.1	4.6	5.3
5	R/W	读/写控制信号	7.1	4.6	5.3
6	CFLEVEL	状态标志信号输入	9.1	6.8	0
7	DACK	应答信号输入	9.1	6.8	5.5
8/9	RESET	复位信号	9.1/2.3	6.8/2.2	5.5/0.2
10	SCL	时钟线	5.8	5.2	5.5
11	SDA	数据线	9.2	6.6	0
12	INT	中断信号输入/输出	5.8	5.6	5.5
13	REM IN−	遥控信号输入	9.2	5.8	5.4
14	DSA CLK	时钟信号输入/输出	9.2	6.6	0
15	DSA DATA	数据信号输入/输出	5.4	5.3	5.3
16	DSA ST	选通信号输入/输出	9.2	6.6	5.5
17	OK	卡拉OK信号输入	9.2	6.6	5.5
18/19	XTAL	晶振（12MHz）	9.2/9.2	5.3/5.2	2.7/2.5
20	GND	接地	0	0	0
21	VFD ST	屏显选通信号输入/输出	8.6	5.5	4.4
22	VFD CLK	屏显时钟信号输入/输出	8.6	6.2	5.3
23	VFD DATA	屏显数据信号输入/输出	9.2	6.7	1.3
24/25	P23/P24	未使用	9.2	6.6	5.5
26	MIN IN	话筒检测信号输入	9.2	6.6	5.5
27	P26	未使用	9.2	6.7	2
28	−YH CS	片选信号输出	9.2	6.6	5.5
29	PSEN	使能信号输出	9.2	6.6	5.5
30	ALE/PROG	地址锁存使能信号	9.2	6.7	1.7
31	EANP	使能信号	1.6	1.6	5.5
32	P07	主机数据信号（7）输出/输入	9.5	6.8	0.9
33	P06	主机数据信号（6）输出/输入	9.3	6.7	0.9
34	P05	主机数据信号（5）输出/输入	5.4	4.8	5.2
35	P04	主机数据信号（4）输出/输入	9.3	6.8	0.9
36	P03	主机数据信号（3）输出/输入	6.9	4.8	5.2
37	P02	主机数据信号（2）输出/输入	9.3	6.7	1
38	P01	主机数据信号（1）输出/输入	9.3	6.7	1
39	P00	主机数据信号（0）输出/输入	9.3	6.7	1
40	VCC	电源+5.5V	1.6	1.6	5.5

使用万用表检测微处理器各引脚直流电压或正、反向对地阻值的方法与运算放大器的检测方法相同。微处理器各引脚正、反向对地阻值的检测方法如图 12-48 所示。

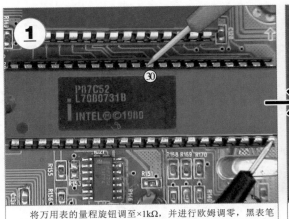

将万用表的量程旋钮调至×1kΩ，并进行欧姆调零，黑表笔搭在微处理器的接地端（20脚），红表笔依次搭在微处理器的各引脚上（以30脚为例）。

结合万用表量程旋钮的位置可知，实测微处理器30脚的正向对地阻值约为6.1×1kΩ=6.1kΩ。

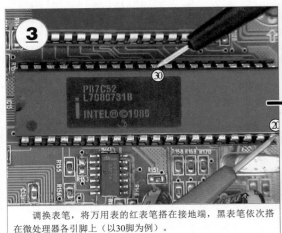

调换表笔，将万用表的红表笔搭在接地端，黑表笔依次搭在微处理器各引脚上（以30脚为例）。

实测微处理器30脚的反向对地阻值约为9.2kΩ。

图 12-48　微处理器各引脚正、反向对地阻值的检测方法

资料与提示

在正常情况下，微处理器各引脚的正、反向对地阻值应与标准值相近，否则，可能为微处理器内部损坏，需要用同型号的微处理器代换。

微处理器的型号不同，引脚功能也不同，但基本都包括供电端、晶振端、复位端、I^2C 总线信号端和控制信号输出端，因此，判断微处理器的性能可通过对这些引脚的电压或信号参数进行检测。若这些引脚的参数均正常，但微处理器仍无法实现控制功能，则多为微处理器内部电路异常。

微处理器供电及复位电压的检测方法与音频功率放大器供电电压的检测方法相同。下面主要介绍用示波器检测微处理器晶振信号、I^2C 总线信号的检测方法，如图 12-49 所示。

将示波器的接地夹接地，探头搭在微处理器的晶振信号端（18脚或19脚上）。

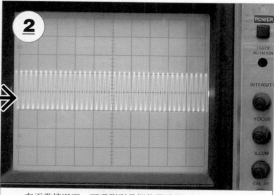

在正常情况下，可观测到晶振信号波形。

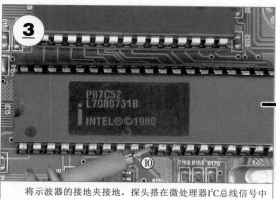

将示波器的接地夹接地，探头搭在微处理器I²C总线信号中的串行时钟信号端（10脚）。

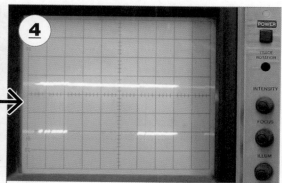

在正常情况下，可观测到I²C总线串行时钟信号（SCL）波形。

将示波器的接地夹接地，探头搭在微处理器I²C总线信号中的数据信号端（11脚）。

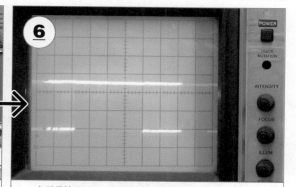

在正常情况下，可观测到I²C总线数据信号（SDA）波形。

图 12-49　用示波器检测微处理器晶振信号、I²C 总线信号的检测方法

资料与提示

I²C 总线信号是微处理器的标志性信号之一，也是微处理器对其他电路进行控制的重要信号，若该信号消失，则说明微处理器没有处于工作状态。

在正常情况下，若微处理器供电、复位和晶振三大基本条件正常，一些标志性输入信号正常，但 I²C 总线信号异常或输出端控制信号异常，则多为微处理器内部损坏。

12.3 集成电路的选用与代换

若发现电子产品中的集成电路损坏，则应对损坏的集成电路进行代换。代换集成电路时，要遵循基本的代换原则。

12.3.1 集成电路的代换原则

集成电路的代换原则是在代换之前，要保证所代换集成电路的规格符合产品要求；在代换过程中，要注意安全，防止造成二次故障，力求代换后的集成电路能够良好、长久、稳定地工作。

① 使用同一型号的集成电路代换时，要注意方向不要搞错，否则，通电时会被烧毁。

② 使用不同型号的集成电路代换时，要求相应的引脚功能完全相同，内部电路和相关参数可稍有差异。

资料与提示

不同类型集成电路的适用电路和选用注意事项见表12-4。

表 12-4 不同类型集成电路的适用电路和选用注意事项

类型		适用电路	选用注意事项
模拟集成电路	三端稳压器	各种电子产品的电源稳压电路	◇ 需严格根据电路要求选择，如电源电路是选用串联型还是开关型、输出电压是多少、输入电压是多少等都是选择时需要重点考虑的。 ◇ 需要了解各种性能，重点考虑类型、参数、引脚排列等是否符合应用电路要求。 ◇ 应查阅相关资料，了解各引脚的功能、应用环境、工作温度等可能影响到的因素是否符合要求。 ◇ 根据不同的应用环境，应选用不同的封装形式，即使参数功能完全相同，也应视实际情况而定。 ◇ 尺寸应符合应用电路需求。 ◇ 基本工作条件，如工作电压、功耗、最大输出功率等主要参数应符合电路要求
	集成运算放大器	放大、振荡、电压比较、模拟运算、有源滤波等电路	
	时基集成电路	信号发生、波形处理、定时、延时等电路	
	音频信号处理集成电路	各种音像产品中的声音处理电路	
数字集成电路	门电路	数字电路	
	触发器	数字电路	
	存储器	数码产品电路	
	微处理器	各种电子产品中的控制电路	
	编程器	程控设备	

12.3.2 集成电路的代换方法

由于集成电路的形态各异，安装方式也不相同，因此在代换时一定要注意方法，要根据电路的特点及集成电路的自身特性来选择正确、稳妥的代换方法。通常，集成电路都是采用焊装的形式固定在电路板上的，从焊装的形式上看，主要可以分为插接焊装和表面贴装两种形式。

1. 插接焊装集成电路的代换方法

对于插接焊装的集成电路，其引脚通常会穿过电路板，在电路板的另一面（背面）

进行焊接固定是应用最广泛的一种安装方式。代换这类集成电路时，通常采用电烙铁、吸锡器和焊锡丝等进行拆焊和焊接操作，如图 12-50 所示。

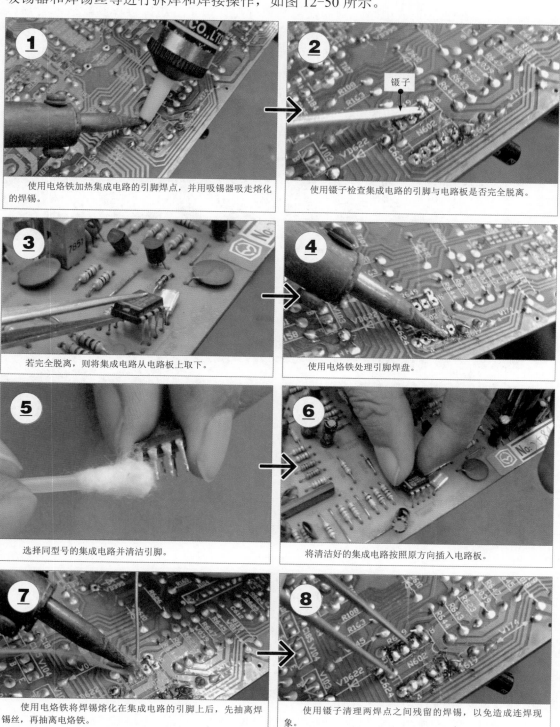

图 12-50　拆焊和焊接集成电路

❋ 2. 表面贴装集成电路的代换方法

对于表面贴装的集成电路，则需使用热风焊枪、镊子等进行拆焊和焊接，将热风焊枪的温度调节旋钮调至 5 ～ 6 挡，风速调节旋钮调至 4 ～ 5 挡，打开电源开关预热后，即可进行拆焊和焊接操作，如图 12-51 所示。

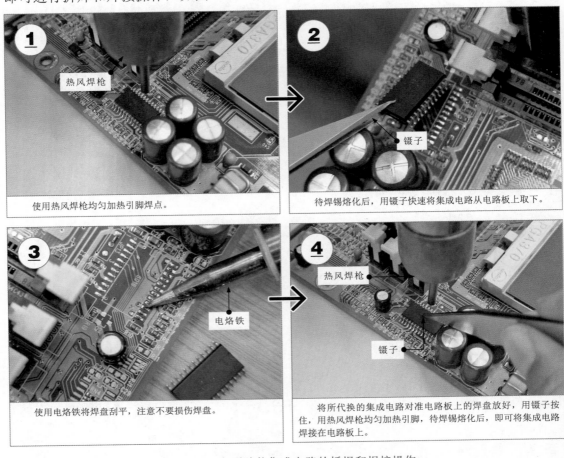

1 热风焊枪

使用热风焊枪均匀加热引脚焊点。

2 镊子

待焊锡熔化后，用镊子快速将集成电路从电路板上取下。

3 电烙铁

使用电烙铁将焊盘刮平，注意不要损伤焊盘。

4 热风焊枪　镊子

将所代换的集成电路对准电路板上的焊盘放好，用镊子按住，用热风焊枪均匀加热引脚，待焊锡熔化后，即可将集成电路焊接在电路板上。

图 12-51　表面贴装集成电路的拆焊和焊接操作

资料与提示

在集成电路代换操作中，在拆焊之前，应首先对操作环境进行检查，确保操作环境干燥、整洁，确保操作平台稳固、平整，确保电路板或设备处于断电、冷却状态。

操作前，操作者应对自身进行放电，以免因静电击穿电路板上的元器件。

拆焊时，应确认集成电路引脚处的焊锡被彻底清除后，才能小心地将集成电路从电路板上取下，取下时，一定要谨慎，若在引脚焊点处还有焊锡粘连的现象，应再用电烙铁清除，直至将待更换集成电路稳妥取下，切不可硬拔。

拆下后，用酒精对焊孔进行清洁，若焊孔处有未去除的焊锡，则可用平头电烙铁刮平焊孔处的焊锡，为焊接集成电路做好准备。

在焊接时，要保证焊点整齐、漂亮，不能有连焊、虚焊等现象，以免造成元器件的损坏。

值得注意的是，对于引脚较密集的集成电路，采用手工焊接的方法较易造成引脚连焊，一般在条件允许的情况下要使用贴片机进行焊接。

第13章
继电器与接触器的功能和检测方法

13.1 继电器的功能和检测方法

继电器是一种根据外界输入量（电、磁、声、光、热）来控制电路接通或断开的电动控制元器件，当输入量的变化达到规定要求时，控制量将发生预定的跃阶变化。输入量可以是电压、电流等电量，也可以是非电量，如温度、速度、压力等。

常见的继电器主要有电磁继电器、热继电器、中间继电器、时间继电器、速度继电器、压力继电器、温度继电器、电压继电器、电流继电器等，如图13-1所示。

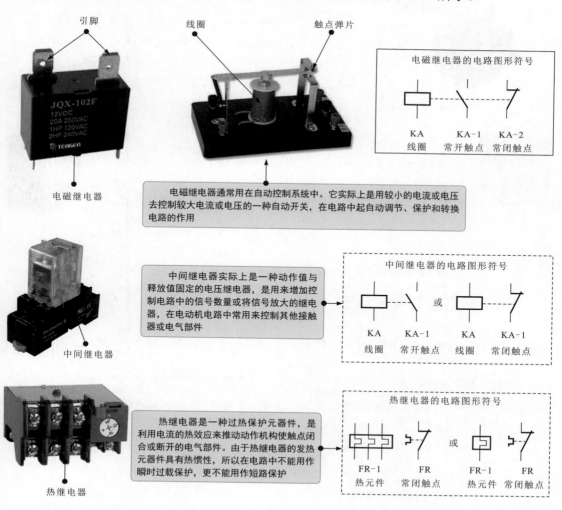

引脚　线圈　触点弹片

电磁继电器

电磁继电器的电路图形符号

KA　KA-1　KA-2
线圈　常开触点　常闭触点

电磁继电器通常用在自动控制系统中。它实际上是用较小的电流或电压去控制较大电流或电压的一种自动开关，在电路中起自动调节、保护和转换电路的作用

中间继电器实际上是一种动作值与释放值固定的电压继电器，是用来增加控制电路中的信号数量或将信号放大的继电器，在电动机电路中常用来控制其他接触器或电气部件

中间继电器

中间继电器的电路图形符号

KA　KA-1　　或　　KA　KA-1
线圈　常开触点　　　　线圈　常闭触点

热继电器是一种过热保护元器件，是利用电流的热效应来推动动作机构使触点闭合或断开的电气部件。由于热继电器的发热元器件具有热惯性，所以在电路中不能用作瞬时过载保护，更不能用作短路保护

热继电器

热继电器的电路图形符号

FR-1　FR　　或　　FR-1　FR
热元件　常闭触点　　　热元件　常闭触点

图13-1　常见继电器的实物外形

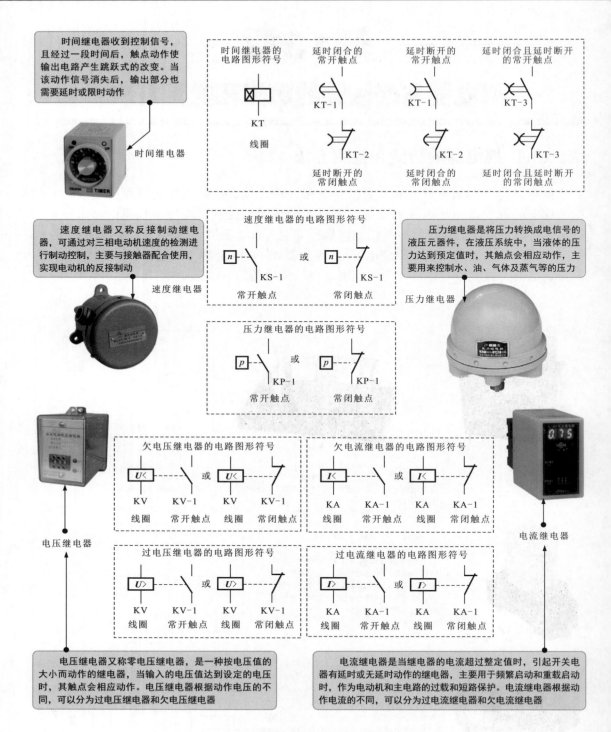

时间继电器收到控制信号，且经过一段时间后，触点动作使输出电路产生跳跃式的改变。当该动作信号消失后，输出部分也需要延时或限时动作

时间继电器

时间继电器的电路图形符号

KT 线圈

延时闭合的常开触点 KT-1

延时断开的常开触点 KT-1

延时闭合且延时断开的常开触点 KT-3

延时断开的常闭触点 KT-2

延时闭合的常闭触点 KT-2

延时闭合且延时断开的常闭触点 KT-3

速度继电器又称反接制动继电器，可通过对三相电动机速度的检测进行制动控制，主要与接触器配合使用，实现电动机的反接制动

速度继电器

速度继电器的电路图形符号

n KS-1 常开触点 或 n KS-1 常闭触点

压力继电器是将压力转换成电信号的液压元器件，在液压系统中，当液体的压力达到预定值时，其触点会相应动作，主要用来控制水、油、气体及蒸气等的压力

压力继电器

压力继电器的电路图形符号

p KP-1 常开触点 或 p KP-1 常闭触点

电压继电器

欠电压继电器的电路图形符号

$U<$ KV 线圈 KV-1 常开触点 或 $U<$ KV 线圈 KV-1 常闭触点

过电压继电器的电路图形符号

$U>$ KV 线圈 KV-1 常开触点 或 $U>$ KV 线圈 KV-1 常闭触点

欠电流继电器的电路图形符号

$I<$ KA 线圈 KA-1 常开触点 或 $I<$ KA 线圈 KA-1 常闭触点

过电流继电器的电路图形符号

$I>$ KA 线圈 KA-1 常开触点 或 $I>$ KA 线圈 KA-1 常闭触点

电流继电器

电压继电器又称零电压继电器，是一种按电压值的大小而动作的继电器，当输入的电压值达到设定的电压时，其触点会相应动作。电压继电器根据动作电压的不同，可以分为过电压继电器和欠电压继电器

电流继电器是当继电器的电流超过整定值时，引起开关电器有延时或无延时动作的继电器，主要用于频繁启动和重载启动时，作为电动机和主电路的过载和短路保护。电流继电器根据动作电流的不同，可以分为过电流继电器和欠电流继电器

图 13-1　常见继电器的实物外形（续）

❖ 13.1.1 继电器的功能特点

继电器是由驱动线圈和触点两部分组成的，如图 13-2 所示。

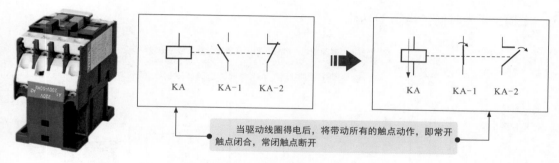

当驱动线圈得电后，将带动所有的触点动作，即常开触点闭合，常闭触点断开

图 13-2　继电器的结构组成

图 13-3 为电磁继电器的功能。

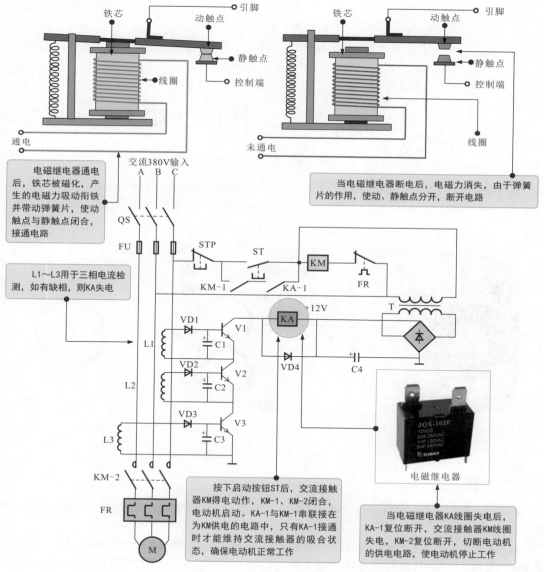

电磁继电器通电后，铁芯被磁化，产生的电磁力吸动衔铁并带动弹簧片，使动触点与静触点闭合，接通电路

当电磁继电器断电后，电磁力消失，由于弹簧片的作用，使动、静触点分开，断开电路

L1～L3用于三相电流检测，如有缺相，则KA失电

按下启动按钮ST后，交流接触器KM得电动作，KM-1、KM-2闭合，电动机启动。KA-1与KM-1串联接在为KM供电的电路中，只有KA-1接通时才能维持交流接触器的吸合状态，确保电动机正常工作

当电磁继电器KA线圈失电后，KA-1复位断开，交流接触器KM线圈失电，KM-2复位断开，切断电动机的供电电路，使电动机停止工作

电磁继电器

图 13-3　电磁继电器的功能

图 13-4 为时间继电器的功能。

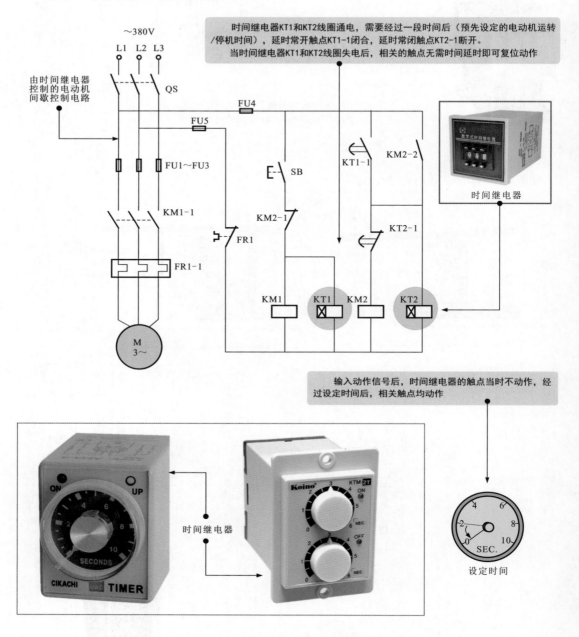

时间继电器KT1和KT2线圈通电，需要经过一段时间后（预先设定的电动机运转/停机时间），延时常开触点KT1-1闭合，延时常闭触点KT2-1断开。

当时间继电器KT1和KT2线圈失电后，相关的触点无需时间延时即可复位动作

由时间继电器控制的电动机间歇控制电路

输入动作信号后，时间继电器的触点当时不动作，经过设定时间后，相关触点均动作

设定时间

图 13-4 时间继电器的功能

资料与提示

时间继电器是通过感测机构接收外界动作信号，并需经过一段时间的延时后才能产生控制动作的继电器。

时间继电器主要用在需要按时间顺序控制的电路中，延时接通和切断某些控制电路，当时间继电器的感测机构得到外界的动作信号后，其触点还需要经过规定时间的延迟，当时间到达后，触点才开始动作，常开触点闭合，常闭触点断开。

❖ 13.1.2 继电器的检测方法

　　检测继电器时，通常是在断电状态下检测内部线圈阻值及引脚间阻值。下面就以电磁继电器和时间继电器为例讲述继电器的检测方法。

　　图 13-5 为电磁继电器的检测方法。

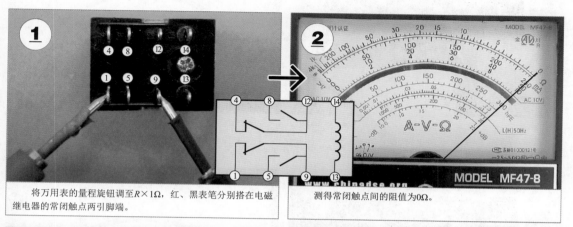

将万用表的量程旋钮调至 $R \times 1\Omega$，红、黑表笔分别搭在电磁继电器的常闭触点两引脚端。

测得常闭触点间的阻值为 0Ω。

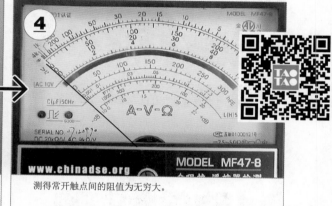

将万用表的红、黑表笔分别搭在电磁继电器的常开触点两引脚端。

测得常开触点间的阻值为无穷大。

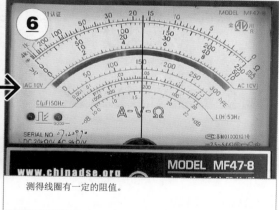

将万用表的红、黑表笔分别搭在电磁继电器的线圈两引脚端。

测得线圈有一定的阻值。

图 13-5　电磁继电器的检测方法

图 13-6 为时间继电器的检测方法。

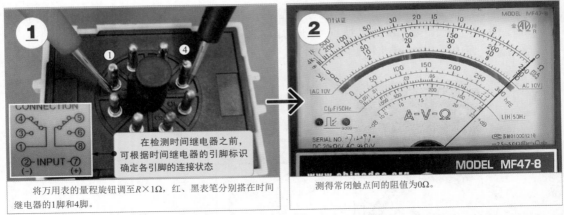

将万用表的量程旋钮调至 $R×1Ω$，红、黑表笔分别搭在时间继电器的1脚和4脚。

测得常闭触点间的阻值为 $0Ω$。

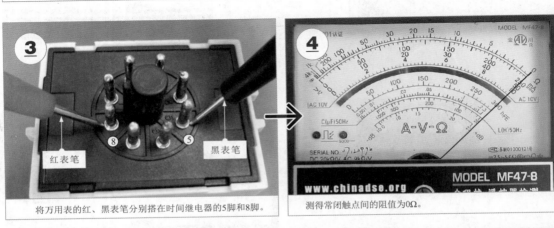

将万用表的红、黑表笔分别搭在时间继电器的5脚和8脚。

测得常闭触点间的阻值为 $0Ω$。

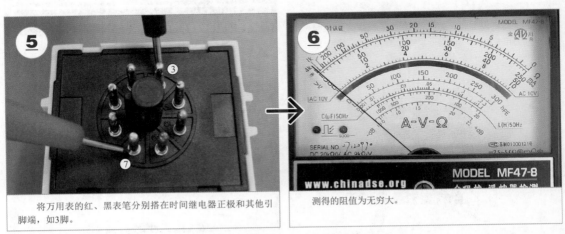

将万用表的红、黑表笔分别搭在时间继电器正极和其他引脚端，如3脚。

测得的阻值为无穷大。

图 13-6　时间继电器的检测方法

资料与提示

图13-6中，在未通电状态下，1脚和4脚、5脚和8脚是闭合状态，在通电并延迟一定时间后，1脚和3脚、6脚和8脚是闭合状态，闭合引脚间的阻值为 $0Ω$，未接通引脚间的阻值为无穷大。

13.2 接触器的功能和检测方法

13.2.1 接触器的功能特点

接触器是一种由电压控制的开关装置，适用于远距离频繁接通和断开交/直流电路的系统，属于控制类元器件，是电力拖动系统、机床设备控制线路、自动控制系统中使用最广泛的低压电器之一。

根据触点通过电流的种类，接触器主要可分为交流接触器和直流接触器两类，如图 13-7 所示。

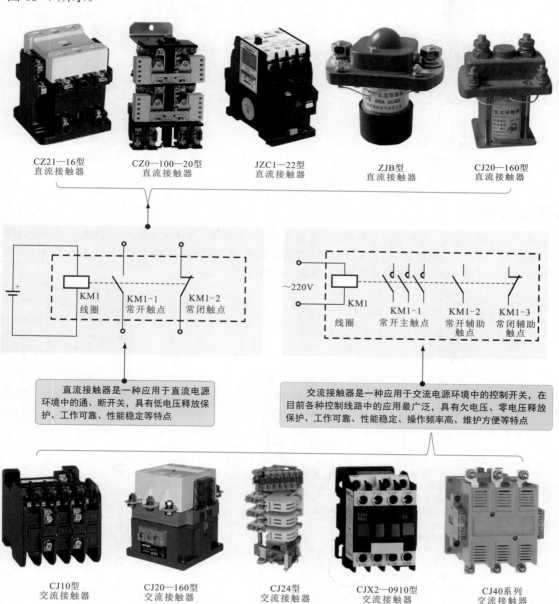

图 13-7 常见接触器的实物外形

接触器主要包括线圈、衔铁和触点几部分，工作时，其核心过程是在线圈得电的状态下，上下两块衔铁因磁化而相互吸合，衔铁动作带动触点动作，如常开主触点闭合、常闭辅助触点断开，如图13-8所示。

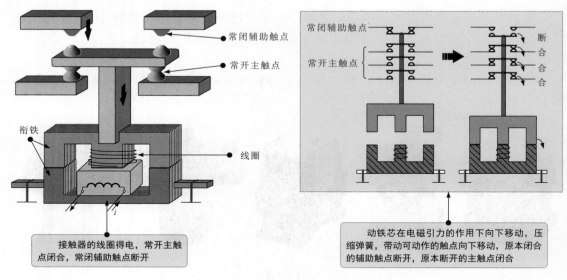

图 13-8　接触器的工作特性

在实际控制线路中，接触器一般利用主触点接通或分断主电路及其连接负载，用辅助触点执行控制指令。在水泵的启、停控制线路中，控制线路中的交流接触器KM主要是由线圈、一组常开主触点KM-1、两组常开辅助触点和一组常闭辅助触点构成的，如图13-9所示。

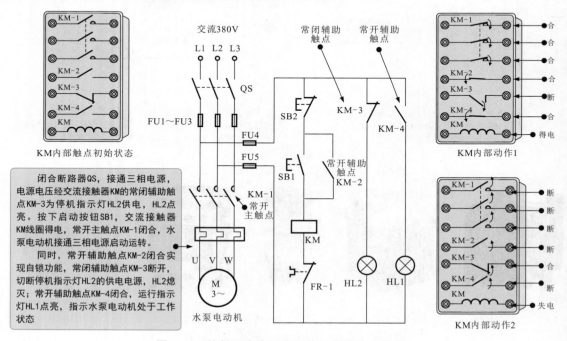

图 13-9　接触器在水泵启、停控制线路中的应用

❖ 13.2.2 接触器的检测方法

检测接触器可参考继电器的检测方法，即借助万用表检测接触器各引脚间（包括线圈间、常开触点间、常闭触点间）的阻值，或者在工作状态下，当线圈未得电或得电时，通过检测触点所控制电路的通、断状态来判断接触器的性能好坏。

图 13-10 为交流接触器的检测方法。

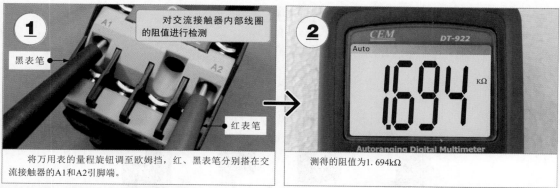

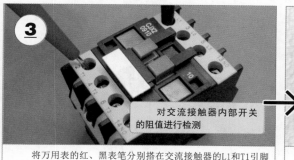

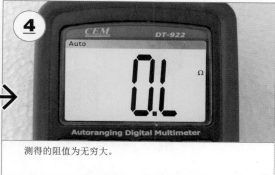

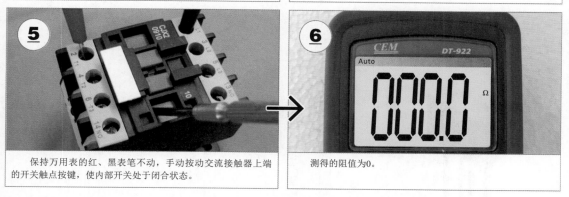

图 13-10　交流接触器的检测方法

资料与提示

图 13-10 中，使用同样的方法分别检测 L2 和 T2、L3 和 T3、NO 端在开关闭合和断开时的状态：当内部线圈通电时，内部开关触点吸合；当内部线圈断电时，内部触点断开。由于是断电检测交流接触器的好坏，因此需要按动交流接触器上端的开关触点按键，强制闭合触点。

第14章
光电耦合器与霍尔元件的功能和检测方法

14.1 光电耦合器的功能和检测方法

14.1.1 光电耦合器的功能特点

光电耦合器是一种光电转换元器件。其内部实际上是由一个光敏三极管和一个发光二极管构成的，以光电方式传递信号。

光电耦合器有直射型和反射型两种。图14-1为常见光电耦合器的实物外形。

（a）直射型

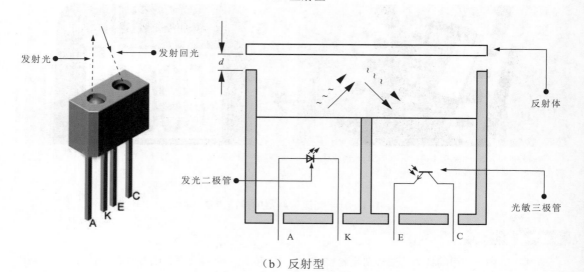

（b）反射型

图14-1　常见光电耦合器的实物外形

光电耦合器的应用如图 14-2 所示。

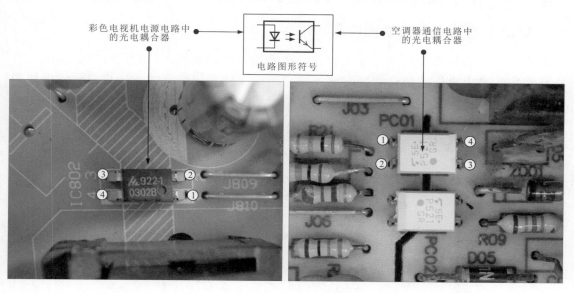

图 14-2　光电耦合器的应用

❖ 14.1.2　光电耦合器的检测方法

光电耦合器一般可通过分别检测二极管侧和光敏三极管侧的正、反向阻值来判断内部是否存在击穿短路或断路情况。

图 14-3 为光电耦合器的检测方法。

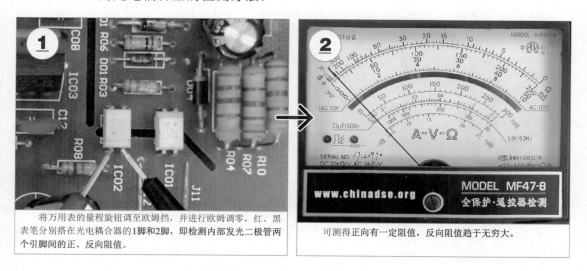

将万用表的量程旋钮调至欧姆挡，并进行欧姆调零，红、黑表笔分别搭在光电耦合器的1脚和2脚，即检测内部发光二极管两个引脚间的正、反向阻值。

可测得正向有一定阻值，反向阻值趋于无穷大。

图 14-3　光电耦合器的检测方法

资料与提示

在正常情况下，若不存在外围元器件的影响（可将光电耦合器从电路板上取下），则光电耦合器内部发光二极管侧的正向应有一定的阻值，反向阻值应为无穷大；光敏三极管侧的正、反向阻值都应为无穷大。

14.2 霍尔元件的功能和检测方法

14.2.1 霍尔元件的功能特点

霍尔元件是一种锑铟半导体元器件，在外加偏压的条件下，受到磁场的作用会有电压输出，输出电压的极性和强度与外加磁场的极性和强度有关。用霍尔元件制作的磁场传感器被称为霍尔传感器，为了提高输出信号的幅度，通常将放大电路与霍尔元件集成在一起，制成三端元器件或四端元器件，为实际应用提供极大方便。

图 14-4 是霍尔元件的电路图形符号和等效电路。

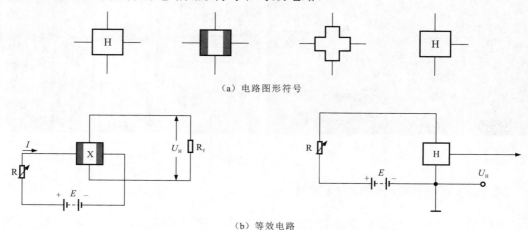

（a）电路图形符号

（b）等效电路

图 14-4　霍尔元件的电路图形符号和等效电路

霍尔元件是将放大器、温度补偿电路及稳压电源集成在一个芯片上的元器件，如图 14-5 所示。

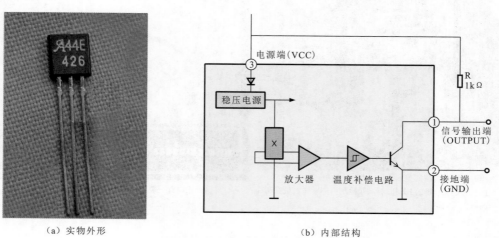

（a）实物外形　　　　　　　　　　（b）内部结构

图 14-5　霍尔元件的实物外形及内部结构

霍尔元件常用的接口电路如图 14-6 所示。它可以与三极管、晶闸管、二极管、TTL 电路和 MOS 电路配接，应用便利。

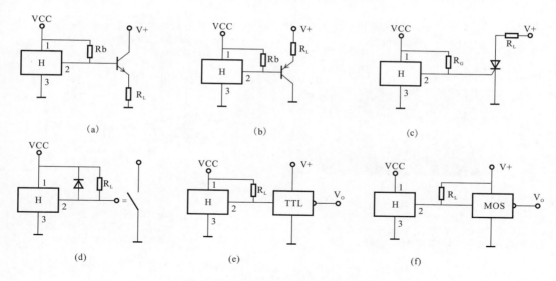

图 14-6 霍尔元件常用的接口电路

霍尔元件可以检测磁场的极性，并将磁场的极性变成电信号的极性，主要应用于需要检测磁场的场合，如在电动自行车无刷电动机、调速转把中均有应用。

无刷电动机定子绕组必须根据转子磁极的方位切换电流方向才能使转子连续旋转，因此在无刷电动机内必须设置一个转子磁极位置的传感器。这种传感器通常采用霍尔元件。图 14-7 为霍尔元件在电动自行车无刷电动机中的应用。

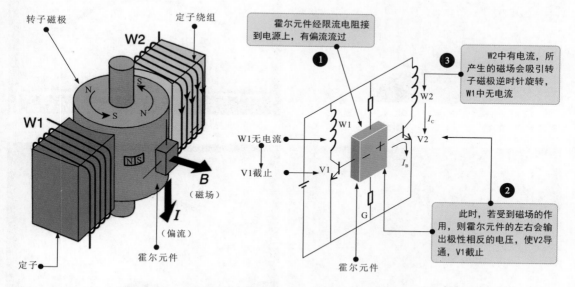

图 14-7 霍尔元件在电动自行车无刷电动机中的应用

图 14-8 为霍尔元件在电动自行车调速转把中的应用。电动自行车加电后，通过调速转把可以将控制信号送入控制器中，控制器根据信号的大小控制电动自行车中电动机的转速。

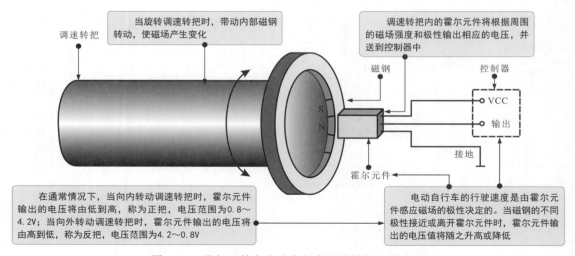

调速转把

当旋转调速转把时，带动内部磁钢转动，使磁场产生变化

调速转把内的霍尔元件将根据周围的磁场强度和极性输出相应的电压，并送到控制器中

磁钢

控制器

VCC

输出

接地

霍尔元件

在通常情况下，当向内转动调速转把时，霍尔元件输出的电压将由低到高，称为正把，电压范围为0.8～4.2V；当向外转动调速转把时，霍尔元件输出的电压将由高到低，称为反把，电压范围为4.2～0.8V

电动自行车的行驶速度是由霍尔元件感应磁场的极性决定的。当磁钢的不同极性接近或离开霍尔元件时，霍尔元件输出的电压值将随之升高或降低

图 14-8　霍尔元件在电动自行车调速转把中的应用

❖ 14.2.2 霍尔元件的检测方法

判断霍尔元件是否正常时，可使用万用表分别检测霍尔元件引脚间的阻值，以电动自行车调速转把中的霍尔元件为例，检测方法如图 14-9 所示。

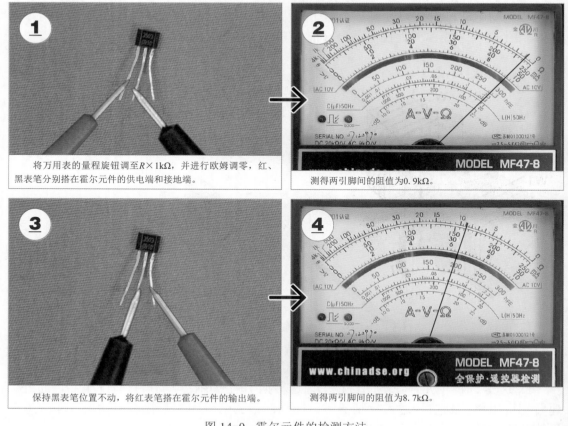

将万用表的量程旋钮调至R×1kΩ，并进行欧姆调零，红、黑表笔分别搭在霍尔元件的供电端和接地端。

测得两引脚间的阻值为0.9kΩ。

保持黑表笔位置不动，将红表笔搭在霍尔元件的输出端。

测得两引脚间的阻值为8.7kΩ。

图 14-9　霍尔元件的检测方法

第15章
数码显示器、电声器件、电池的功能和检测方法

15.1 数码显示器的功能和检测方法

15.1.1 数码显示器的功能特点

数码显示器实际上是一种数字显示器件，又可称为 LED 数码管，是电子产品中常用的显示器件，如应用在电磁炉、微波炉操作面板上用来显示工作状态、运行时间等。

图 15-1 为常见数码显示器的实物外形及典型应用。

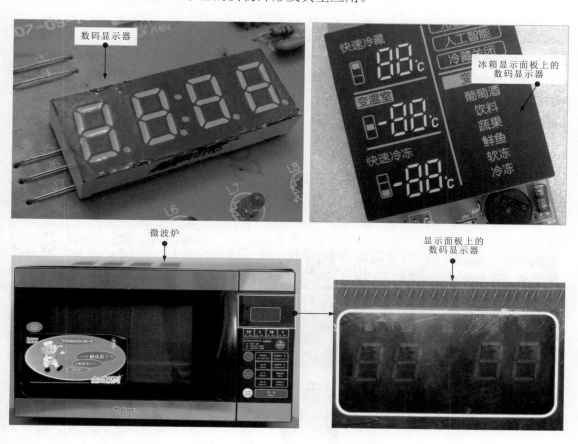

图 15-1 常见数码显示器的实物外形及典型应用

数码显示器用多个发光二极管组成笔段显示相应的数字或图像，用 DP 表示小数点。图 15-2 为数码显示器的引脚排列和连接方式。

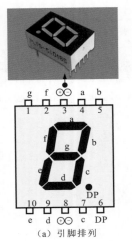
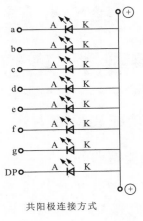
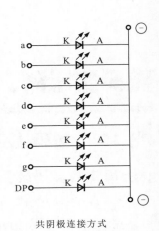

共阳极连接方式　　　　　共阴极连接方式

（a）引脚排列　　　　　（b）连接方式

图 15-2　数码显示器的引脚排列和连接方式

数码显示器按照字符笔画段数的不同可以分为七段数码显示器和八段数码显示器。段是指数码显示器字符的笔画（a～g）。八段数码显示器比七段数码显示器多一个发光二极管单元，即多一个小数点显示DP。

❖ 15.1.2　数码显示器的检测方法

数码显示器一般可借助万用表检测。检测时，可通过检测相应笔段的阻值来判断数码显示器是否损坏。检测之前，应首先了解待测数码显示器各笔段所对应的引脚，如图 15-3 所示。

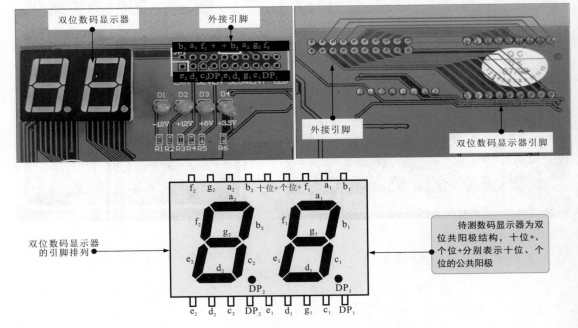

图 15-3　待测数码显示器的引脚

图 15-4 为双位数码显示器的检测方法。

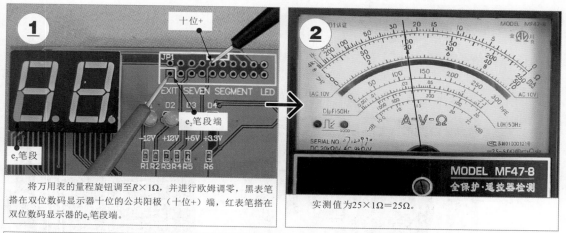

将万用表的量程旋钮调至 $R \times 1\Omega$，并进行欧姆调零，黑表笔搭在双位数码显示器十位的公共阳极（十位+）端，红表笔搭在双位数码显示器的 e_2 笔段端。

实测值为 $25 \times 1\Omega = 25\Omega$。

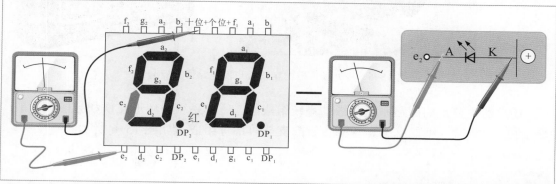

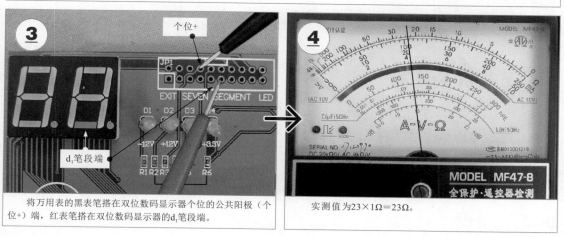

将万用表的黑表笔搭在双位数码显示器个位的公共阳极（个位+）端，红表笔搭在双位数码显示器的 d_1 笔段端。

实测值为 $23 \times 1\Omega = 23\Omega$。

图 15-4　双位数码显示器的检测方法

资料与提示

图 15-4 中，在正常情况下，当检测相应的笔段时，笔段应发光，且有一定的阻值；若笔段不发光或阻值为无穷大或零，均说明该笔段的发光二极管已损坏。

另外需要注意的是，图 15-4 检测的是采用共阳极结构的双位数码显示器，若为采用共阴极结构的双位数码显示器，则在检测时，应将红表笔接触公共阴极，黑表笔接触各个笔段端。

15.2 电声器件的功能和检测方法

15.2.1 扬声器的功能特点

扬声器俗称喇叭，是音响系统中不可缺少的重要部件，能够将电信号转换为声波信号。

图 15-5 为常见扬声器的实物外形及电路图形符号。

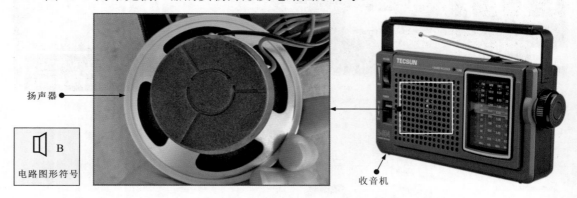

图 15-5 常见扬声器的实物外形及电路图形符号

扬声器主要是由磁路系统和振动系统组成的。磁路系统由环形磁铁和导磁板组成；振动系统由纸盆、纸盆支架、音圈、音圈支架等部分组成，如图 15-6 所示。

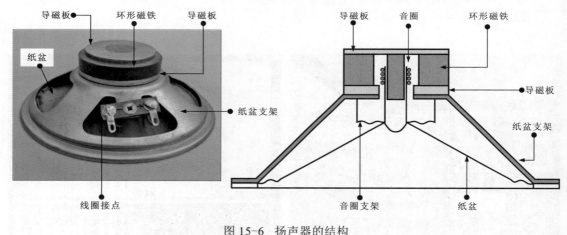

图 15-6 扬声器的结构

资料与提示

音圈是用漆包线绕制而成的，圈数很少，通常只有几十圈，故阻抗很小。音圈的引出线平贴着纸盆，用胶水粘在纸盆上。纸盆是由特制的模压纸制成的，在中心加有防尘罩，防止灰尘和杂物进入磁隙，影响振动效果。

当扬声器的音圈通入音频电流后，音圈在电流的作用下产生交变的磁场，并在环形磁铁内形成的磁场中形成振动。由于音圈产生磁场的大小和方向随音频电流的变化不断改变，因此音圈会在磁场内产生振动。由于音圈和纸盆相连，因此音圈带动纸盆振动，从而引起空气振动并发出声音。

15.2.2 扬声器的检测方法

使用万用表检测扬声器时，可通过检测扬声器的阻值来判断扬声器是否损坏。检测前，可先了解待测扬声器的标称交流阻抗，为检测提供参照标准，如图 15-7 所示。

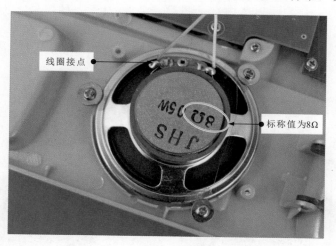

图 15-7　待测扬声器的参数标识

扬声器的检测方法如图 15-8 所示。

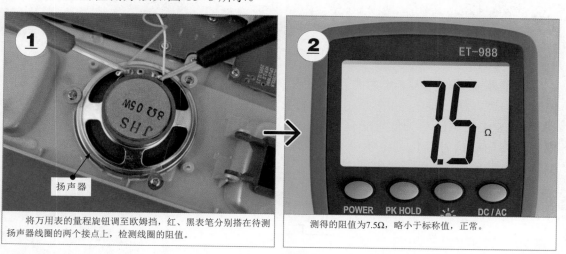

将万用表的量程旋钮调至欧姆挡，红、黑表笔分别搭在待测扬声器线圈的两个接点上，检测线圈的阻值。

测得的阻值为7.5Ω，略小于标称值，正常。

图 15-8　扬声器的检测方法

资料与提示

值得注意的是，扬声器上的标称值8Ω是该扬声器在有正常交流信号驱动时所呈现的阻值，即交流阻值；用万用表检测时，所测的阻值为直流阻值。在正常情况下，直流阻值应接近且小于交流阻值。

若所测阻值为零或无穷大，则说明扬声器已损坏，需要更换。

如果扬声器性能良好，则在检测时，将万用表的一支表笔搭在线圈的一个接点上，当另一支表笔触碰线圈的另一个接点时，扬声器会发出"咔咔"声；如果扬声器损坏，则不会有声音发出。此外，若扬声器出现线圈粘连或卡死、纸盆损坏等情况，则用万用表检测是判别不出来的，必须通过试听音响效果才能判别。

15.2.3 蜂鸣器的功能特点

蜂鸣器从结构上分为压电式蜂鸣器和电磁式蜂鸣器。压电式蜂鸣器是由陶瓷材料制成的。电磁式蜂鸣器是由电磁线圈构成的。从工作原理上，蜂鸣器可以分为无源蜂鸣器和有源蜂鸣器。无源蜂鸣器内部无振荡源，必须有驱动信号才能发声。有源蜂鸣器内部有振荡源，只要外加直流电压即可发声。

图 15-9 为常见蜂鸣器的实物外形及电路图形符号。

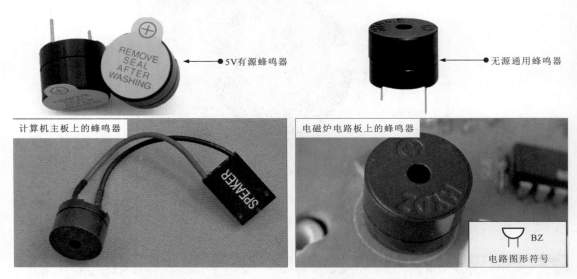

图 15-9　常见蜂鸣器的实物外形及电路图形符号

蜂鸣器主要作为发声器件广泛应用在各种电子产品中。例如，图 15-10 为简易门窗防盗报警电路。该电路主要是由振动传感器 CS01 及其外围元器件构成的。在正常状态下，CS01 的输出端为低电平信号输出，继电器不工作；当 CS01 受到撞击时，其内部电路将振动信号转化为电信号并由输出端输出高电平，使继电器 KA 吸合，控制蜂鸣器发出警示声音，引起人们的注意。

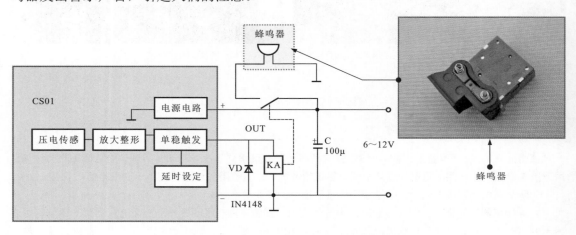

图 15-10　简易门窗防盗报警电路

　　图 15-11 为电动自行车防盗报警锁电路。当电动自行车被移动时，振动传感器 S1
会有信号送到 V1 的基极，经 V1 放大后，加到 IC1 的 1 脚，经 IC1 处理后由 4 脚输出，
经 V2 驱动蜂鸣器发声，发出警示声音，引起车主注意。

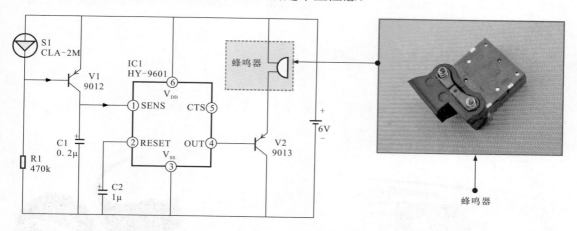

图 15-11　电动自行车防盗报警锁电路

◆ 15.2.4　蜂鸣器的检测方法

　　判断蜂鸣器好坏的方法有两种：一种是借助万用表检测阻值判断好坏，操作简单
方便；另一种是借助直流稳压电源供电听声音的方法判断好坏，准确可靠。

※ 1. 借助万用表检测蜂鸣器

　　在检测蜂鸣器前，首先根据待测蜂鸣器上的标识识别出正、负极引脚，为蜂鸣器
的检测提供参照标准。下面使用数字万用表对蜂鸣器进行检测，将数字万用表的量程
旋钮调至欧姆挡，检测方法如图 15-12 所示。

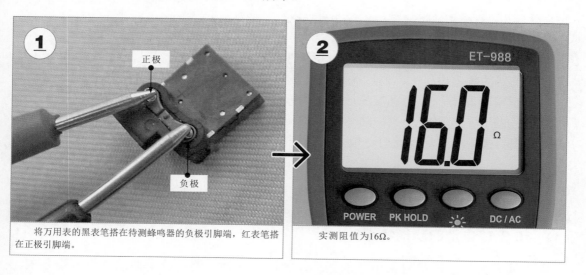

图 15-12　蜂鸣器的检测方法

资料与提示

在正常情况下，蜂鸣器正、负引脚间的阻值应有一个固定值（一般为8Ω或16Ω），当表笔接触引脚端的一瞬间或间断接触蜂鸣器的引脚端时，蜂鸣器会发出"吱吱"的声响。若测得引脚间的阻值为无穷大、零或未发出声响，则说明蜂鸣器已损坏。

2. 借助直流稳压电源检测蜂鸣器

直流稳压电源用于为蜂鸣器提供直流电压。首先将直流稳压电源的正极与蜂鸣器的正极（蜂鸣器的长引脚端）连接，负极与蜂鸣器的负极（蜂鸣器的短引脚端）连接，连接方法如图15-13所示。

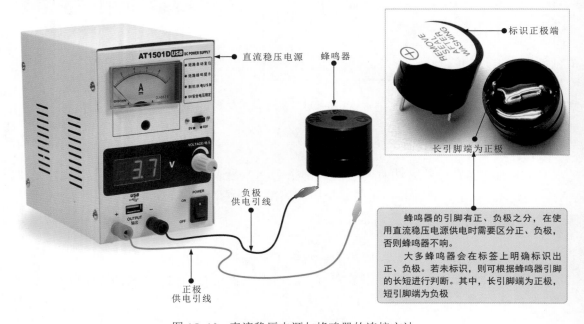

图15-13 直流稳压电源与蜂鸣器的连接方法

检测时，将直流稳压电源通电，并从低到高调节直流稳压电源的输出电压（不能超过蜂鸣器的额定电压），通过观察蜂鸣器的状态判断性能好坏。

在正常情况下，借助直流稳压电源为蜂鸣器供电时，蜂鸣器能发出声响，且随着供电电压的升高，声响变大；随着供电电压的降低，声响变小。若实测时不符合，则多为蜂鸣器失效或损坏，此时一般选用同规格型号的蜂鸣器代换即可。

15.3 电池的功能和检测方法

15.3.1 电池的功能特点

电池是为电子产品提供电能的器件，应用于各种需要直流电源的产品或设备中。图15-14为几种电池的实物外形及电路图形符号。

圆柱形干电池　　　　　　长方形干电池　　　　纽扣式干（锂）电池

图 15-14　几种电池的实物外形及电路图形符号

15.3.2 电池的检测方法

电池作为一种电能供给部件，在使用万用表检测时，可通过检测其输出的直流电压来判断性能，如图 15-15 所示。

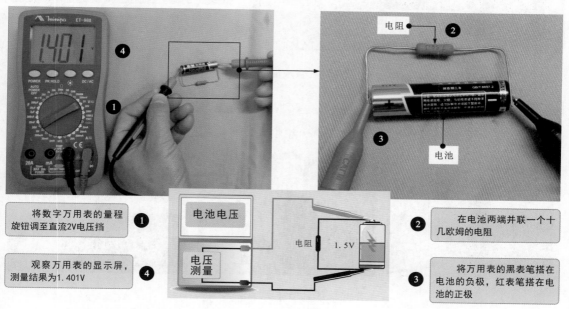

① 将数字万用表的量程旋钮调至直流2V电压挡

④ 观察万用表的显示屏，测量结果为1.401V

② 在电池两端并联一个十几欧姆的电阻

③ 将万用表的黑表笔搭在电池的负极，红表笔搭在电池的正极

图 15-15　使用数字万用表检测电池输出的直流电压

在正常情况下，电池输出的直流电压应近似于标称值（电量充足时，实测值略大于标称值），若略低于或相差很多，则说明电池电量下降或几乎耗尽。

资料与提示

在一般情况下，用万用表直接测量电池时，不论电池电量是否充足，测量结果都会与标称值基本相同，也就是说，测量电池空载时的电压不能判断电池的电量情况。电池电量耗尽的主要表现是电池内阻增加，接上电阻后，电流会在内阻上消耗电能，并产生电压降。例如，一节 5 号干电池，电池空载时的电压为 1.5V，但接上电阻后，电压降为 0.5V，表明电池电量几乎耗尽。

　　另外，有些万用表具有电池消耗状态的检测功能。这种万用表设有专用电池检测挡，当将万用表的量程旋钮调至电池检测挡时，在该挡内部有电阻与电池并联，如图15-16所示，可以直接检测电池性能，无需外部并联电阻。

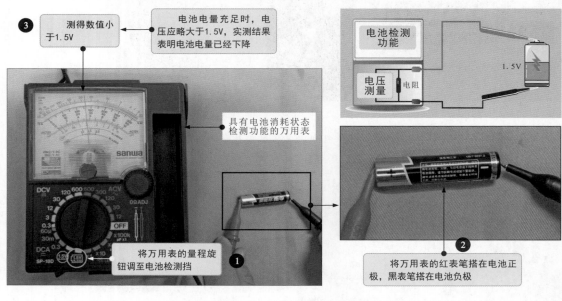

图15-16　使用具有电池消耗状态检测功能的万用表检测电池性能

资料与提示

图15-17为同一块电池分别使用直流电压挡和电池检测挡的实测结果对照。

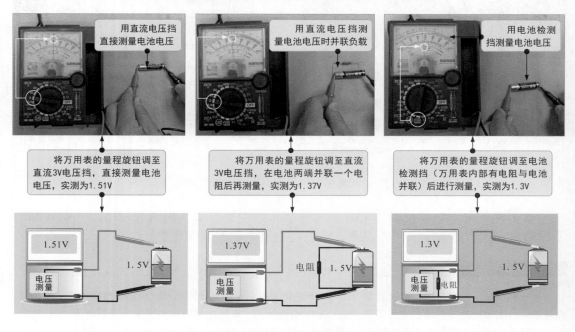

图15-17　同一块电池分别使用直流电压挡和电池检测挡所测得的状态对照

第16章

变压器的识别、检测、选用与代换

16.1 认识变压器

变压器可利用电磁感应原理传递电能或传输交流信号，广泛应用在各种电子产品中，是将两组或两组以上的线圈绕制在同一骨架或同一铁芯上制成的。

图 16-1 为变压器的实物外形和结构。

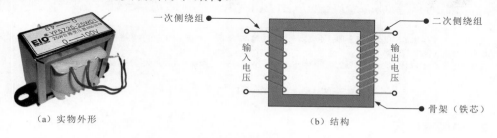

（a）实物外形　　　　　　　　　　　　　　　　　（b）结构

图 16-1　变压器的实物外形和结构

16.1.1 了解变压器的种类特点

常用的变压器主要有低频变压器、中频变压器、高频变压器及特殊变压器。

1. 低频变压器

低频变压器是工作频率相对较低的变压器。常见的低频变压器有电源变压器和音频变压器。图 16-2 为电源变压器的实物外形。

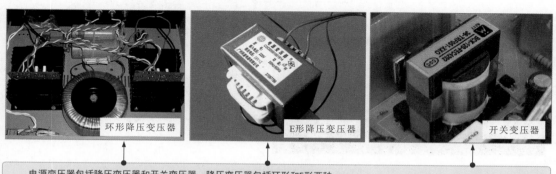

环形降压变压器　　　　　E形降压变压器　　　　　开关变压器

电源变压器包括降压变压器和开关变压器。降压变压器包括环形和E形两种。
降压变压器直接工作在220V/50Hz条件下，又称为低频变压器。
开关变压器是一种脉冲信号变压器，主要应用在开关电源电路中，可将高压脉冲信号变成多组低压脉冲信号。开关变压器的工作频率为1～50kHz；相对于中、高频变压器来说较低，为低频变压器，相对于一般降压变压器来说，为高频变压器。因此，频率的高、低是相对而言的。

图 16-2　电源变压器的实物外形

图 16-3 为音频变压器的实物外形。

音频变压器是传输音频信号的变压器，主要用来耦合传输信号和阻抗匹配，多应用在功率放大器中，如高保真音响放大器，需要采用高品质的音频变压器。

音频变压器根据功能还可分为音频输入变压器和音频输出变压器，分别接在功率放大器的输入级和输出级

图 16-3　音频变压器的实物外形

2. 中频变压器

中频变压器简称中周，适用范围一般为几千赫兹至几十兆赫兹，频率相对较高，实物外形如图 16-4 所示。

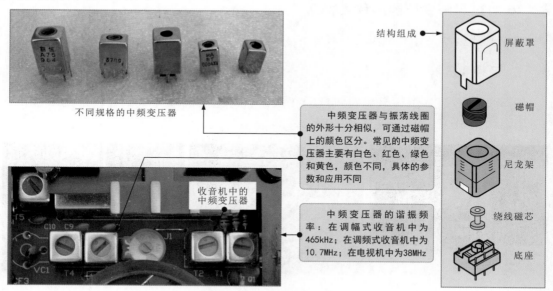

不同规格的中频变压器

中频变压器与振荡线圈的外形十分相似，可通过磁帽上的颜色区分。常见的中频变压器主要有白色、红色、绿色和黄色，颜色不同，具体的参数和应用不同

收音机中的中频变压器

中频变压器的谐振频率：在调幅式收音机中为465kHz；在调频式收音机中为10.7MHz；在电视机中为38MHz

结构组成 — 屏蔽罩／磁帽／尼龙架／绕线磁芯／底座

图 16-4　中频变压器的实物外形

资料与提示

在收音机电路中，通常白色的中频变压器为第一中频，红色的中频变压器为第二中频，绿色的中频变压器为第三中频，黑色的中频变压器为本振线圈。在实际应用中，不同厂家对中频变压器的颜色标识没有统一的标准，应具体问题具体分析，但不论哪个厂家生产的中频变压器，不同颜色的中频变压器不可互换。

※ 3. 高频变压器

工作在高频电路中的变压器被称为高频变压器，主要应用在收音机、电视机、手机、卫星接收机中。短波收音机中的高频变压器工作在 1.5 ~ 30MHz 频率范围。FM 收音机的高频变压器工作在 88 ~ 108 MHz 频率范围。图 16-5 为高频变压器的实物外形。

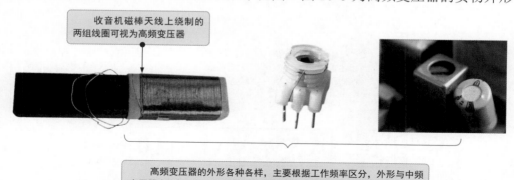

收音机磁棒天线上绕制的两组线圈可视为高频变压器

高频变压器的外形各种各样，主要根据工作频率区分，外形与中频变压器十分相似，内部线圈的匝数和连接方式与中频变压器不同

图 16-5 高频变压器的实物外形

※ 4. 特殊变压器

特殊变压器是应用在特殊环境中的变压器。在电子产品中，常见的特殊变压器主要有彩色电视机中的行输出变压器、行激励变压器等，如图 16-6 所示。

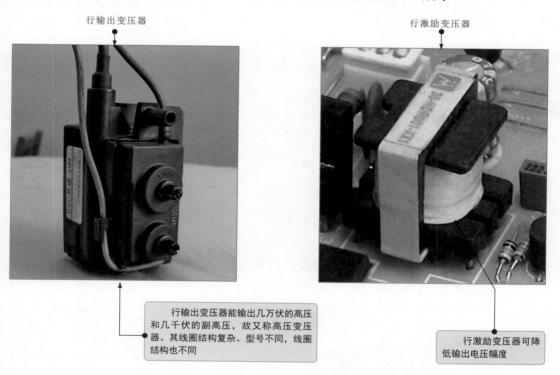

行输出变压器

行激励变压器

行输出变压器能输出几万伏的高压和几千伏的副高压，故又称高压变压器。其线圈结构复杂。型号不同，线圈结构也不同

行激励变压器可降低输出电压幅度

图 16-6 特殊变压器的实物外形

❖ 16.1.2 厘清变压器的参数标识

变压器的参数标识常用字母与数字的组合构成。

※ 1. 变压器的参数标识

我国变压器的参数标识如图 16-7 所示。

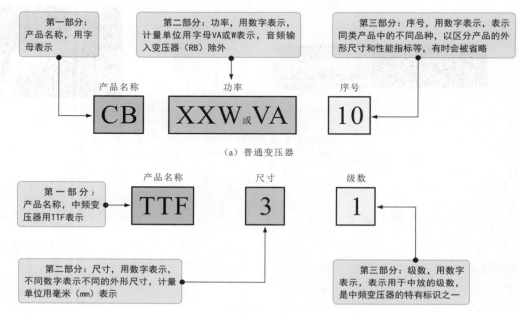

图 16-7　我国变压器的参数标识

资料与提示

变压器参数标识中字母或数字的含义见表 16-1。

表 16-1　变压器参数标识中字母或数字的含义

标识	字母	含义	标识	数字	含义
产品名称	DB	电源变压器	尺寸（mm） （中频变压器专用标识）	1	7×7×12
	CB	音频输出变压器		2	10×10×14
	RB/JB	音频输入变压器		3	12×12×16
	GB	高压变压器		4	10×25×36
	HB	灯丝变压器	级数	1	第一级中放
	SB/ZB	音频变压器		2	第二级中放
	T	中频变压器		3	第三级中放
	TTF	调幅收音机用中频变压器			

※ 2. 变压器参数标识的识读

在有些变压器的铭牌上直接将额定功率、输入电压、输出电压等数值明确标出，识读比较直接、简单，如图 16-8 所示。

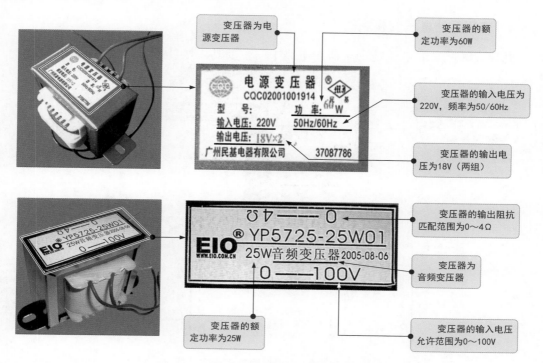

图 16-8 根据变压器的铭牌标识直接识读

识别变压器一次侧、二次侧绕组的引线是变压器安装操作中的重要环节。有些变压器一次侧、二次侧绕组的引线也在铭牌中进行了标识，可以直接根据标识进行安装连接，如图 16-9 所示。

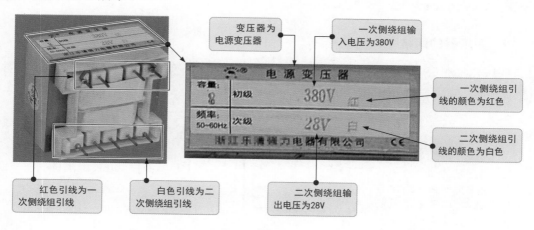

图 16-9 根据变压器铭牌标识识别一次侧、二次侧绕组的引线

◈ 16.1.3 知晓变压器的功能特点

变压器在电路中主要用来实现电压变换、阻抗变换、相位变换、电气隔离、信号传输等功能。

✳ 1. 变压器的电压变换功能

提升或降低交流电压是变压器在电路中的主要功能，如图 16-10 所示。

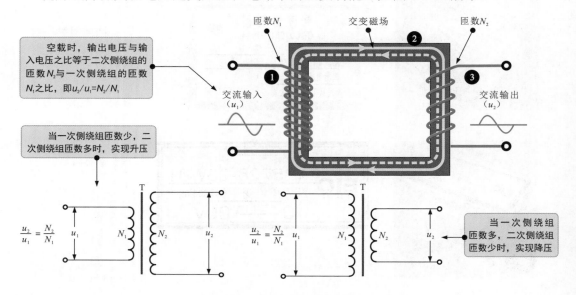

图 16-10　变压器的电压变换功能

资料与提示

图 16-10 中，**①** 当交流 220V 电压流过一次侧绕组时，在一次侧绕组上形成感应电动势；**②** 在绕制的线圈中产生交变磁场，使铁芯磁化；**③** 二次侧绕组也产生与一次侧绕组变化相同的交变磁场，根据电磁感应原理，二次侧绕组便会产生交流电压。

✳ 2. 变压器的阻抗变换功能

变压器通过一次侧线圈、二次侧线圈可实现阻抗变换，即一次侧与二次侧线圈的匝数比不同，输入与输出的阻抗也不同，如图 16-11 所示。

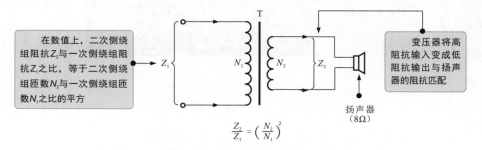

图 16-11　变压器的阻抗变换功能

3. 变压器的相位变换功能

通过改变变压器一次侧和二次侧绕组的绕线方向和连接，可以很方便地将输入信号的相位倒相，如图 16-12 所示。

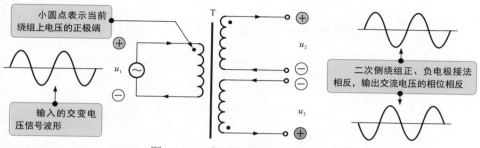

图 16-12　变压器的相位变换功能

4. 变压器的电气隔离功能

根据变压器的变压原理，一次侧绕组的交流电压是通过电磁感应原理"感应"到二次侧绕组上的，并没有进行实际的电气连接，因而变压器具有电气隔离功能，如图 16-13 所示。

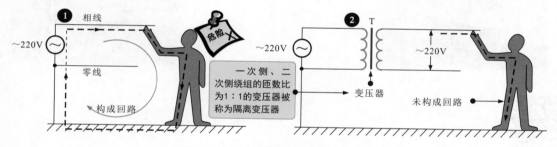

图 16-13　变压器的电气隔离功能

资料与提示

图 16-13 中，❶ 无隔离变压器的电气线路：人体直接与市电 220V 接触，会通过大地与交流电源形成回路而发生触电事故；❷ 接入隔离变压器的电气线路：接入隔离变压器后，因变压器线圈分离而起到隔离作用，当人体接触到交流 220V 电压时，不会构成回路，保证了人身安全。

5. 自耦变压器的信号自耦功能

一个线圈具有多个抽头的变压器被称为自耦变压器。这种变压器具有信号自耦功能，但无隔离功能，如图 16-14 所示。

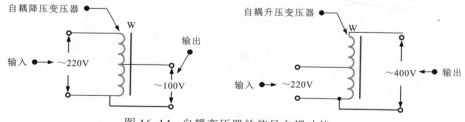

图 16-14　自耦变压器的信号自耦功能

16.2 变压器的检测方法

变压器是一种以一次侧、二次侧绕组为核心的部件，当使用万用表检测时，可通过检测绕组阻值来判断变压器是否损坏。

16.2.1 变压器绕组阻值的检测方法

检测变压器绕组阻值主要包括对一次侧、二次侧绕组自身阻值的检测、绕组与绕组之间绝缘电阻的检测、绕组与铁芯或外壳之间绝缘电阻的检测三个方面，在检测变压器绕组阻值之前，应首先区分待测变压器的绕组引脚，如图16-15所示。

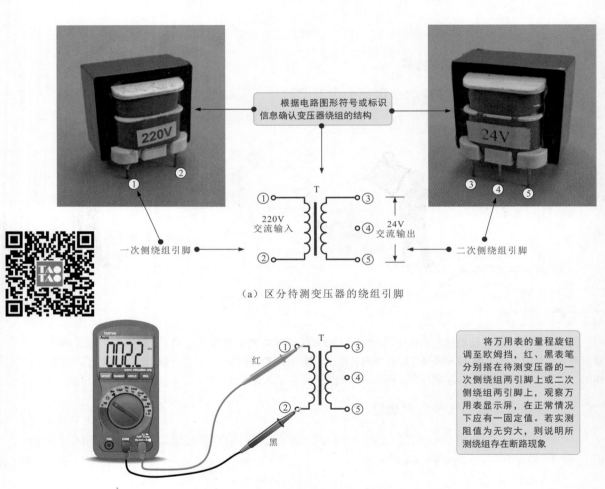

（a）区分待测变压器的绕组引脚

将万用表的量程旋钮调至欧姆挡，红、黑表笔分别搭在待测变压器的一次侧绕组两引脚上或二次侧绕组两引脚上，观察万用表显示屏，在正常情况下应有一固定值。若实测阻值为无穷大，则说明所测绕组存在断路现象

（b）检测变压器绕组自身阻值

图16-15　变压器绕组阻值的检测方法

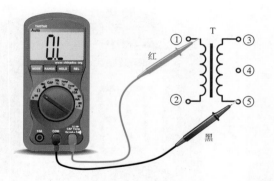

将万用表的量程旋钮调至欧姆挡，红、黑表笔分别搭在待测变压器的一次侧、二次侧绕组任意两引脚上，观察万用表显示屏，在正常情况下应为无穷大。若绕组之间有一定的阻值或阻值很小，则说明所测变压器绕组之间存在短路现象

（c）检测变压器绕组与绕组之间的阻值

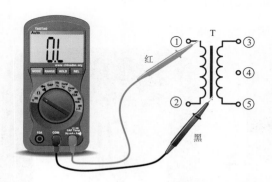

将万用表的量程旋钮调至欧姆挡，红、黑表笔分别搭在待测变压器的一次侧绕组引脚和铁芯上，观察万用表显示屏，在正常情况下应为无穷大。若绕组与铁芯之间有一定的阻值或阻值很小，则说明所测变压器绕组与铁芯之间存在短路现象

（d）检测变压器绕组与铁芯之间的阻值

图 16-15 变压器绕组阻值的检测方法（续）

图 16-16 为变压器绕组自身阻值的检测案例。

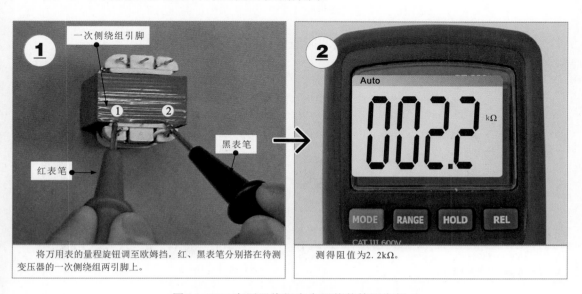

图 16-16 变压器绕组自身阻值的检测案例

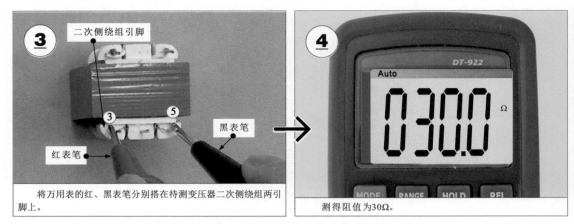

将万用表的红、黑表笔分别搭在待测变压器二次侧绕组两引脚上。

测得阻值为30Ω。

图 16-16　变压器绕组自身阻值的检测案例（续）

图 16-17 为变压器绕组与绕组之间阻值的检测案例。

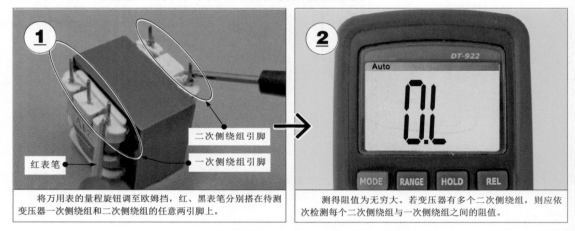

将万用表的量程旋钮调至欧姆挡，红、黑表笔分别搭在待测变压器一次侧绕组和二次侧绕组的任意两引脚上。

测得阻值为无穷大。若变压器有多个二次侧绕组，则应依次检测每个二次侧绕组与一次侧绕组之间的阻值。

图 16-17　变压器绕组与绕组之间阻值的检测案例

图 16-18 为变压器绕组与铁芯之间阻值的检测案例。

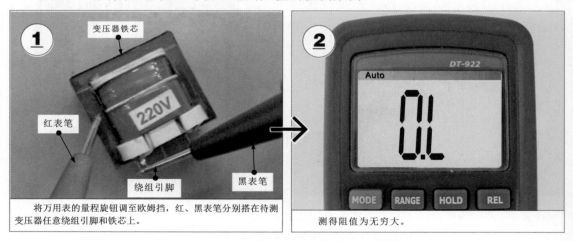

将万用表的量程旋钮调至欧姆挡，红、黑表笔分别搭在待测变压器任意绕组引脚和铁芯上。

测得阻值为无穷大。

图 16-18　变压器绕组与铁芯之间阻值的检测案例

16.2.2 变压器输入、输出电压的检测方法

变压器的主要功能就是电压变换，因此在正常情况下，若输入电压正常，则应输出变换后的电压，使用万用表检测时，可通过检测输入、输出电压来判断变压器是否损坏。

首先将变压器置于实际工作环境中或搭建测试电路模拟实际工作环境，并向变压器输入交流电压，然后用万用表分别检测输入、输出电压来判断变压器的好坏，在检测之前，需要区分待测变压器的输入、输出引脚，了解输入、输出电压值，为变压器的检测提供参照标准，如图16-19所示。

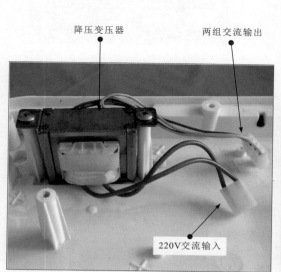

识读变压器上的铭牌标识：输入为交流220V；输出有两组（蓝色线为16V输出，黄色线为22V输出）

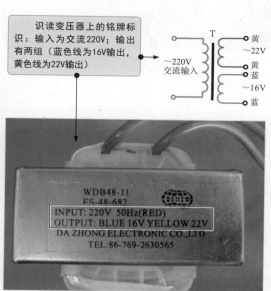

（a）区分待测变压器的输入、输出引脚

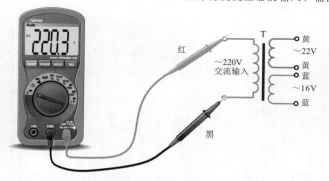

将万用表的量程旋钮调至交流电压挡，红、黑表笔分别搭在待测变压器的交流输入端或交流输出端，观察万用表显示屏。若输入电压正常，而无电压输出，则说明变压器损坏

（b）检测变压器输入、输出电压

图16-19 变压器输入、输出电压的检测方法

图 16-20 为变压器输入、输出电压的检测案例。

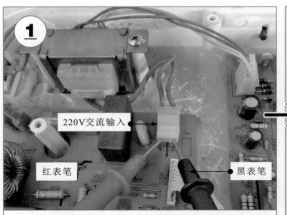

将变压器置于实际工作环境或搭建测试电路模拟实际工作环境；将万用表的量程旋钮调至交流电压挡，红、黑表笔分别搭在待测变压器的输入端。

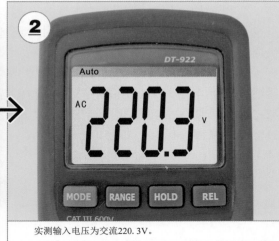

实测输入电压为交流220.3V。

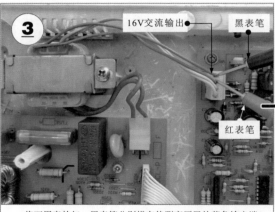

将万用表的红、黑表笔分别搭在待测变压器的蓝色输出端。

实测输出电压为交流16.1V。

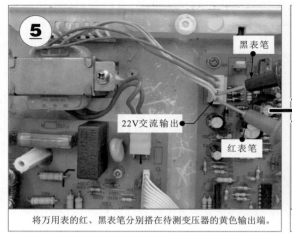

将万用表的红、黑表笔分别搭在待测变压器的黄色输出端。

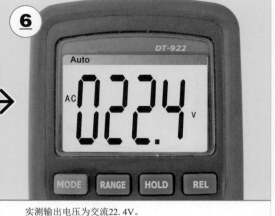

实测输出电压为交流22.4V。

图 16-20　变压器输入、输出电压的检测案例

◆ 16.2.3 变压器绕组电感量的检测方法

变压器一次侧、二次侧绕组都相当于多匝数的电感线圈,检测时,可以用万用电桥检测一次侧、二次侧绕组的电感量来判断变压器的好坏。

在检测之前,应首先区分待测变压器的绕组引脚,如图 16-21 所示。

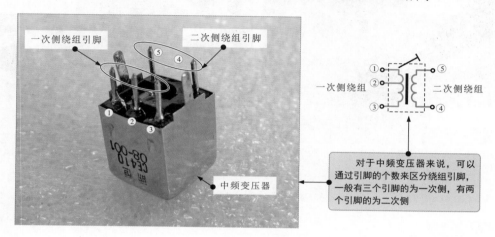

一次侧绕组引脚　　二次侧绕组引脚

一次侧绕组　　二次侧绕组

中频变压器

> 对于中频变压器来说,可以通过引脚的个数来区分绕组引脚,一般有三个引脚的为一次侧,有两个引脚的为二次侧

图 16-21　区分待测变压器的绕组引脚

资料与提示

对于其他类型的变压器来说,如果没有标识变压器的一次侧、二次侧,则一般可以通过观察引线粗细的方法来区分。通常,对于降压变压器,线径较细引线的一侧为一次侧,线径较粗引线的一侧为二次侧;线圈匝数较多的一侧为一次侧,线圈匝数较少的一侧为二次侧。另外,通过测量绕组的阻值也可区分,即阻值较大的一侧为一次侧,阻值较小的一侧为二次侧。如果是升压变压器,则区分方法正好相反。

图 16-22 为使用万用电桥检测变压器绕组电感量的方法。

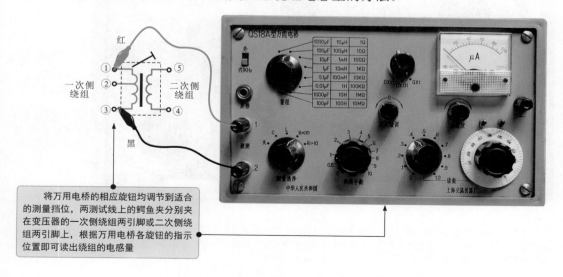

红

一次侧绕组　　二次侧绕组

黑

> 将万用电桥的相应旋钮均调节到适合的测量挡位,两测试线上的鳄鱼夹分别夹在变压器的一次侧绕组两引脚或二次侧绕组两引脚上,根据万用电桥各旋钮的指示位置即可读出绕组的电感量

图 16-22　使用万用电桥检测变压器绕组电感量的方法

图 16-23 为变压器绕组电感量的检测案例。

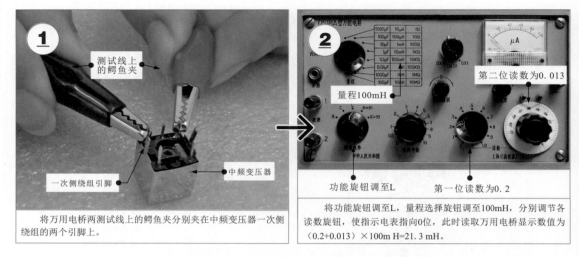

① 测试线上的鳄鱼夹

一次侧绕组引脚

中频变压器

将万用电桥两测试线上的鳄鱼夹分别夹在中频变压器一次侧绕组的两个引脚上。

② 量程100mH

功能旋钮调至L

第二位读数为0.013

第一位读数为0.2

将功能旋钮调至L，量程选择旋钮调至100mH，分别调节各读数旋钮，使指示电表指向0位，此时读取万用电桥显示数值为 (0.2+0.013)×100mH=21.3mH。

图 16-23　变压器绕组电感量的检测案例

资料与提示

万用电桥的旋钮虽然比较多，但每个旋钮都有各自的功能，在了解每个旋钮的功能后，读取数值就会十分简单，如图 16-24 所示。

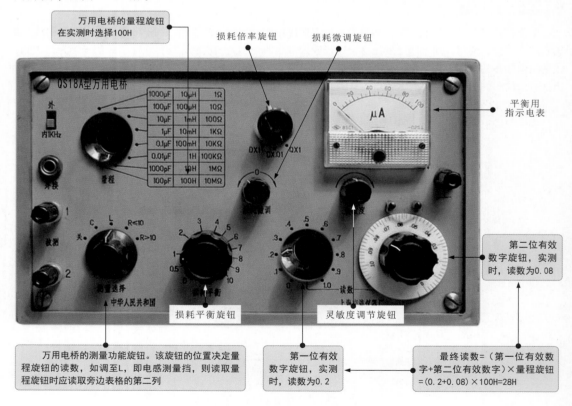

万用电桥的量程旋钮在实测时选择100H

损耗倍率旋钮

损耗微调旋钮

平衡用指示电表

第二位有效数字旋钮，实测时，读数为0.08

损耗平衡旋钮

灵敏度调节旋钮

万用电桥的测量功能旋钮。该旋钮的位置决定量程旋钮的读数，如调至L，即电感测量挡，则读取量程旋钮时应读取旁边表格的第二列

第一位有效数字旋钮，实测时，读数为0.2

最终读数=（第一位有效数字+第二位有效数字）×量程旋钮 =(0.2+0.08)×100H=28H

图 16-24　万用电桥

16.3 变压器的选用与代换

若电子产品中的变压器损坏或性能不良，则需要选用和代换变压器以满足电路功能。

16.3.1 电源变压器的选用与代换

选用与代换电源变压器时，铁芯材料、输出功率、输出电压等性能参数必须与负载电路相匹配，输出功率应略大于负载电路的最大功率，输出电压应与负载电路供电部分的输入电压相同。

对于铁芯材料、输出功率、输出电压相同的电源变压器，通常可以直接互换使用：E 形铁芯电源变压器一般用于普通电源电路；C 形铁芯电源变压器一般用于高保真音频功率放大器；环形铁芯电源变压器一般也用于高保真音频功率放大器。

16.3.2 中频变压器的选用与代换

中频变压器有固定的谐振频率，选用与代换时，只能选用同型号、同规格的中频变压器，代换后还要进行微调，将谐振频率调准。调幅收音机的中频变压器、调频收音机的中频变压器及电视机中的伴音中频变压器、图像中频变压器不能互换使用。

16.3.3 行输出变压器的选用与代换

在选用与代换行输出变压器时，在一般情况下，应选用与原机型号相同的行输出变压器进行代换。若无同型号的行输出变压器，也可以选用磁芯及各绕组输出电压相同、但引脚位置不同的行输出变压器来变通代换（对调绕组端头、改变引脚顺序等）。

资料与提示

在选用变压器时，应首先了解变压器的性能参数及规格型号等，然后根据性能参数及规格型号选用相应最佳性能的变压器进行代换。

变压器的性能参数包括变压比、额定电压、额定功率、工作频率、绝缘电阻、空载电流、空载损耗、电压调整率等。

◇绝缘电阻。绝缘电阻是表示变压器各绕阻之间、各绕阻与铁芯之间绝缘性能的参数。绝缘电阻的高低与所使用绝缘材料的性能、温度高低和潮湿程度有关，即绝缘电阻＝施加电压／漏电电流。变压器各绕阻与绕阻之间、绕阻与铁芯之间能够在一定时间内承受比工作电压更高的电压而不被击穿，具有较大的抗电强度。变压器的绝缘电阻越大，性能越稳定。

◇空载电流。当变压器二次侧开路时，一次侧仍有一定的电流，该电流被称为空载电流。空载电流由磁化电流（产生磁通）和铁损电流（由铁芯损耗引起）组成。电源变压器的空载电流基本上等于磁化电流。

◇空载损耗。空载损耗是变压器的二次侧开路时，在一次侧测得的功率损耗。空载损耗由铁芯损耗和铜损（空载电流在一次侧绕阻铜线上产生的损耗）组成。其中铜损所占比例很小。

第17章
电动机的识别、检测、选用与代换

17.1 认识电动机

电动机是一种利用电磁感应原理将电能转换为机械能的动力部件，广泛应用在电气设备的控制线路中。

17.1.1 了解电动机的种类特点

电动机的种类繁多，分类方式也多样，最简单的分类方式是按照供电类型的不同，分为直流电动机和交流电动机。

1. 直流电动机

按照定子磁场的不同，直流电动机可以分为永磁式直流电动机和电磁式直流电动机，如图17-1所示。

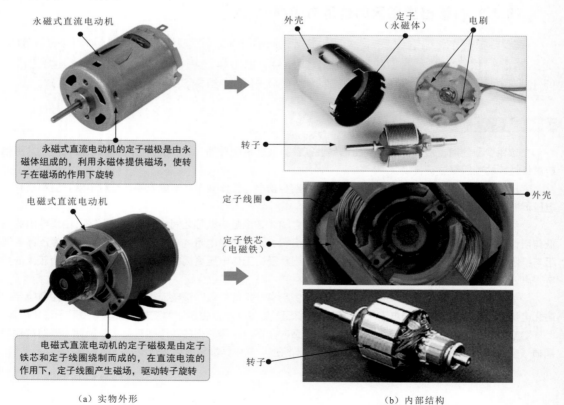

永磁式直流电动机

永磁式直流电动机的定子磁极是由永磁体组成的，利用永磁体提供磁场，使转子在磁场的作用下旋转

电磁式直流电动机

电磁式直流电动机的定子磁极是由定子铁芯和定子线圈绕制而成的，在直流电流的作用下，定子线圈产生磁场，驱动转子旋转

外壳　　定子（永磁体）　　电刷

转子

定子线圈

定子铁芯（电磁铁）

外壳

转子

（a）实物外形　　　　　　　　　　（b）内部结构

图17-1　永磁式直流电动机和电磁式直流电动机的实物外形和内部结构

按照结构的不同，直流电动机可以分为有刷直流电动机和无刷直流电动机，如图 17-2 所示。

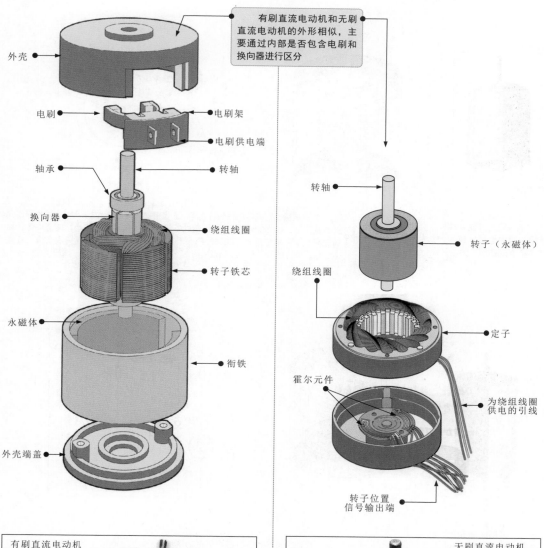

有刷直流电动机和无刷直流电动机的外形相似，主要通过内部是否包含电刷和换向器进行区分

外壳

电刷　　电刷架
电刷供电端

轴承　　转轴
换向器　　绕组线圈
转子铁芯

永磁体

衔铁

外壳端盖

转轴
转子（永磁体）

绕组线圈
定子

霍尔元件
为绕组线圈供电的引线

转子位置信号输出端

有刷直流电动机

有刷直流电动机的定子是永磁体；转子由绕组线圈和换向器构成；电刷安装在电刷架上；电源通过电刷和换向器实现电流方向的变化

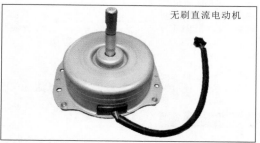

无刷直流电动机

无刷直流电动机将绕组线圈安装在不旋转的定子上，并产生磁场驱动转子旋转；转子由永磁体制成，不需要为转子供电，省去了电刷和换向器

图 17-2　有刷直流电动机和无刷直流电动机的实物外形和内部结构

按照功能的不同，直流电动机可以分为机械稳速直流电动机和电子稳速直流电动机，如图 17-3 所示。

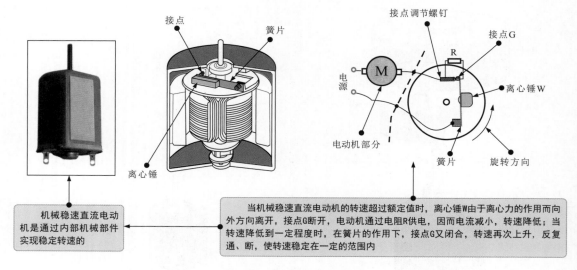

机械稳速直流电动机是通过内部机械部件实现稳定转速的

当机械稳速直流电动机的转速超过额定值时，离心锤W由于离心力的作用而向外方向离开，接点G断开，电动机通过电阻R供电，因而电流减小，转速降低；当转速降低到一定程度时，在簧片的作用下，接点G又闭合，转速再次上升，反复通、断，使转速稳定在一定的范围内

（a）机械稳速直流电动机

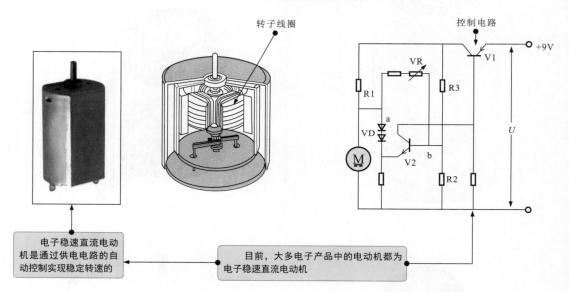

电子稳速直流电动机是通过供电电路的自动控制实现稳定转速的

目前，大多电子产品中的电动机都为电子稳速直流电动机

（b）电子稳速直流电动机

图 17-3 机械稳速直流电动机和电子稳速直流电动机的实物外形和内部结构

资料与提示

直流电动机还包括步进电动机、伺服电动机等。步进电动机是能够将电脉冲信号转换为角位移或线位移的开环控制部件，在负载正常的情况下，其转速、停止的位置（或相位）只取决于电脉冲信号的频率和脉冲数，不受负载变化的影响，广泛应用在各种电气设备，特别是自动控制机电系统中，如空调器导风板驱动电动机、打印机字车驱动电动机等。伺服电动机的"伺服"是英文 Servo 的音译。伺服系统是具有反馈环节的自动控制系统。伺服电动机是伺服系统中执行任务的主要动力部件。

2. 交流电动机

交流电动机根据供电方式和绕组结构的不同，可分为单相交流电动机和三相交流电动机。

单相交流电动机由单相交流电源供电，多用在家用电子产品中，如图 17-4 所示。

（a）单相交流电动机的实物外形

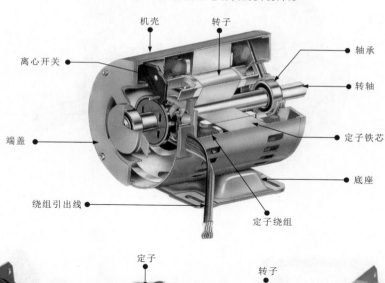

（b）单相交流电动机的内部结构

图 17-4　单相交流电动机的实物外形和内部结构

三相交流电动机由三相交流电源供电，多用在工业生产中，如图 17-5 所示。

（a）三相交流电动机的实物外形

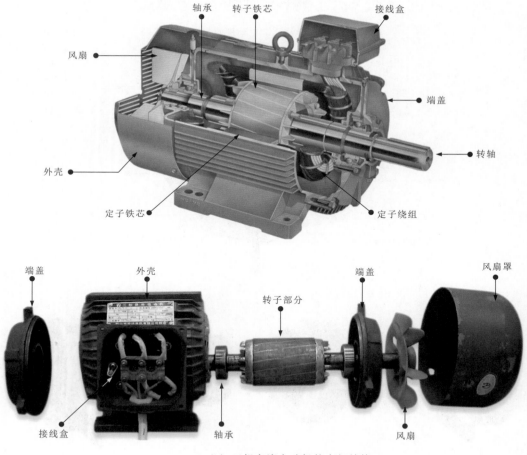

（b）三相交流电动机的内部结构

图 17-5　三相交流电动机的实物外形和内部结构

　　交流电动机根据转速和电源频率的不同，又可以细分为交流同步电动机和交流异步电动机，如图 17-6 所示。

单相交流同步电动机的转速与供电电源的频率保持同步，转速不随负载的变化而变化，多用在对转速有一定要求的自动化仪器和生产设备中

（a）单相交流同步电动机

单相交流异步电动机的转速与供电电源的频率不同步，具有输出转矩大、成本低等特点，多用在输出转矩大、转速精度要求不高的家用电子产品中

（b）单相交流异步电动机

三相交流同步电动机的转速与供电电源的频率同步，转速不随负载的变化而变化，功率因数可以调节，多用在转速恒定，且对转速有严格要求的大功率机电设备中

（c）三相交流同步电动机

三相交流异步电动机的转速与供电电源的频率不同步，结构简单，价格低廉，运行可靠，广泛应用在工农业机械、运输机械、机床等设备中

（d）三相交流异步电动机

图 17-6　交流同步电动机和交流异步电动机

资料与提示

　　交流电动机根据工作频率是否恒定可分为定频电动机和变频电动机，如图 17-7 所示。定频电动机是在电力拖动系统中应用最广泛的一类电动机，工作在恒频恒压（220V/50Hz）条件下；变频电动机目前多指专用于与变频器配合使用的一类电动机。

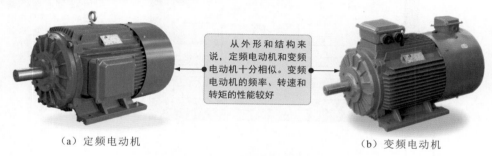

从外形和结构来说，定频电动机和变频电动机十分相似。变频电动机的频率、转速和转矩的性能较好

（a）定频电动机

（b）变频电动机

图 17-7　定频电动机和变频电动机

❖ 17.1.2 厘清电动机的参数标识

图 17-8 为电动机铭牌的位置。电动机的铭牌一般位于外壳比较明显的位置，其上面标识的主要技术参数可为选择、安装、使用和维修提供重要依据。

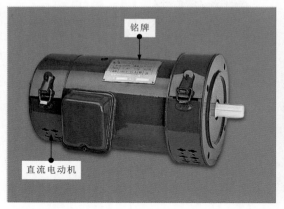

图 17-8　电动机铭牌的位置

✳ 1. 直流电动机的参数标识

直流电动机的主要技术参数一般都标识在铭牌上，包括型号、电压、电流、转速等，如图 17-9 所示。

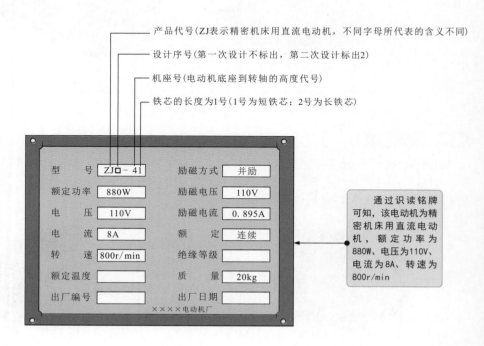

图 17-9　直流电动机在铭牌上的参数标识

表 17-1 为直流电动机铭牌上的常用字母含义。

表 17-1　直流电动机铭牌上的常用字母含义

字母	含义	字母	含义	字母	含义
Z	直流电动机	ZHW	无换向器式直流电动机	ZZF	轧机辅传动用直流电动机
ZK	高速直流电动机	ZX	空心杯式直流电动机	ZDC	电铲起重用直流电动机
ZYF	幅压直流电动机	ZN	印刷绕组式直流电动机	ZZJ	冶金起重用直流电动机
ZY	永磁（铝镍钴）式直流电动机	ZYJ	减速永磁式直流电动机	ZZT	轴流式通风用直流电动机
ZYT	永磁（铁氧体）式直流电动机	ZYY	石油井下用永磁式直流电动机	ZDZY	正压型直流电动机
ZYW	稳速永磁（铝镍钴）式直流电动机	ZJZ	静止整流电源供电用直流电动机	ZA	增安型直流电动机
ZTW	稳速永磁（铁氧体）式直流电动机	ZJ	精密机床用直流电动机	ZB	防爆型直流电动机
ZW	无槽直流电动机	ZTD	电梯用直流电动机	ZM	脉冲直流电动机
ZZ	轧机主传动直流电动机	ZU	龙门刨床用直流电动机	ZS	试验用直流电动机
ZLT	他励直流电动机	ZKY	空气压缩机用直流电动机	ZL	录音机用永磁直流电动机
ZLB	并励直流电动机	ZWJ	挖掘机用直流电动机	ZCL	电唱机用永磁式直流电动机
ZLC	串励直流电动机	ZKJ	矿场卷扬机用直流电动机	ZW	玩具用直流电动机
ZLF	复励直流电动机	ZG	辊道用直流电动机	FZ	纺织用直流电动机

电动机有多种型号，标识方式多样，如果不符合基本的标识规则，则可以找到厂家资料，根据厂家自身的标识规则识读参数。如果知道电动机的应用场合，则可以从功能入手，通过查阅相关资料获取标识规则。

例如，从一台很旧的录音机上拆下微型电动机的型号为 36L52。经查阅资料可知，在一些录音机等电子产品中，电动机型号的标识规则包含如下四个部分。

第一部分为机座号，表示电动机外壳的直径，主要有 20mm、28mm、34mm、36mm 等几种。

第二部分为产品名称，用字母表示，表示电动机适用的场合。

第三部分为电动机的性能参数，用数字表示。其中，01～49 表示机械稳速电动机；51～99 表示电子稳速电动机。

第四部分为电动机结构派生代号，用字母表示，可省略。

由此可知，微型电动机的型号 36L52 表示的含义为：36 表示电动机外壳的直径为 36mm；L 表示为录音机用直流电动机；52 表示为电子稳速式直流电动机。

※ 2. 交流电动机的参数标识

在交流电动机中，单相交流电动机与三相交流电动机的参数标识不同。

单相交流电动机铭牌上的参数标识如图17-10所示。

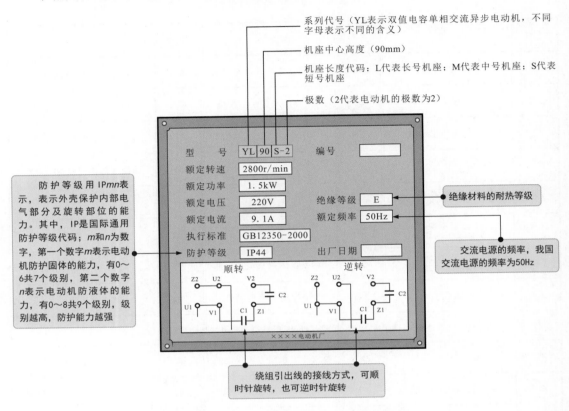

图 17-10 单相交流电动机铭牌上的参数标识

资料与提示

单相交流电动机铭牌上不同字母或数字的含义见表17-2。

表 17-2 单相交流电动机铭牌上不同字母或数字的含义

系列代号		防护等级（IPmn）			
字母	含义	m	防护固体的能力	n	防护液体的能力
YL	双值电容单相交流异步电动机	0	没有防护措施	0	没有专门的防护措施
YY	单相电容运转单相交流异步电动机	1	防护物体的直径为50mm	1	防护滴水
YC	单相电容启动单相交流异步电动机	2	防护物体的直径为12mm	2	防护水平方向夹角15°的滴水
绝缘等级		3	防护物体的直径为2.5mm	3	防护60°方向内的淋水
字母	耐热温度	4	防护物体的直径为1mm	4	防护任何方向的溅水
E	120℃	5	防尘	5	防护一定压力的喷水
B	130℃	6	严密防尘	6	防护一定强度的喷水
F	155℃			7	防护一定压力的浸水
H	180℃			8	防护长期浸在水里

图 17-11 为三相交流电动机铭牌上的参数标识。

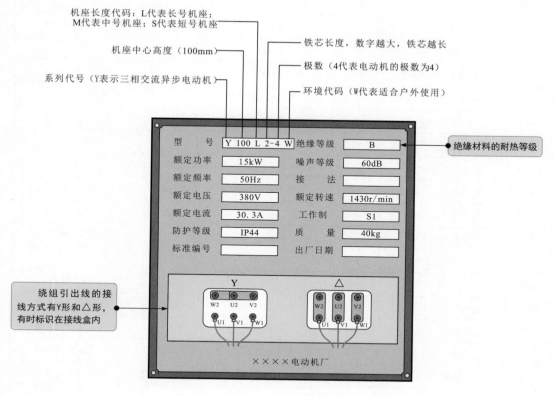

机座长度代码：L代表长号机座；
M代表中号机座；S代表短号机座

机座中心高度（100mm）

系列代号（Y表示三相交流异步电动机）

铁芯长度，数字越大，铁芯越长

极数（4代表电动机的极数为4）

环境代码（W代表适合户外使用）

绝缘材料的耐热等级

绕组引出线的接线方式有Y形和△形，有时标识在接线盒内

图 17-11　三相交流电动机铭牌上的参数标识

三相交流电动机铭牌上不同字母的含义见表 17-3。

表 17-3　三相交流电动机铭牌上不同字母的含义

字母	含义	字母	含义	字母	含义
Y	三相交流异步电动机	YBS	隔爆型运输机用	YPC	通风排风机专用电动机
YA	增安型	YBT	隔爆型轴流局部扇风机	YPJ	增安型
YACG	增安型齿轮减速	YBTD	隔爆型电梯用	YPL	增安型齿轮减速
YACT	增安型电磁调整	YBY	隔爆型链式运输用	YPT	增安型电磁调整
YDA	增安型多速	YBZ	隔爆型起重用	YQ	高启动转矩
YADF	增安型电动阀门用	YBZD	隔爆型起重用多速	YQL	井用潜卤
YAH	增安型高滑差率	YBZS	隔爆型起重用双速	YQS	井用（充水式）潜水
YAQ	增安型高启动转矩	YBU	隔爆型掘进机用	YQSG	井用（充水式）高压潜水
YAR	增安型绕线转子	YBUS	隔爆型掘进机用冷水	YQSY	井用（充油式）高压潜水
YATD	增安型电梯用	YBXJ	隔爆型摆线针轮减速	YQY	井用潜油

（续表）

字母	含义	字母	含义	字母	含义
YB	隔爆型	YCT	电磁调速	YRL	绕线转子立式
YBB	耙斗式装岩机用隔爆型	YD	多速	YS	分马力
YBCJ	隔爆型齿轮减速	YDF	电动阀门用	YSB	电泵（机床用）
YBCS	隔爆型采煤机用	YDT	通风机用多速	YSDL	冷却塔用多速
YBCT	隔爆型电磁调速	YEG	制动（杠杆式）	YSL	离合器用
YBD	隔爆型多速	YEJ	制动（附加制动器式）	YSR	制冷机用耐氟
YBDF	隔爆型电动阀门用	YEP	制动（旁磁式）	YTD	电梯用
YBEG	隔爆型杠杆式制动	YEZ	锥形转子制动	YTTD	电梯用多速
YBEJ	隔爆型旁磁式制动	YG	辊道用	YUL	装入式
YBEP	隔爆型旁磁式制动	YGB	管道泵用	YX	高效率
YBGB	隔爆型管道泵用	YGT	滚筒用	YXJ	摆线针轮减速
YBH	隔爆型高转差率	YH	高滑差	YZ	冶金及起重
YBHJ	隔爆型回柱绞车用	YHJ	行星齿轮减速	YZC	低振动、低噪声
YBI	隔爆型装岩机用	YI	装煤机用	YZD	冶金及起重用多速
YBJ	隔爆型绞车用	YJI	谐波齿轮减速	YZE	冶金及起重用制动
YBK	隔爆型矿用	YK	大型高速	YZJ	冶金及起重用减速
YBLB	隔爆型立交深井泵用	YLB	立式深井泵用	YZR	冶金及起重用绕线转子
YBPG	隔爆型高压屏蔽式	YLJ	力矩	YZRF	冶金及起重用绕线转子（自带风机式）
YBPJ	隔爆型泥浆屏蔽式	YLS	立式	YZRG	冶金及起重用绕线转子（管道通风式）
YBPL	隔爆型制冷屏蔽式	YM	木工用	YZRW	冶金及起重用涡流制动绕线转子
YBPT	隔爆型特殊屏蔽式	YNZ	耐振用	YZS	低振动精密机床用
YBQ	隔爆型高启动转矩	YOJ	石油井下用	YZW	冶金及起重用涡流制动
YBR	隔爆型绕线转子	YP	屏蔽式		
YCJ	齿轮减速	YR	绕线转子		

资料与提示

三相交流电动机工作制代号的含义见表17-4。

表17-4 三相交流电动机工作制代号的含义

代号	含义	代号	含义
S1	长期工作制：在额定负载下连续动作	S9	非周期工作制
S2	短时工作制：短时间运行到标准时间	S10	离散恒定负载工作制
S3~S8	在不同情况下断续周期工作制		

❖ 17.1.3 知晓电动机的功能特点

电动机的主要功能是实现电能向机械能的转换，即将供电电源的电能转换为电动机转子转动的机械能，最终通过转子上转轴的转动带动负载转动，实现各种传动功能，如图 17-12 所示。

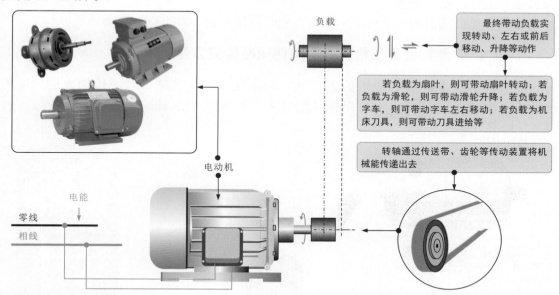

图 17-12　电动机的功能特点

图 17-13 为电动机的典型应用。

图 17-13　电动机的典型应用

325

17.2 电动机的检测方法

检测电动机一般可检测电动机绕组阻值、空载电流和转速。其中，检测电动机绕组的阻值主要用来检查绕组接头的焊接质量是否良好，绕组层、匝间有无短路，以及绕组或引出线有无折断等。

检测电动机绕组的阻值可采用万用表粗略检测方法和万用电桥精确检测方法。

17.2.1 小型直流电动机绕组阻值的粗略检测方法

用万用表检测电动机绕组的阻值是一种比较常用，且简单易操作的方法，可粗略检测各相绕组的阻值，并可根据检测结果大致判断绕组有无短路或断路故障，如图 17-14 所示。

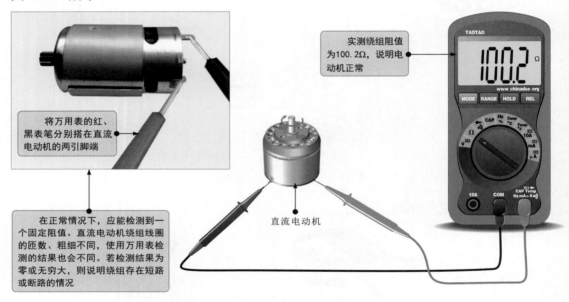

> 实测绕组阻值为100.2Ω，说明电动机正常

> 将万用表的红、黑表笔分别搭在直流电动机的两引脚端

> 在正常情况下，应能检测到一个固定阻值。直流电动机绕组线圈的匝数、粗细不同，使用万用表检测的结果也会不同。若检测结果为零或无穷大，则说明绕组存在短路或断路的情况

直流电动机

图 17-14　用万用表粗略检测直流电动机绕组的阻值

资料与提示

检测直流电动机绕组的阻值相当于检测一个电感线圈的阻值，因此应能检测到一个固定的数值，当检测小功率直流电动机时，会因受万用表内电流的驱动而旋转，如图 17-15 所示。

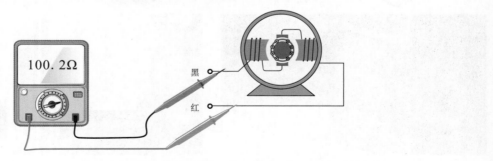

图 17-15　检测直流电动机绕组的阻值相当于检测一个电感线圈的阻值

❖ 17.2.2 单相交流电动机绕组阻值的粗略检测方法

单相交流电动机绕组阻值的粗略检测方法如图 17-16 所示。

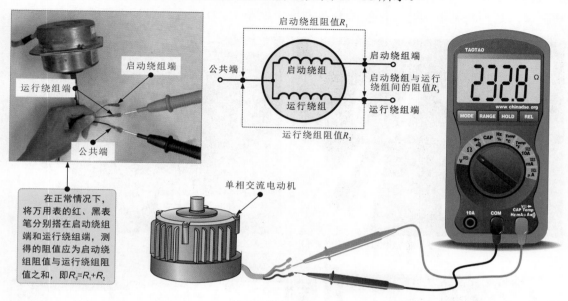

图 17-16 单相交流电动机绕组阻值的粗略检测方法

资料与提示

三相交流电动机绕组阻值的检测方法与单相交流电动机绕组阻值的检测方法类似。三相交流电动机每相的阻值应基本相同。若任意一相阻值为无穷大或零，均说明绕组内部存在断路或短路故障，如图 17-17 所示。

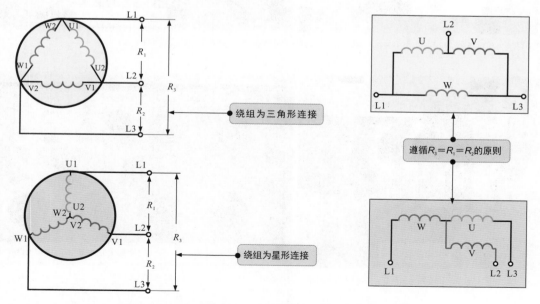

图 17-17 用万用表检测三相交流电动机绕组的阻值

❖ 17.2.3 三相交流电动机绕组阻值的精确检测方法

用万用电桥可以精确检测三相交流电动机绕组的阻值，即使有微小的偏差也能够被发现，是判断制造工艺和性能的有效方法，如图 17-18 所示。

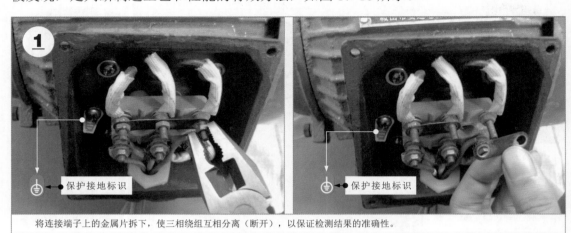

将连接端子上的金属片拆下，使三相绕组互相分离（断开），以保证检测结果的准确性。

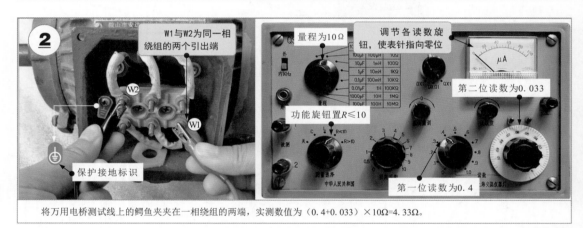

将万用电桥测试线上的鳄鱼夹夹在一相绕组的两端，实测数值为（0.4+0.033）×10Ω=4.33Ω。

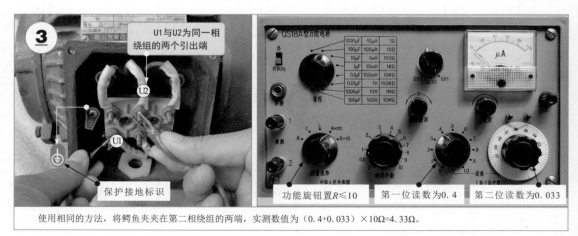

使用相同的方法，将鳄鱼夹夹在第二相绕组的两端，实测数值为（0.4+0.033）×10Ω=4.33Ω。

图 17-18　用万用电桥精确检测三相交流电动机绕组的阻值

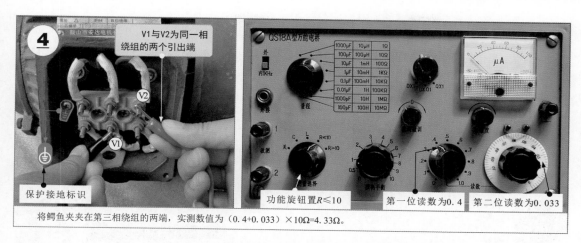

V1与V2为同一相绕组的两个引出端

保护接地标识

功能旋钮置$R \leqslant 10$ 第一位读数为0.4   第二位读数为0.033

将鳄鱼夹夹在第三相绕组的两端,实测数值为（0.4+0.033）×10Ω=4.33Ω。

图 17-18　用万用电桥精确检测三相交流电动机绕组的阻值（续）

资料与提示

　　通过图 17-18 的检测结果可知,在正常情况下,三相交流电动机每相绕组的阻值约为 4.33Ω,若测得三相绕组的阻值不同,则绕组内可能有短路或断路情况。

　　若通过检测发现三相绕组的阻值偏差较大,则表明三相交流电动机已损坏。

17.2.4　电动机绝缘电阻的检测方法

　　电动机一般借助兆欧表检测绝缘电阻,通过检测能有效发现设备受潮、部件局部脏污、绝缘击穿、引线接外壳及老化等问题。

1. 电动机绕组与外壳之间绝缘电阻的检测方法

　　借助兆欧表检测电动机绕组与外壳之间绝缘电阻的方法如图 17-19 所示

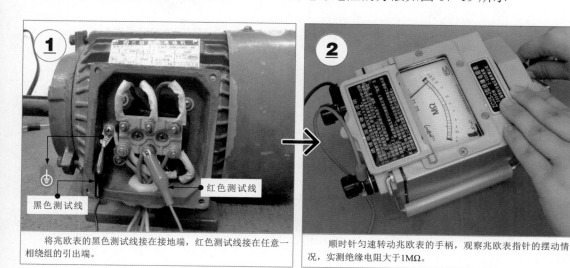

黑色测试线　　　红色测试线

将兆欧表的黑色测试线接在接地端,红色测试线接在任意一相绕组的引出端。

顺时针匀速转动兆欧表的手柄,观察兆欧表指针的摆动情况,实测绝缘电阻大于1MΩ。

图 17-19　借助兆欧表检测电动机绕组与外壳之间绝缘电阻的方法

资料与提示

为确保测量值的准确度，当再次进行测量时，需要待兆欧表的指针慢慢回到初始位置后，再顺时针匀速转动手柄，若检测结果远小于1MΩ，则说明电动机的绝缘性能不良或内部导电部分与外壳之间有漏电情况。

2. 电动机绕组与绕组之间绝缘电阻的检测方法

借助兆欧表检测电动机绕组与绕组之间绝缘电阻的方法如图17-20所示。

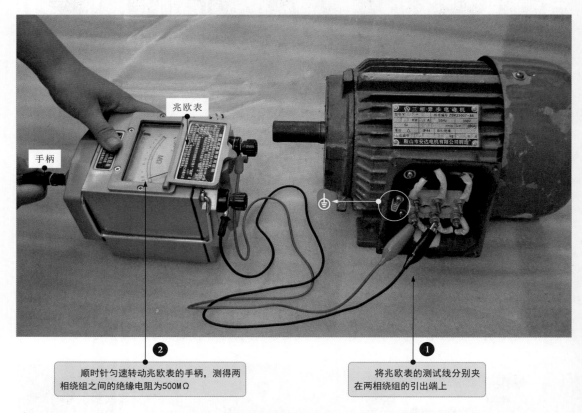

2 顺时针匀速转动兆欧表的手柄，测得两相绕组之间的绝缘电阻为500MΩ

1 将兆欧表的测试线分别夹在两相绕组的引出端上

图17-20　借助兆欧表检测电动机绕组与绕组之间绝缘电阻的方法

资料与提示

在检测绕组与绕组之间的绝缘电阻时，需取下绕组与绕组之间的金属连接片，即确保绕组与绕组之间没有任何连接关系。若测得绕组与绕组之间的绝缘电阻为零或较小，则说明绕组与绕组之间存在短路现象。

17.2.5　电动机空载电流的检测方法

检测电动机的空载电流，就是检测电动机在未带任何负载情况下运行时绕组中的运行电流。

为方便检测，一般使用钳形表检测三相交流电动机的空载电流，如图17-21所示。

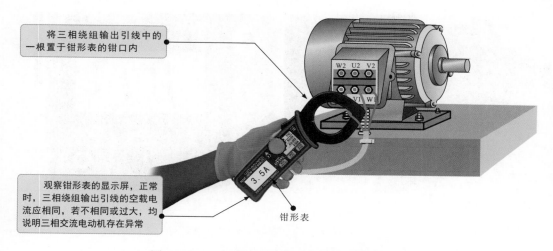

将三相绕组输出引线中的一根置于钳形表的钳口内

观察钳形表的显示屏，正常时，三相绕组输出引线的空载电流应相同，若不相同或过大，均说明三相交流电动机存在异常

钳形表

图 17-21　三相交流电动机空载电流的检测方法

图 17-22 为借助钳形表检测三相交流电动机空载电流的案例。

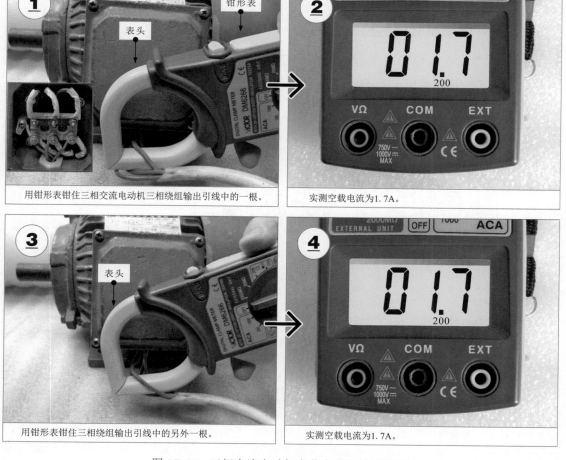

1 用钳形表钳住三相交流电动机三相绕组输出引线中的一根。

2 实测空载电流为1.7A。

3 用钳形表钳住三相绕组输出引线中的另外一根。

4 实测空载电流为1.7A。

图 17-22　三相交流电动机空载电流的检测案例

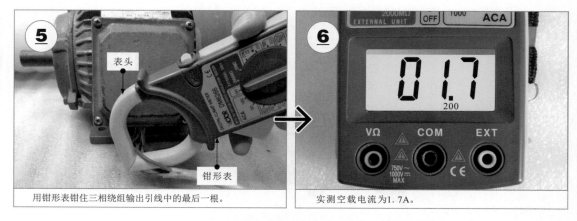

用钳形表钳住三相绕组输出引线中的最后一根。

实测空载电流为1.7A。

图 17-22 三相交流电动机空载电流的检测案例（续）

图 17-22 中，若实测空载电流过大或三相绕组输出引线中的空载电流不均衡，均说明三相交流电动机存在异常。在一般情况下，空载电流过大的原因主要是铁芯不良、转子与定子之间的间隙过大、线圈匝数过少、绕组连接错误。空载电流为额定电流的 40% ～ 55%。

17.2.6 电动机转速的检测方法

电动机的转速是电动机运行时每分钟旋转的转数。检测电动机的实际转速，并与铭牌上的额定转速进行比较，可判断电动机是否存在超速或堵转现象。

如图 17-23 所示，检测电动机的转速一般使用专用的转速表。

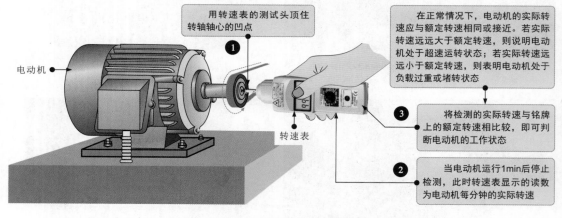

图 17-23 电动机转速的检测方法

在检测没有铭牌的电动机时，应先确定其额定转速，通常可用指针万用表进行简单判断。首先将电动机各相绕组之间的金属连接片取下，使各相绕组之间绝缘，再将指针万用表的量程调至 0.05mA，红、黑表笔分别搭在某一相绕组的两端，匀速转动电动机主轴一周，观测一周内指针万用表指针左右摆动的次数。当指针万用表的指针摆动一次时，表明电流正负变化一个周期，为 2 极电动机（2800r/min）；当指针万用表的指针摆动两次时，则为 4 极电动机（1400r/min）。依此类推，三次则为 6 极电动机（900r/min）。

17.3　电动机的选用与代换

一般来说，电动机的选用与代换分为整体的选用与代换和零部件的选用与代换。

17.3.1　电动机整体的选用与代换

若电动机因老化或故障导致无法使用时，可将整个电动机代换。代换时，应尽量选用规格型号一致的电动机。若无法找到规格型号完全相同的电动机，则至少应满足电压、功率、转速、安装方式、使用环境、绝缘等级、安装尺寸、功率因数等参数相同。

以电动自行车中的直流电动机为例。电动自行车中直流电动机的内部结构较复杂，检修或更换部件后，调整操作尤为繁琐和关键，需要具有一定经验的专业维修人员才能完成，因此损坏严重时通常需要整体代换。

整体代换时应遵循以下基本原则。

① 类型匹配：有刷直流电动机与有刷直流电动机之间进行代换；无刷直流电动机与无刷直流电动机之间进行代换。

② 型号匹配：36V 直流电动机与 36V 直流电动机之间进行代换；48V 直流电动机与 48V 直流电动机之间进行代换。

③ 输出引线插头与控制器插头匹配：三相绕组及霍尔元件输出引线插头应相同，否则无法与控制器匹配。

图 17-24 为电动自行车中直流电动机的整体代换方法。

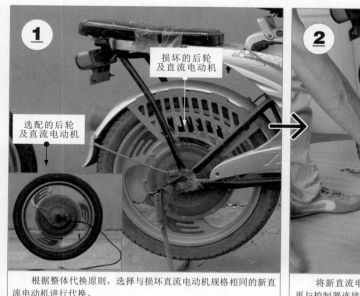

根据整体代换原则，选择与损坏直流电动机规格相同的新直流电动机进行代换。

将新直流电动机及后轮一同安装到原后轮的安装位置后，再与控制器连接。

图 17-24　电动自行车中直流电动机的整体代换方法

❖ 17.3.2 电动机零部件的选用与代换

电动机由多个零部件组成，如转子、定子、电刷、换向器、磁钢、绕组等，任何零部件异常都可能导致电动机工作异常。

若电动机仅出现个别零部件异常，整体的电气和机械性能良好，则可仅更换零部件来排除故障。

以更换电刷为例，在正常情况下，电刷允许一定程度的磨损，如果使用时间过长，电刷会出现严重磨损，这就需要进行代换，如图 17-25 所示。

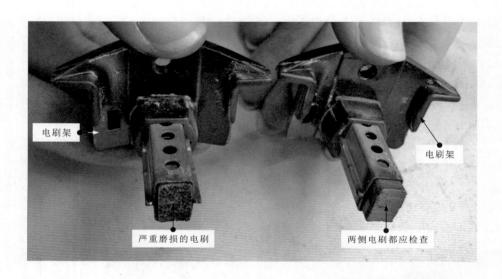

图 17-25 磨损严重的电刷

资料与提示

根据维修经验，造成电刷磨损过快的原因主要有以下几点：

① 电刷承受压力过大。

② 电刷含碳量过多，即材料成分不合格或曾经更换了错误型号的电刷。

③ 长期在温度过高或湿度过高的环境下工作。

④ 滑环表面粗糙，电刷在运行过程中磨损过大或产生火花。

检修时，应根据具体情况，找出电刷磨损的具体原因，观察电刷的磨损情况，当电刷磨损的高度占电刷原高度的一半以上时，需更换。

电刷作为电动机的关键零部件，若安装不当，不仅容易造成磨损，严重时还可能在通电工作时与滑环之间产生火花，损坏滑环，因此在更换新电刷时应注意以下几点：

① 应保证电刷与原电刷的型号一致，否则会因接触状态不良导致过热的故障现象。

② 最好全部更换，如果新旧混用，会出现电流分布不均匀的现象。

③ 为了使电刷与滑环接触良好，新电刷应该进行弧度研磨，一般在电动机上研磨弧度。在电刷与滑环之间放置一张细玻璃砂纸，在正常的弹簧压力下，沿电动机的旋转方向研磨电刷，砂纸应尽量贴紧滑环，直至与电刷弧面吻合，取下细玻璃砂纸，用压缩空气吹净粉尘，用软布擦拭干净。

图 17-26 为电刷的代换方法。

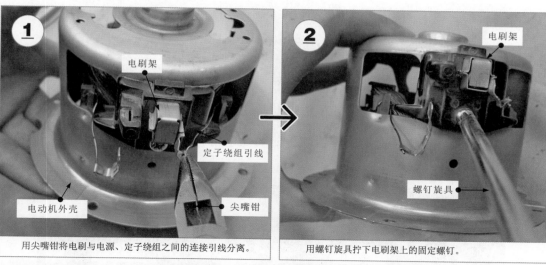

① 用尖嘴钳将电刷与电源、定子绕组之间的连接引线分离。

标注：电刷架、定子绕组引线、电动机外壳、尖嘴钳

② 用螺钉旋具拧下电刷架上的固定螺钉。

标注：电刷架、螺钉旋具

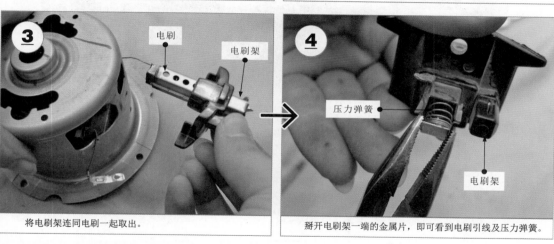

③ 将电刷架连同电刷一起取出。

标注：电刷、电刷架

④ 掰开电刷架一端的金属片，即可看到电刷引线及压力弹簧。

标注：压力弹簧、电刷架

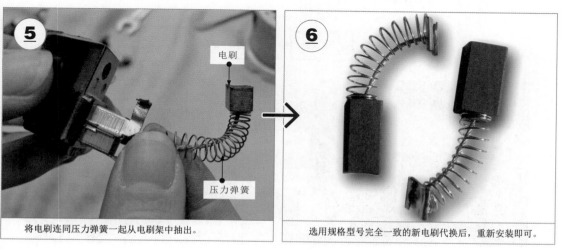

⑤ 将电刷连同压力弹簧一起从电刷架中抽出。

标注：电刷、压力弹簧

⑥ 选用规格型号完全一致的新电刷代换后，重新安装即可。

图 17-26　电刷的代换方法

第18章
应用电路中电子元器件的检测

18.1 电源电路中电子元器件的检测

电源电路是各种电子产品中不可缺少的功能电路，主要用来为电子产品提供最基本的工作条件。

18.1.1 电源电路中的主要电子元器件

以电磁炉中的电源电路为例，结构组成如图 18-1 所示。

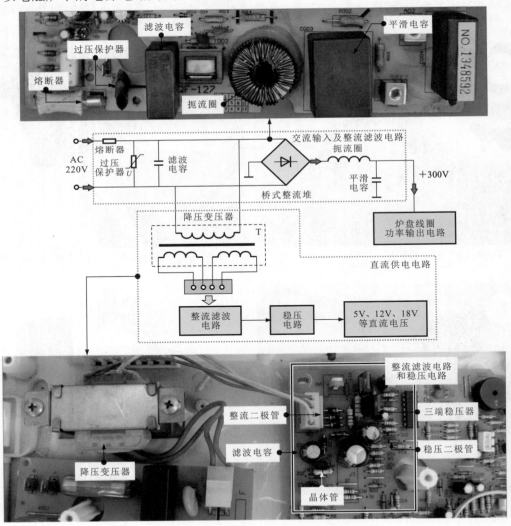

图 18-1　电磁炉中电源电路的结构组成

由图 18-1 可知，电磁炉中的电源电路主要是由熔断器、过压保护器、滤波电容、降压变压器、桥式整流堆、扼流圈、三端稳压器、稳压二极管、平滑电容等构成的。

❋ 1. 熔断器

熔断器在电源电路中起保护作用。图 18-2 为电磁炉电源电路中熔断器的实物外形。

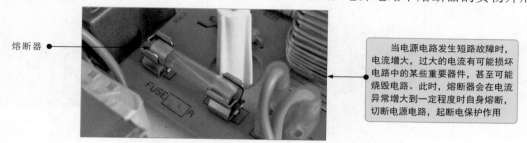

当电源电路发生短路故障时，电流增大，过大的电流有可能损坏电路中的某些重要器件，甚至可能烧毁电路。此时，熔断器会在电流异常增大到一定程度时自身熔断，切断电源电路，起断电保护作用

图 18-2　电磁炉电源电路中熔断器的实物外形

❋ 2. 过压保护器

电源电路中的过压保护器实际为压敏电阻，如图 18-3 所示，主要用于防止市电电网中的冲击性高压，起过压保护作用。

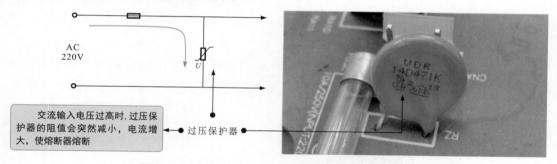

AC 220V

交流输入电压过高时，过压保护器的阻值会突然减小，电流增大，使熔断器熔断

过压保护器

图 18-3　电磁炉电源电路中过压保护器的实物外形

❋ 3. 滤波电容

图 18-4 为电磁炉电源电路中滤波电容的实物外形。滤波电容在电源电路中主要用来滤除市电中的高频干扰，同时抵制电磁炉在工作时对市电的电磁辐射污染。

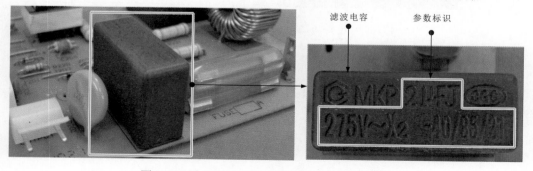

滤波电容　　　参数标识

图 18-4　电磁炉电源电路中滤波电容的实物外形

※ 4. 降压变压器

降压变压器可将 220V 的交流电压降为适合电路需要的各种低压，如图 18-5 所示。

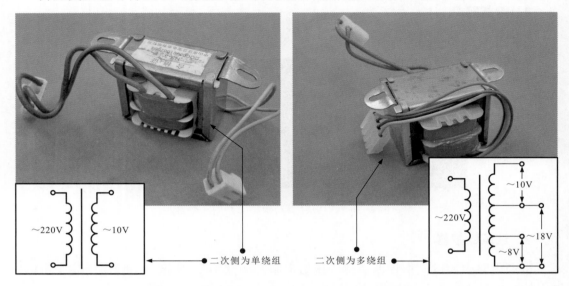

图 18-5　电磁炉电源电路中降压变压器的实物外形

※ 5. 桥式整流堆

桥式整流堆可将 220V 交流电压整流为直流 +300V 电压，由四个整流二极管桥接构成，有四个引脚：两个引脚输入交流电压；另两个引脚输出直流电压，如图 18-6 所示。

图 18-6　电磁炉电源电路中桥式整流堆的实物外形

※ 6. 扼流圈

电磁炉电源电路中的扼流圈又称电感线圈，主要起扼流、滤波等作用，如图 18-7 所示。

※ 7. 稳压二极管

稳压二极管工作在反向击穿状态下，电压不随电流变化，如图 18-8 所示。

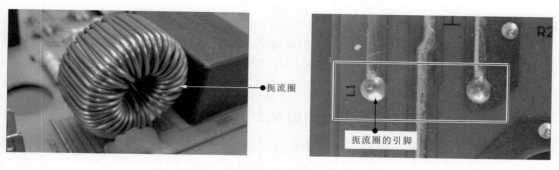

图 18-7 电磁炉电源电路中扼流圈的实物外形

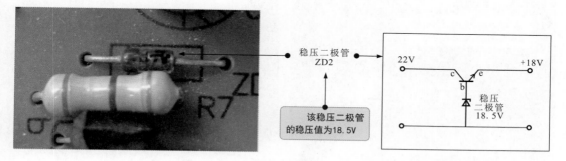

图 18-8 电磁炉电源电路中稳压二极管的实物外形

❖ 18.1.2 电源电路中的主要检测点

在检修电源电路时，可依据具体的故障表现分析产生故障的原因，并根据供电关系，按信号流程，对可能产生故障的相关元器件逐一检测。

图 18-9 为电源电路中的主要检测点。

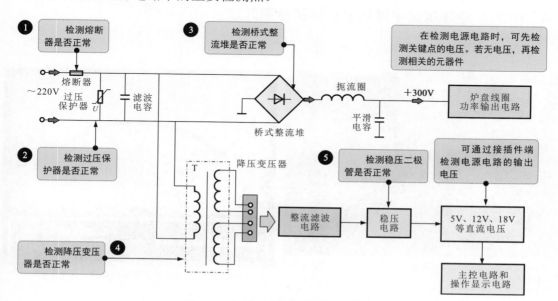

图 18-9 电源电路中的主要检测点

在检测电源电路时，可首先采用观察法检查电源电路中的主要元器件有无明显损坏，如观察熔断器是否被烧焦，降压变压器、三端稳压器等有无引脚虚焊、连焊等。如果出现上述情况，则应立即更换损坏的元器件或重新焊接虚焊的引脚。

18.1.3　电源电路中熔断器的检测方法

图 18-10 为熔断器的检测方法。熔断器的检测方法有两种：一种是直接观察，看熔断器是否被烧断、烧焦；另一种是用万用表检测熔断器的阻值，判断熔断器是否损坏。

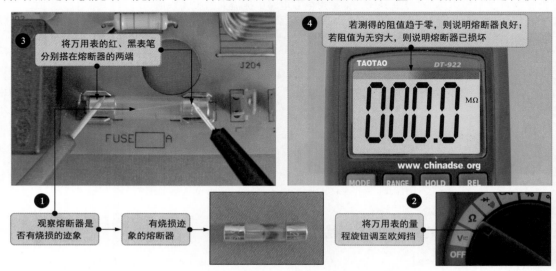

图 18-10　熔断器的检测方法

18.1.4　电源电路中过压保护器的检测方法

图 18-11 为过压保护器的检测方法。

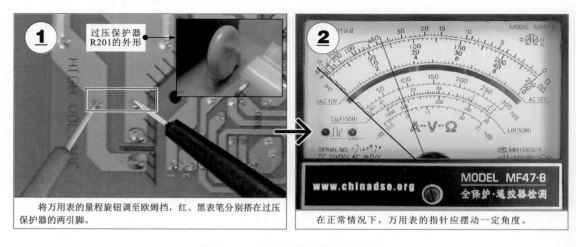

图 18-11　过压保护器的检测方法

❖ 18.1.5 电源电路中桥式整流堆的检测方法

图 18-12 为桥式整流堆的检测方法。桥式整流堆用来为功率输出电路供电。若桥式整流堆损坏，则会引起电源电路不工作、输出异常等故障。

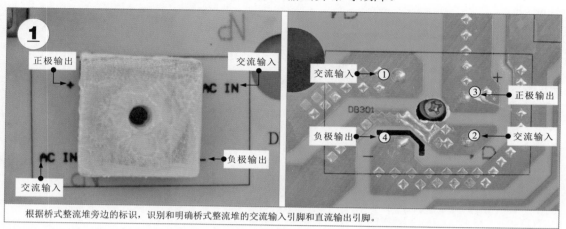

根据桥式整流堆旁边的标识，识别和明确桥式整流堆的交流输入引脚和直流输出引脚。

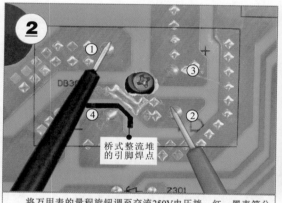

将万用表的量程旋钮调至交流250V电压挡，红、黑表笔分别搭在桥式整流堆的交流输入引脚端。

在正常情况下，应能检测到220V的交流电压。

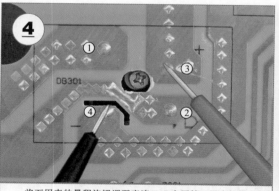

将万用表的量程旋钮调至直流500V电压挡，黑表笔搭在桥式整流堆的负极输出引脚端，红表笔搭在桥式整流堆的正极输出引脚端。

在正常情况下，应能检测到约300V的直流电压。

图 18-12 桥式整流堆的检测方法

❖ 18.1.6 电源电路中降压变压器的检测方法

图 18-13 为降压变压器的检测方法。若降压变压器故障，将导致电磁炉不工作或加热不良等，检测时，可在通电状态下，使用万用表检测输入侧和输出侧的电压值来判断好坏。

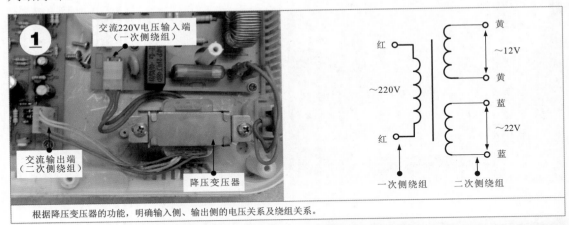

根据降压变压器的功能，明确输入侧、输出侧的电压关系及绕组关系。

将万用表的量程旋钮调至交流250V电压挡，红、黑表笔分别搭在降压变压器一次侧绕组插件上。

在正常情况下，应能检测到220V的交流电压。

将万用表的量程旋钮调至交流50V电压挡，红、黑表笔分别搭在降压变压器二次侧绕组（22V）插件上。

在正常情况下，应能检测到22V交流电压。

图 18-13　降压变压器的检测方法

❖ 18.1.7 电源电路中稳压二极管的检测方法

图 18-14 为稳压二极管的检测方法。稳压二极管故障将导致电磁炉输出的直流低电压不正常，造成主控电路或操作显示电路不能正常工作。检测时，可在断电状态下，用万用表检测稳压二极管的正、反向阻值。

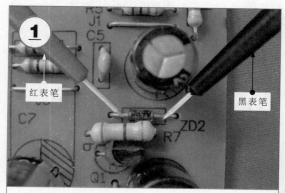

将万用表的量程旋钮调至 $R \times 1k\Omega$，并进行欧姆调零，红表笔搭在稳压二极管的负极，黑表笔搭在稳压二极管的正极。

测得稳压二极管的正向阻值为12kΩ。

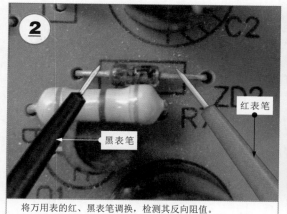

将万用表的红、黑表笔调换，检测其反向阻值。

测得稳压二极管的反向阻值为180kΩ。

图 18-14　稳压二极管的检测方法

🎯 18.2 语音通话电路中电子元器件的检测

❖ 18.2.1 语音通话电路中的主要电子元器件

语音通话电路是能够传送和接收语音信息的功能电路。以典型电话机中的语音通话电路为例，如图 18-15 所示。由图可知，该语音通话电路主要由话筒、听筒、叉簧开关等元器件构成。

※ 1. 话筒

话筒是一种可以将声波转换成电信号的声电部件，通常可称为传声器、送话器或麦克风（MIC），如图 18-16 所示。

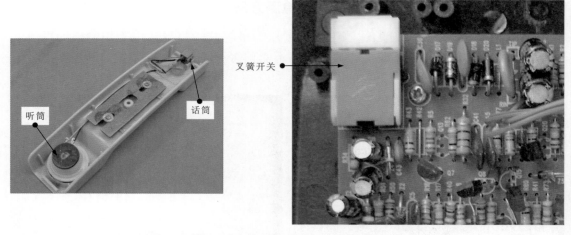

图 18-15　电话机中的语音通话电路

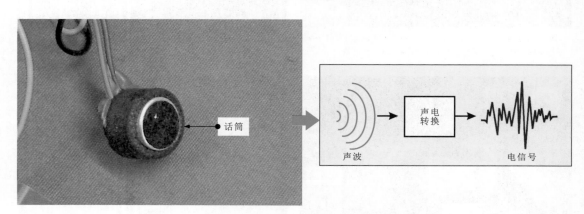

图 18-16　电话机中话筒的实物外形

✳ 2. 听筒

听筒是一种可以将电信号转换为声波的电声部件，常用的有耳机、扬声器等，如图 18-17 所示。

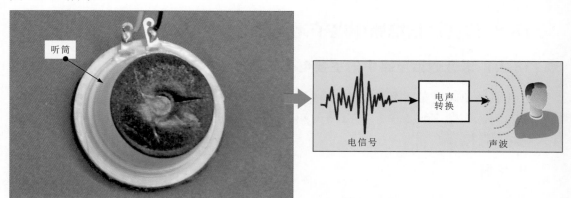

图 18-17　电话机中听筒的实物外形

❊ 3. 叉簧开关

叉簧开关作为一种机械控制开关，可用来实现语音通话电路与外线的接通、断开转换功能等。图 18-18 为叉簧开关的实物外形及内部触点示意图。

叉簧开关　　　　　叉簧开关引脚焊点　　　　　叉簧开关内部触点

图 18-18　叉簧开关的实物外形及内部触点示意图

❖ 18.2.2 语音通话电路中的主要检测点

语音通话电路异常将直接导致无法实现语音信息的传递和接收，检测时，可首先排查基本供电条件，在满足工作条件的前提下，若电路功能仍无法实现或电路无法接入电源进入工作状态，则可通过检测电路中主要元器件的好坏来排除故障。

图 18-19 为典型电话机语音通话电路中的主要检测点。

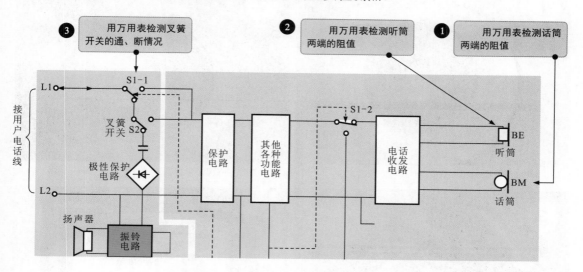

图 18-19　典型电话机语音通话电路中的主要检测点

❖ 18.2.3 语音通话电路中话筒的检测方法

当话筒出现故障时，会引起电话机送话不良的故障。图 18-20 为话筒的检测方法。

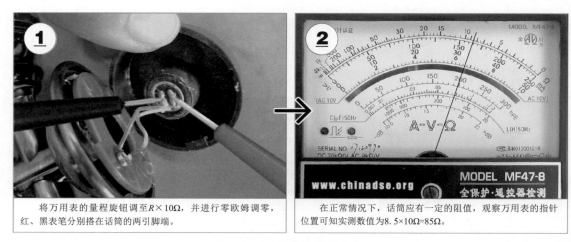

将万用表的量程旋钮调至R×10Ω，并进行零欧姆调零，红、黑表笔分别搭在话筒的两引脚端。	在正常情况下，话筒应有一定的阻值，观察万用表的指针位置可知实测数值为8.5×10Ω=85Ω。

图 18-20　话筒的检测方法

资料与提示

在正常情况下，话筒本身应有一个固定阻值。若测得的阻值为零或无穷大，则说明话筒已损坏。

❖ 18.2.4 语音通话电路中听筒的检测方法

当听筒出现故障时，会引起电话机受话不良的故障。图 18-21 为听筒的检测方法。

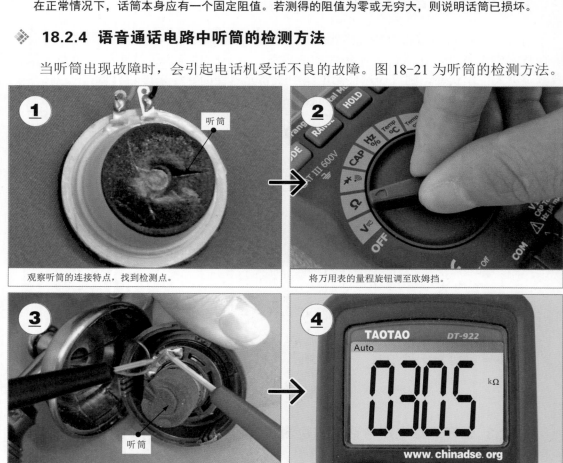

观察听筒的连接特点，找到检测点。	将万用表的量程旋钮调至欧姆挡。
将万用表的红、黑表笔分别搭在听筒的两引脚端。	观察显示屏读出实测数值为30.5kΩ。

图 18-21　听筒的检测方法

在正常情况下，听筒应有一定的阻值，如果测得的阻值为零或无穷大，则说明听筒已损坏。

值得说明的是，如果听筒性能良好，则在检测时，当将万用表的一支表笔搭在一个引脚端，另一支表笔触碰另一个引脚端时，听筒会发出"咔咔"声，如果听筒损坏，则不会有声音发出。

◆ 18.2.5 语音通话电路中叉簧开关的检测方法

叉簧开关损坏会引起电话机无法接通或总处于占线状态。检测时，可用万用表检测叉簧开关在通、断状态下的阻值判断是否损坏。

图 18-22 为用万用表检测叉簧开关的方法。

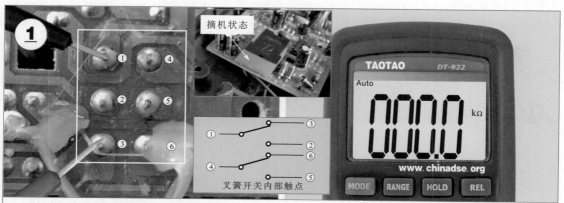

将万用表的量程旋钮调至欧姆挡，黑表笔搭在叉簧开关的1脚，红表笔搭在叉簧开关的3脚，实测在摘机状态下，叉簧开关1、3脚之间的阻值为0Ω。

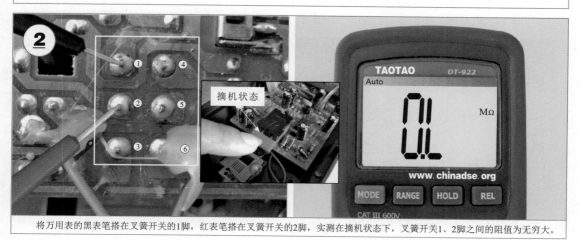

将万用表的黑表笔搭在叉簧开关的1脚，红表笔搭在叉簧开关的2脚，实测在摘机状态下，叉簧开关1、2脚之间的阻值为无穷大。

图 18-22 用万用表检测叉簧开关的方法

在正常情况下，当叉簧开关处在摘机状态时，1、3脚之间的阻值为0Ω，1、2脚之间的阻值为无穷大；当处在挂机状态时，1、3 脚之间的阻值为无穷大，1、2脚之间的阻值为0Ω。

18.3 遥控显示及接收电路中电子元器件的检测

18.3.1 遥控显示及接收电路中的主要电子元器件

遥控显示及接收电路是实现遥控控制和显示的电路，主要由遥控器、遥控接收器及显示部分构成。图 18-23 为空调器中遥控显示及接收电路的结构。

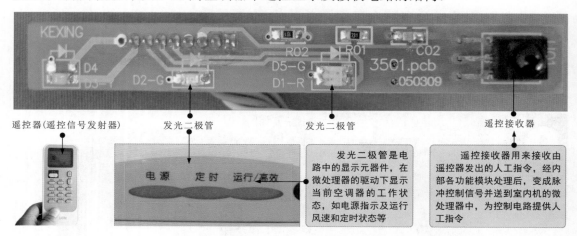

图 18-23　空调器中遥控显示及接收电路的结构

1. 遥控器

遥控器是可以发送遥控指令的独立电路单元，用户通过遥控器可将人工指令信号以红外光的形式发送给接收电路，如图 18-24 所示。

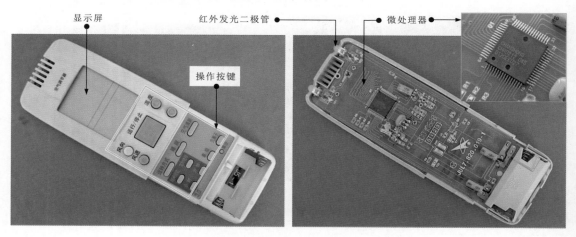

图 18-24　遥控显示及接收电路中的遥控器

2. 遥控接收器

遥控接收器可将接收到的信号放大、滤波及整形处理后变成脉冲控制信号，并将其送到控制电路中。

图 18-25 为遥控接收器的实物外形。

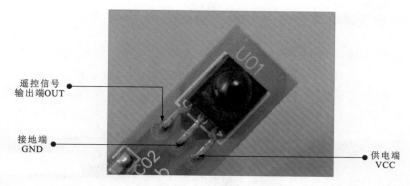

图 18-25　遥控接收器的实物外形

3. 发光二极管

图 18-26 为空调器遥控显示及接收电路中的发光二极管。

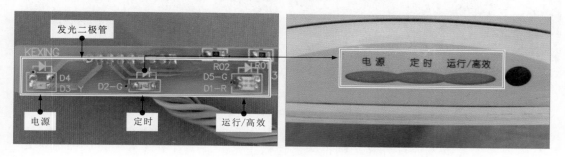

图 18-26　空调器遥控显示及接收电路中的发光二极管

18.3.2　遥控显示及接收电路中的主要检测点

遥控显示及接收电路出现故障会引起控制失灵、显示异常等。检修时，可依据故障现象分析产生故障的原因，并根据信号流程对可能产生故障的元器件逐一检测。

图 18-27 为遥控显示及接收电路中的主要检测点。

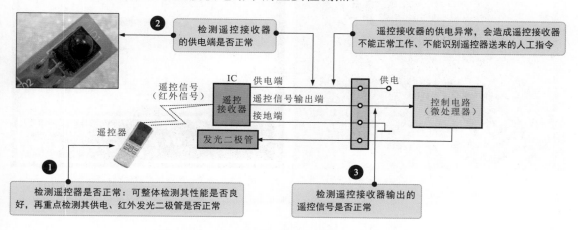

图 18-27　遥控显示及接收电路中的主要检测点

❖ 18.3.3 遥控显示及接收电路中遥控器的检测方法

遥控器是遥控显示及接收电路中的重要部件。若损坏，则无法通过遥控器实现控制功能。

检测时，可通过检查遥控器能否发射红外光来初步判断整体性能，红外光是人眼不可见的，可通过数码相机或手机的拍照模式观察是否有红外光，如图 18-28 所示。

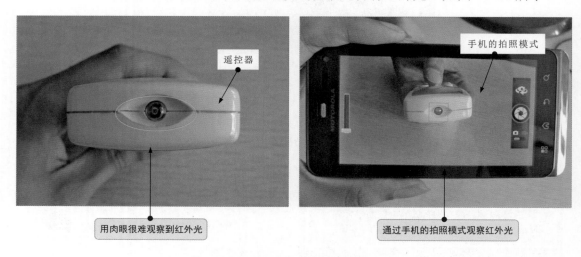

图 18-28　遥控器整体性能的初步判断

若遥控器能够发射红外光，则说明遥控器正常；若无红外光发出，则说明遥控器存在异常情况，如电池电量用尽、操作按键因触点氧化失灵、元器件变质等，可将遥控器的外壳拆开后，逐一检测内部各主要元器件。

图 18-29 为检测遥控器电池供电是否正常。在正常情况下，两节 7 号电池串联后，电压为 3V，若实测电压低于 2.6V，则应更换。

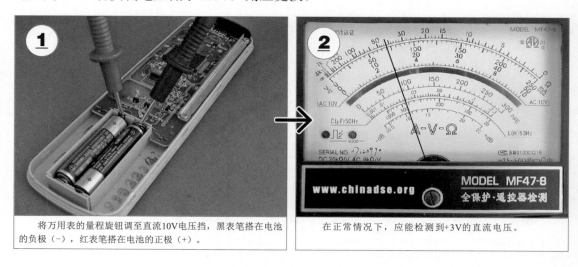

图 18-29　检测遥控器电池供电是否正常

遥控器中的发光二极管、操作按键等是易损部件。发光二极管可借助万用表检测正、反向阻值判断好坏，在正常情况下，正向应有一定阻值，反向应为无穷大；操作按键多因操作频繁引起导电橡胶老化、污物、氧化锈蚀等，可用酒精擦拭。

发光二极管的好坏直接影响遥控信号能否发送成功，检测方法如图 18-30 所示。

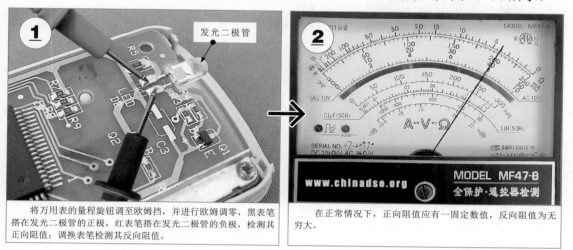

将万用表的量程旋钮调至欧姆挡，并进行欧姆调零，黑表笔搭在发光二极管的正极，红表笔搭在发光二极管的负极，检测其正向阻值；调换表笔检测其反向阻值。

在正常情况下，正向阻值应有一固定数值，反向阻值为无穷大。

图 18-30　发光二极管的检测方法

❖ 18.3.4　遥控显示及接收电路中遥控接收器的检测方法

若遥控接收器损坏，会造成在使用遥控器操作时，电路无反应的故障。

图 18-31 为遥控接收器性能好坏的排查方法。

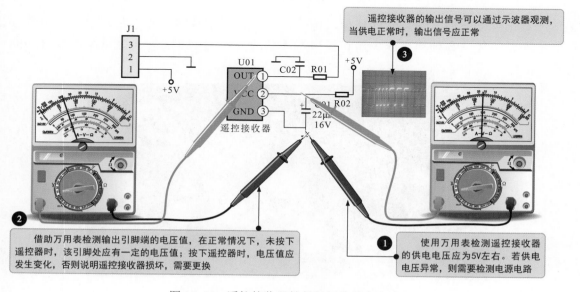

遥控接收器的输出信号可以通过示波器观测，当供电正常时，输出信号应正常

借助万用表检测输出引脚端的电压值，在正常情况下，未按下遥控器时，该引脚处应有一定的电压值；按下遥控器时，电压值应发生变化，否则说明遥控接收器损坏，需要更换

使用万用表检测遥控接收器的供电电压为5V左右。若供电电压异常，则需要检测电源电路

图 18-31　遥控接收器性能好坏的排查方法

❖ 18.3.5 遥控显示及接收电路中发光二极管的检测方法

遥控显示及接收电路中发光二极管的检测方法如图18-32所示。

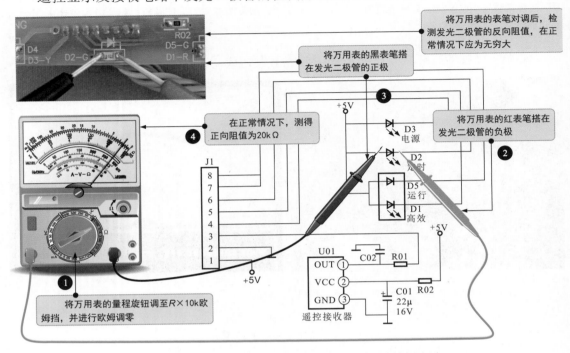

图18-32 遥控显示及接收电路中发光二极管的检测方法

▣ 18.4 音频信号处理电路中电子元器件的检测

❖ 18.4.1 音频信号处理电路中的主要电子元器件

音频信号处理电路是能够处理、传输、放大音频信号的功能电路，主要是由音频信号处理芯片、音频功率放大器和扬声器等构成的。图18-33为典型液晶电视机中的音频信号处理电路。

图18-33 典型液晶电视机中的音频信号处理电路

1. 音频信号处理芯片

音频信号处理芯片用来对输入的音频信号进行解调，并对解调后的音频信号和外部设备输入的音频信号进行切换、数字处理和 D/A 转换等，拥有全面的音频信号处理功能，能够进行音调、平衡、音质及声道切换控制，并将处理后的音频信号送入音频功率放大器中。

图 18-34 为音频信号处理芯片的实物外形。

图 18-34　音频信号处理芯片的实物外形

2. 音频功率放大器

音频信号经过处理后不足以驱动扬声器发声。因此，液晶电视机采用专门的音频功率放大器对音频信号进行功率放大，驱动扬声器发声。

图 18-35 为音频功率放大器的实物外形。

图 18-35　音频功率放大器的实物外形

3. 扬声器

扬声器是影音类产品中的重要电声部件，用来实现音频信号的输出。

图 18-36 为液晶电视机中扬声器的实物外形。

图 18-36　液晶电视机中扬声器的实物外形

18.4.2　音频信号处理电路中的主要检测点

音频信号处理电路异常将导致音频信号无法处理和输出，检测时，一般可沿信号流程逐级检测音频信号，在音频信号消失的地方即为主要的检测点，并以此作为入手点，检测相关的元器件。

图 18-37 为音频信号处理电路中的主要检测点。

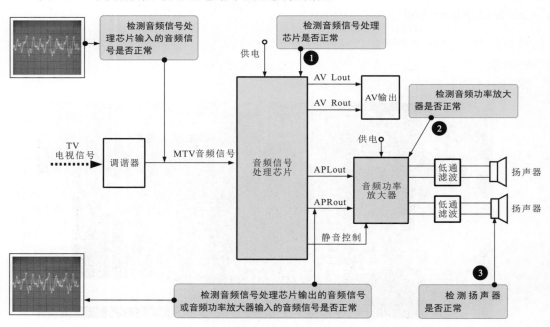

图 18-37　音频信号处理电路中的主要检测点

18.4.3　音频信号处理电路中音频信号处理芯片的检测方法

音频信号处理芯片异常将导致无声音或声音异常的故障。液晶电视机中音频信号处理芯片的检测方法如图 18-38 所示。

将万用表的量程旋钮调至直流10V电压挡，黑表笔搭在音频信号处理芯片的接地端，红表笔搭在音频信号处理芯片的供电端。

在正常情况下，应能检测到+9V的供电电压。

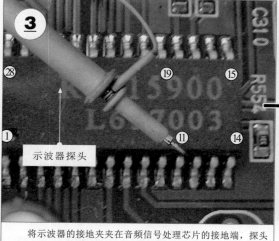

将示波器的接地夹夹在音频信号处理芯片的接地端，探头搭在音频信号处理芯片的11脚输出端。

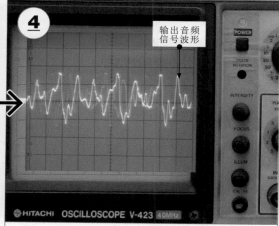

在正常情况下，可观测到音频信号处理芯片输出的音频信号波形。

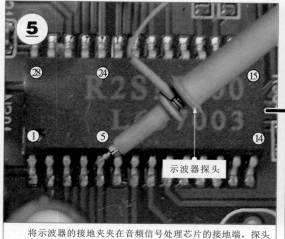

将示波器的接地夹夹在音频信号处理芯片的接地端，探头搭在音频信号处理芯片的2～6脚输入端。

在正常情况下，可观测到音频信号处理芯片输入的音频信号波形。

图 18-38　液晶电视机中音频信号处理芯片的检测方法

❖ 18.4.4 音频信号处理电路中音频功率放大器的检测方法

音频功率放大器损坏也会引起无声或声音异常的故障。液晶电视机中音频功率放大器的检测方法如图 18-39 所示。

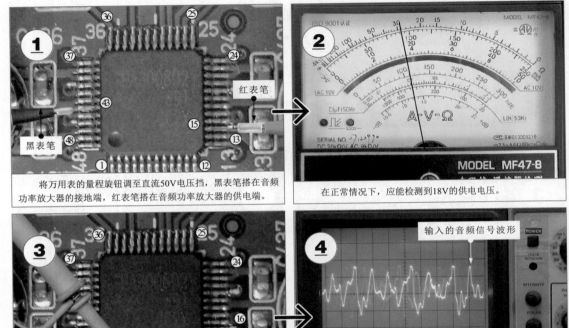

黑表笔 / 红表笔	MODEL MF47-8
将万用表的量程旋钮调至直流50V电压挡，黑表笔搭在音频功率放大器的接地端，红表笔搭在音频功率放大器的供电端。	在正常情况下，应能检测到18V的供电电压。

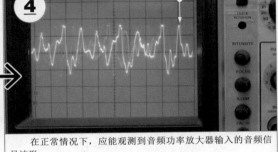

将示波器的接地夹夹在音频功率放大器的接地端，即电容负极，探头搭在音频功率放大器的3脚输入端。	输入的音频信号波形 在正常情况下，应能观测到音频功率放大器输入的音频信号波形。

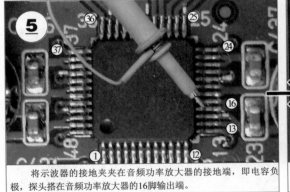

将示波器的接地夹夹在音频功率放大器的接地端，即电容负极，探头搭在音频功率放大器的16脚输出端。	输出的音频信号波形 在正常情况下，应能观测到音频功率放大器输出的音频信号波形。

图 18-39　液晶电视机中音频功率放大器的检测方法

资料与提示

若音频功率放大器的供电正常，输入的音频信号正常，无任何输出，则多为内部损坏。值得注意的是，当音频功率放大器作为一个元器件应用在液晶电视机中时，可根据所应用电路的工作特点，通过检测在通电状态下的信号波形来判断性能；若无法满足通电和送入信号的条件，则可在断电状态下检测相关引脚的对地阻值来判断。

18.4.5 音频信号处理电路中扬声器的检测方法

扬声器损坏将直接导致液晶电视机无声的故障，可借助万用表检测扬声器阻值的方法判断好坏，如图 18-40 所示。

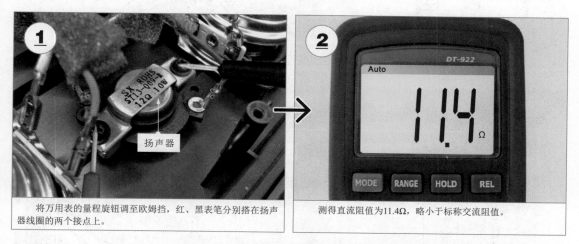

将万用表的量程旋钮调至欧姆挡，红、黑表笔分别搭在扬声器线圈的两个接点上。

测得直流阻值为11.4Ω，略小于标称交流阻值。

图 18-40　液晶电视机中扬声器的检测方法

资料与提示

在正常情况下，用万用表的欧姆挡检测扬声器的阻值为直流阻值，该值应略小于标称阻值（标称阻值为交流阻值，即在有交流信号驱动下呈现的阻值）。若实测阻值为无穷大，则表明扬声器已损坏。

18.5　控制器电路中电子元器件的检测

18.5.1　控制器电路中的主要电子元器件

图 18-41 为电动自行车中的控制器电路，主要由微处理器、电压比较器、功率管、三端稳压器及限流电阻等元器件构成。

1. 微处理器

微处理器是控制器电路的核心部件。其内部集成有运算器、控制器、存储器和接口电路等，用来接收无刷电动机内由霍尔元件反馈的位置信号、调速转把送来的调速信号、闸把送来的刹车信号等，并将这些信号转换为控制信号，对电路中的 6 个功率管进行控制，进而控制无刷电动机的工作状态。

图 18-42 为电动自行车控制器电路中微处理器 STM8S 的实物外形及引脚功能。

2. 电压比较器

电压比较器是控制器电路中的关键元器件，属于集成电路。电压比较器的内部集成四个独立的电压比较器，每个电压比较器都可以独立构成单元电路，如锯齿波信号产生器、PWM 调制器、过流检测电路、欠压保护电路等。

图 18-43 为电动自行车控制器电路中电压比较器 AS339M 的实物外形及引脚功能。

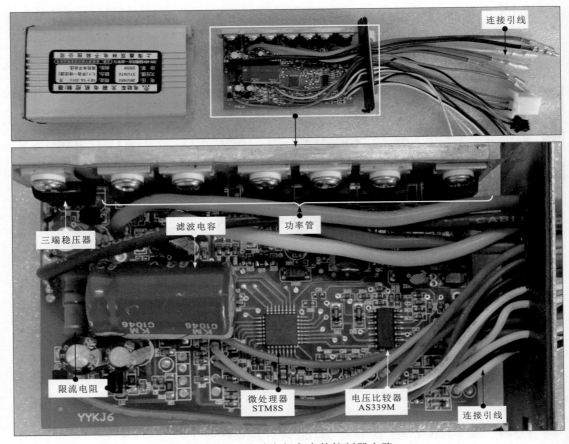

图 18-41　电动自行车中的控制器电路

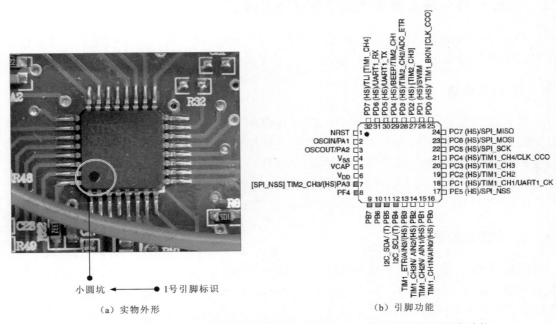

（a）实物外形　　　　　　　　　　　　　（b）引脚功能

图 18-42　电动自行车控制器电路中微处理器 STM8S 的实物外形及引脚功能

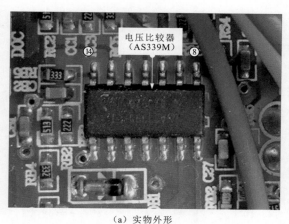

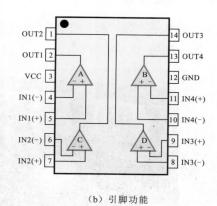

（a）实物外形　　　　　　　　　　　　　　　（b）引脚功能

图 18-43　电动自行车控制器电路中电压比较器 AS339M 的实物外形及引脚功能

资料与提示

电压比较器是通过两个输入端电压值（或信号）的比较结果决定输出端状态的一种放大元器件。当电压比较器的同相输入端电压高于反相输入端电压时，输出高电平；当反相输入端电压高于同相输入端电压时，输出低电平，如图 18-44 所示。电动自行车中许多检测信号的比较、判断及产生都是由电压比较器完成的。

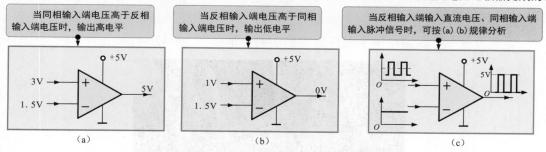

图 18-44　电压比较器输入端与输出端电压或信号的关系

3. 功率管

功率管是有刷电动机控制器电路中的重要元器件，多采用场效应晶体管，用来将调制电路产生的信号进行功率放大后驱动电动机启动、运转和变速，如图 18-45 所示。

图 18-45　电动自行车控制器电路中功率管的实物外形

※ 4. 三端稳压器

三端稳压器可将电池的供电电压变成稳定的直流电压，为控制器电路提供所需的直流电压，如图 18-46 所示。

（a）实物外形 （b）电路结构

图 18-46　电动自行车控制器电路中的三端稳压器

※ 5. 限流电阻

电动自行车控制器电路中限流电阻的实物外形如图 18-47 所示。

图 18-47　电动自行车控制器电路中限流电阻的实物外形

❖ 18.5.2　控制器电路中的主要检测点

控制器电路根据送入的信号对负载进行控制，若出现故障，常引起控制功能失常等。图 18-48 为电动自行车控制器电路中的主要检测点。

❖ 18.5.3　控制器电路中功率管的检测方法

控制器电路中的功率管多为场效应晶体管。场效应晶体管属于易损半导体元器件，检测时，可先搭建测试电路，通过测量电压进行性能判断，也可在路检测各引脚间的正、反向阻值，并依据检测结果进行性能判断。图 18-49 为在路检测功率管的方法。

三端稳压器是一种电压转换元器件，损坏后，通常会导致整个控制器不工作、无电压输出，进而引起电动自行车整车不通电、不工作的故障

三端稳压器

控制器损坏后，将无法正常输出控制信号，可引起电动自行车飞车、调速控制失常、速度不稳定、电动机不启动等故障，此时，功率管是检修的重点

功率管

限流电阻

限流电阻损坏将导致蓄电池送入的电压无法为控制器供电，电动自行车的所有控制功能失常

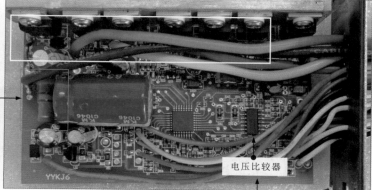

电压比较器

电压比较器损坏会造成电路中的欠压保护和过流保护起不到相应的作用

图 18-48　电动自行车控制器电路中的主要检测点

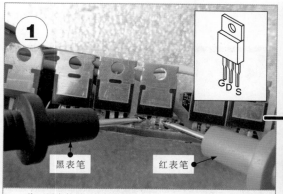

黑表笔　　　红表笔

将万用表的量程旋钮调至 $R \times 1k\Omega$，并进行欧姆调零，黑表笔搭在场效应晶体管的源极（S），红表笔搭在场效应晶体管的栅极（G）。

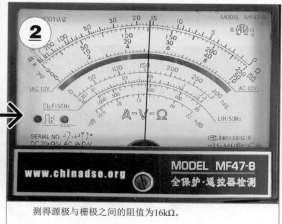

测得源极与栅极之间的阻值为 $16k\Omega$。

图 18-49　在路检测功率管的方法

资料与提示

场效应晶体管各引脚之间的正、反向阻值见表 18-1。

表 18-1 场效应晶体管各引脚之间的正、反向阻值（在路测量）

黑表笔	红表笔	阻值	黑表笔	红表笔	阻值
栅极G	源极S	12.8 kΩ	源极S	栅极G	16 kΩ
漏极D	源极S	40 kΩ	源极S	漏极D	6.3 kΩ
漏极D	栅极G	110 kΩ	栅极G	漏极D	29 kΩ

　　场效应晶体管极易受外界电磁场或静电影响而损坏，所以在使用万用表检测其引脚之间的阻值时一定要做好防静电措施。另外，场效应晶体管在电路板上检测时会受到其他元器件的影响而与单独检测时差别很大，这是正常的，若测得场效应晶体管各引脚之间的阻值与表 18-1 中所列阻值相比较存在很大偏差或趋于零或为无穷大，均表明场效应晶体管已经损坏。值得注意的是，场效应晶体管易受静电作用击穿损坏，一般不要将其从电路板上焊下。

❖ 18.5.4　控制器电路中电压比较器的检测方法

　　电动自行车控制器电路中电压比较器（AS339M）的检测方法如图 18-50 所示。

将万用表的量程旋钮调至 $R \times 10\Omega$，并进行欧姆调零，黑表笔搭在电压比较器的接地端，红表笔搭在电压比较器的4脚。

测得4脚正向对地阻值为 $27 \times 10\Omega = 270\Omega$。

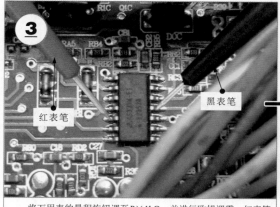

将万用表的量程旋钮调至 $R \times 1k\Omega$，并进行欧姆调零，红表笔搭在电压比较器的接地端，黑表笔搭在电压比较器的4脚。

测得4脚反向对地阻值为 $18 \times 1k\Omega = 18k\Omega$。

图 18-50　电动自行车控制器电路中电压比较器（AS339 M）的检测方法

资料与提示

在正常情况下，电压比较器（AS339M）各引脚的正、反向阻值见表18-2。若实测结果偏差较大，则可能是芯片内部电路损坏，应用同型号的芯片更换。

表 18-2　电压比较器（AS393M）各引脚的正、反向阻值

引脚号	黑表笔接地测正向阻值 （×10Ω）	红表笔接地测反向阻值 （×1kΩ）	引脚号	黑表笔接地测正向阻值 （×10Ω）	红表笔接地测反向阻值 （×1kΩ）
①	14	2.6	⑧	27	18
②	14.5	2.5	⑨	36	18
③	13.9	1.4	⑩	16	8.5
④	27	18	⑪	26	4
⑤	32	18	⑫	0	0
⑥	27.5	18	⑬	16	∞
⑦	39	18	⑭	14	3.8

18.5.5　控制器电路中三端稳压器的检测方法

电动自行车控制器电路中三端稳压器的检测方法如图 18-51 所示。

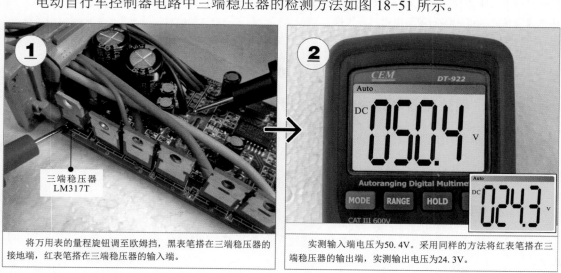

将万用表的量程旋钮调至欧姆挡，黑表笔搭在三端稳压器的接地端，红表笔搭在三端稳压器的输入端。

实测输入端电压为50.4V。采用同样的方法将红表笔搭在三端稳压器的输出端，实测输出电压为24.3V。

图 18-51　电动自行车控制器电路中三端稳压器的检测方法

资料与提示

若三端稳压器的输入电压正常但无输出，则表明三端稳压器损坏，应选用同型号的三端稳压器更换。

18.5.6　控制器电路中限流电阻的检测方法

图 18-52 为电动自行车控制器电路中限流电阻的检测方法。

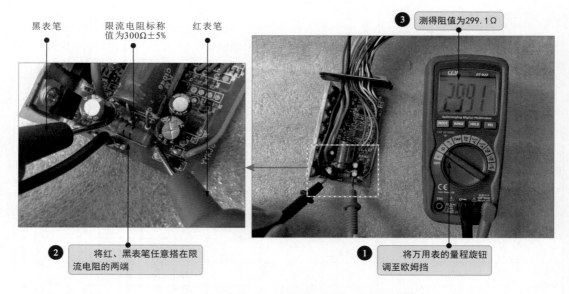

图 18-52　电动自行车控制器电路中限流电阻的检测方法

资料与提示

图 18-52 中，万用表的读数为 299.1Ω，与标称值接近，由此判断限流电阻基本正常。若阻值偏差较大，则怀疑限流电阻损坏，可将其焊下后再进行检测和判断。若经检测，实测数值与标称值仍然偏差较大，则应选择阻值和类型相同的限流电阻进行代换。

18.6　微处理器电路中电子元器件的检测

18.6.1　微处理器电路中的主要电子元器件

微处理器电路是以微处理器为核心的具有控制功能的电路，一般由微处理器芯片、反相器、继电器等构成。

图 18-53 为电冰箱中微处理器电路的结构组成。

1. 微处理器芯片

图 18-54 为电冰箱微处理器电路中微处理器芯片的实物外形。

2. 反相器

图 18-55 为电冰箱微处理器电路中反相器的实物外形。

3. 继电器

图 18-56 为电冰箱微处理器电路中继电器的实物外形。

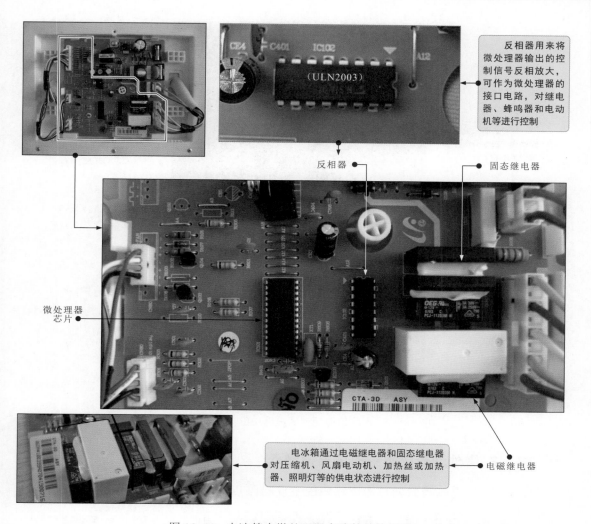

反相器用来将微处理器输出的控制信号反相放大，可作为微处理器的接口电路，对继电器、蜂鸣器和电动机等进行控制

反相器

固态继电器

微处理器芯片

电冰箱通过电磁继电器和固态继电器对压缩机、风扇电动机、加热丝或加热器、照明灯等的供电状态进行控制

电磁继电器

图 18-53 电冰箱中微处理器电路的结构组成

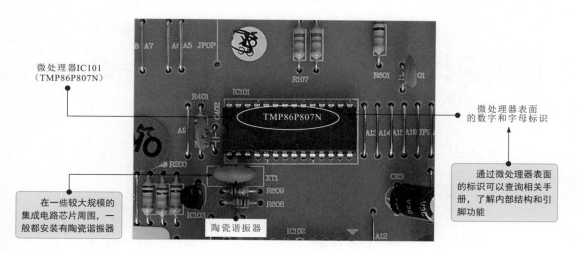

微处理器IC101（TMP86P807N）

微处理器表面的数字和字母标识

通过微处理器表面的标识可以查询相关手册，了解内部结构和引脚功能

在一些较大规模的集成电路芯片周围，一般都安装有陶瓷谐振器

陶瓷谐振器

图 18-54 电冰箱微处理器电路中微处理器芯片的实物外形

反相器可将微处理器输出的高电平变为低电平，低电平变为高电平

通过表面标识可查询到内部结构和相关引脚功能

反相器IC102（ULN2003）

图 18-55　电冰箱微处理器电路中反相器的实物外形

电磁继电器

电磁继电器

电磁继电器

固态继电器

固态继电器

图 18-56　电冰箱微处理器电路中继电器的实物外形

18.6.2　微处理器电路中的主要检测点

图 18-57 为电冰箱微处理器电路中的主要检测点。

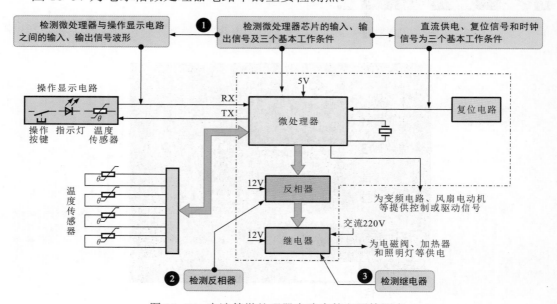

图 18-57　电冰箱微处理器电路中的主要检测点

◈ 18.6.3 微处理器电路中微处理器芯片的检测方法

微处理器芯片可在通电状态下检测输入、输出信号及工作条件是否正常，在满足三个基本工作条件（供电、复位、时钟）的前提下，若输入信号正常，无任何信号输出，则多为微处理器芯片损坏。

※ 1. 检测微处理器芯片的输入、输出信号

当怀疑微处理器芯片故障时，应先检测操作显示电路与微处理器之间的数据信号（RX、TX）是否正常，如图18-58所示。

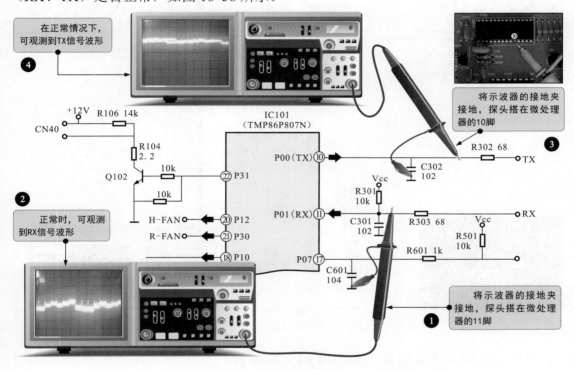

图18-58 微处理器电路中微处理器芯片输入、输出信号的检测

资料与提示

图18-58中，若输入信号（RX）正常，无输出信号（TX），不能说明微处理器芯片损坏，还需要进一步检测微处理器芯片是否满足工作条件。

※ 2. 检测微处理器芯片的三个基本工作条件

5V直流供电电压、复位信号和时钟信号是微处理器正常工作的三个基本工作条件，任何一个条件不满足，微处理器均不能工作，如图18-59所示。

资料与提示

图18-59中，若供电电压不正常，则需要对电源电路及供电引脚外围元器件进行检测；若复位信号异常，则需要对复位电路及外围元器件进行检测；若时钟信号不正常，则需要对陶瓷谐振晶体进行检测。

若供电电压、复位信号、时钟信号均正常，但控制功能无法实现，则需要对相关控制元器件的性能进行检测，如反相器、继电器等。

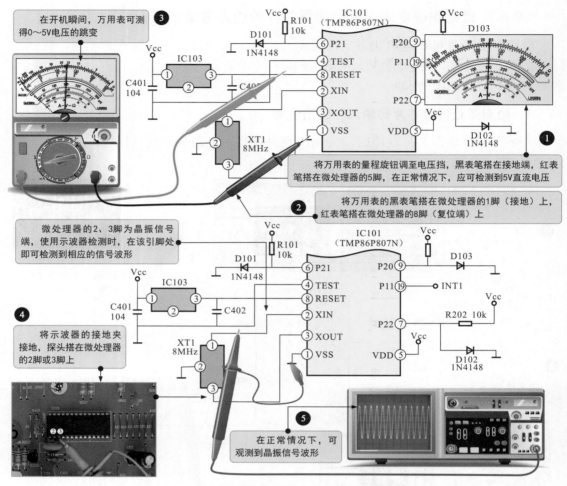

图 18-59　微处理器芯片三个基本工作条件的检测方法

18.6.4　微处理器电路中反相器的检测方法

反相器连接在微处理器的输出端，是微处理器对各电气部件进行控制的中间环节，一般可通过检测各引脚的阻值来判断好坏，如图 18-60 所示。

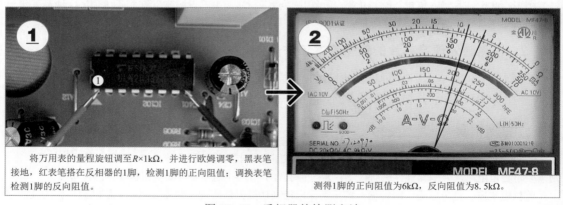

图 18-60　反相器的检测方法

在正常情况下，反相器 ULN2003 各引脚的正、反向阻值见表 18-3。若实测结果偏差较大或出现多组数值为零的情况，则多为反相器内部损坏。

表 18-3　反相器 ULN2003 各引脚的正、反向阻值

引脚	正向阻值(kΩ)	反向阻值(kΩ)	引脚	正向阻值(kΩ)	反向阻值(kΩ)
①	6	8.5	⑨	4	28
②	6	8.5	⑩	6.7	140
③	6	8	⑪	6.7	140
④	6	8	⑫	5	28
⑤	6	8.5	⑬	4.5	28
⑥	6	8.5	⑭	5	28
⑦	6	8.5	⑮	7	130
⑧	0	0	⑯	7	130

18.6.5　微处理器电路中继电器的检测方法

继电器是微处理器与被控部件之间的关键部件。继电器线圈得电时，其触点动作，即常开触点闭合，接通被控部件的供电回路，因此检测时，可在线圈得电的状态下，通过检测触点所控回路的电压情况来判断继电器的性能，如图 18-61 所示。

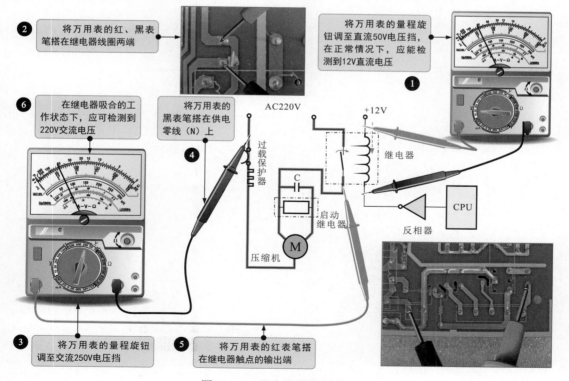

图 18-61　继电器的检测方法